ACCESO GRATIS **a la Lectura en la Nube**

Para visualizar el libro electrónico en la nube de lectura envíe junto a su nombre y apellidos una fotografía del código de barras situado en la contraportada del libro y otra del ticket de compra a la dirección:

ebooktirant@tirant.com

En un máximo de 72 horas laborables le enviaremos el código de acceso con sus instrucciones.

La visualización del libro en **NUBE DE LECTURA** excluye los usos bibliotecarios y públicos que puedan poner el archivo electrónico a disposición de unacomunidad de lectores. Se permite tan solo un uso individual y privado.

LA ORDENACIÓN DE LAS ACTIVIDADES Y LOS COLEGIOS PROFESIONALES: RÉGIMEN JURÍDICO Y DEFENSA DE LA LIBRE COMPETENCIA

LA ORDENACIÓN DE LAS ACTIVIDADES Y LOS COLEGIOS PROFESIONALES: RÉGIMEN JURÍDICO Y DEFENSA DE LA LIBRE COMPETENCIA

Marina Rodríguez Beas
Profesora Lectora Serra Hunter de Derecho Administrativo
Universitat Rovira i Virgili

Prólogo de Fernando López Ramón
Catedrático emérito de Derecho Administrativo
Universidad de Zaragoza

tirant lo blanch
Valencia, 2024

En caso de erratas y actualizaciones, la Editorial Tirant lo Blanch publicará la pertinente corrección en la página web www.tirant.com.

La presente obra ha sido sometida a la revisión de pares ciegos según el protocolo de publicación de la editorial a efectos de ofrecer el rigor y calidad correspondiente tanto en su contenido como en su forma, aplicándose los criterios específicos aprobados por la Comisión Nacional E 016 (BOE num. 286, de 26 de noviembre de 2016).

© TIRANT LO BLANCH
EDITA: TIRANT LO BLANCH
C/ Artes Gráficas, 14 - 46010 - Valencia
TELFS.: 96/361 00 48 - 50
FAX: 96/369 41 51
Email: tlb@tirant.com
www.tirant.com
Librería virtual: www.tirant.es
DEPÓSITO LEGAL: V-4757-2024
ISBN: 978-84-1071-950-7

Si tiene alguna queja o sugerencia, envíenos un mail a: *atencioncliente@tirant.com*. En caso de no ser atendida su sugerencia, por favor, lea en *www.tirant.net/index.php/empresa/politicas-de-empresa* nuestro procedimiento de quejas.

Responsabilidad Social Corporativa: http://www.tirant.net/Docs/RSCTirant.pdf

Índice

Prólogo

La autora es investigadora postdoctoral y profesora lectora de Derecho administrativo en la Universidad Rovira i Virgili. Ha publicado variados trabajos, entre los que destacan los dedicados a materias ambientales, urbanísticas y de régimen local.

Forma parte del grupo de administrativistas de la tarraconense Facultad de Ciencias Jurídicas, centro que inició su andadura vinculándose a la especialidad ambiental. Me vienen a la cabeza los nombres de Josep Ramon Fuentes, Lucía Casado, Anna Pallarés, Aitana de la Varga o Endrius Cocciolo, entre otros colegas de ese colectivo que desarrollan importantes proyectos de nuestra disciplina. Para el visitante, su ambiente de trabajo parece relajado en el plano de las relaciones personales y altamente comprometido bajo la óptica social. Los integrantes del grupo ADESTER (Administración, Economía, Sociedad y Territorio) de la Universidad de Zaragoza colaboramos especialmente con ellos en el Máster Interuniversitario en Derecho de la Administración Pública (MIDAP), que va ya por su sexta edición con buenos resultados.

En ese contexto, me resulta agradable prologar la última monografía de la autora, no sólo por las estimulantes relaciones profesionales y personales que mantengo con su grupo de trabajo, sino también por la coincidencia de intereses en la materia analizada. Mi primera aproximación se produjo desde la óptica de la libertad profesional (1983); tras nuestro ingreso en las Comunidades Europeas, estudié específicamente la incidencia del régimen de los colegios profesionales (1996). En ambos trabajos constataba la existencia de diversas e importantes trabas a la libre competencia, trabas que parecían incompatibles tanto con los derechos constitucionales de la libertad profesional como con los postulados europeos de la libre competencia empresarial.

Pues bien, mi sorpresa, años después, es comprobar que la situación no ha cambiado demasiado con respecto a los datos que pude manejar entonces. La distinción entre las libertades de elección y de ejercicio de las profesiones ha servido para disminuir notablemente el efecto útil de las previsiones constitucionales. En efecto, la primera de esas libertades se reduce prácticamente a la elección de la vía de formación para una profesión u oficio, libertad que, a su vez, resulta notablemente limitada en su segunda vertiente, ya que se admite una amplísima potestad del legislador para regular la materia.

El legislador estatal no ha acertado a definir claramente el régimen común de las profesiones, limitándose a introducir algunas reformas imprescindibles en la Ley de Colegios Profesionales de 1974. Los legisladores autonómicos, por su parte, han aprovechado ese vacío para establecer, en ocasiones, marcos generales en la materia que reiteran las lagunas del régimen estatal y, más frecuentemente, para crear nuevos colegios profesionales cuya existencia y funcionalidad no acaban de comprenderse.

Desde los inicios del actual régimen constitucional, las presiones de diferentes colectivos profesionales para mantener sus regímenes corporativos tradicionales han condicionado la capacidad reguladora de nuestros poderes públicos. Ya el senador Pedrol Rius (influyente decano del Colegio de Abogados de Madrid) pretendió nada menos que congelar en la misma Constitución "las normas de adscripción y ejercicio hasta ahora vigentes" para los colegios profesionales. Aunque finalmente esa parte de la enmienda no se incorporó a nuestro texto fundamental, sí se permaneció en este una garantía institucional de los colegios profesionales, previsión que resulta insólita en el Derecho constitucional comparado.

Bienvenida, pues, la ocasión que la autora nos depara de repasar y profundizar en una problemática rica en cuestiones de envergadura bajo la óptica fundamental de aplicación de la

Directiva de Servicios. Se sistematizan en el estudio nuevos datos y asimismo se ofrecen criterios sólidos que permiten abrir perspectivas inéditas en la importante tarea de consolidar la libre competencia en el acceso y el ejercicio de las profesiones.

Fernando López Ramón
Catedrático emérito de Derecho Administrativo
Universidad de Zaragoza

Zaragoza, 15 de octubre de 2024

Nota de la autora

Este trabajo tiene su origen en la investigación que, con el título «Tratamiento jurídico de las profesiones en el Estado español: Reflexiones sobre las actividades y colegios profesionales”, presenté en el concurso para la provisión de una plaza de profesora lectora Serra Húnter de la Universitat Rovira i Virgili, realizado el día 16 de diciembre de 2020.

Esta investigación se ha realizado dentro del Grupo de Investigación de la Universitat Rovira i Virgili, del cual la autora es miembro, «Territorio, Ciudadanía y Sostenibilidad», reconocido como grupo de investigación consolidado y que cuenta con el apoyo del Departament de Recerca i Universitats de la Generalitat de Catalunya (2021 SGR 00162). Sin este apoyo del Departament de Recerca i Universitats, esta publicación no hubiera sido posible.

Quisiera expresar mi gratitud a mis compañeras y compañeros del Área de Derecho Administrativo de la Universitat Rovira i Virgili por su constante apoyo a lo largo del proceso de elaboración de este trabajo. Agradezco especialmente al profesor Josep Ramon Fuentes i Gasó, quien me motivó a publicar esta investigación como monografía, por servirme de guía en los inicios de esta investigación, por ayudarme con la documentación y bibliografía existente en la materia y por todos los comentarios y sugerencias realizados a un borrador previo. También extiendo mi agradecimiento a la profesora Lucía Casado, por su apoyo constante y por brindarme valiosos comentarios y sugerencias.

También debo dirigir unas palabras de sincero agradecimiento al profesor Fernando López Ramón, por quien siento una profunda admiración, no solo por estar en el origen de esta obra, sino también por todo el tiempo que me ha dedicado. También han resultado de gran valor sus valiosos comentarios y sugerencias al hilo de la lectura y exposición de la investigación presentada en el concurso para la provisión de la plaza de profesora lectora Serra Húnter, que, indudablemente, han contribuido a mejorar el resultado final. Asimismo, debo agradecerle su amabilidad y dedicación al haber prologado este libro.

Por último, en el plano personal, quiero manifestar mi más sincero agradecimiento a mi familia, por estar siempre ahí, con una paciencia infinita y una comprensión sin límites, y brindarme su apoyo incondicional; en especial, a mis padres, a mi hermana, a mi sobrina y a mi hija, Maria. Este libro está dedicado a Maria, quien ilumina mi vida, como expresión de mi amor.

Capítulo I.

INTRODUCCIÓN

Según la sociología de las profesiones, toda actividad profesional requiere de un campo en el que ejercer su competencia de manera exclusiva[1]. Esto se delimita, por una parte, mediante la implantación de una formación específica, que deriva en la obtención de un título, y, por otra parte, con la introducción de mecanismos de control de la actividad que contribuyen a afianzar la identidad de un cuerpo profesional[2]. De esta manera, se puede regular tanto el resultado de la actividad profesional como el ejercicio de esta. Asimismo, este ejercicio profesional puede venir controlado por el Estado (heterocontrol), por propio gremio (autocontrol) o de ambos (corregulación). De esta manera, los dos grandes ejes de dominio son el estatal y el profesional. Por ello, el concepto de una profesión no solo lo define la legislación, sino que se completa con el autocontrol[3].

Sobre las profesiones, el Derecho contempla diversos conceptos jurídicos en constante transformación. No existe, en efecto, un modelo único en relación con las profesiones, sino que el ordenamiento establece distintos estatus jurídicos.

---

1 *Vid.* MARTÍN-MORENO, J. y DE MIGUEL, A., *Sociología de las profesiones,* CIS, Madrid, 1984, pág. 39.

2 HUGHES, E., *The Sociological Eye: Selected Papers on Work, Self and the Study of Society,* Aldine-Atherton, Chicago, 1971, pág. 287.

3 Como afirma CORTINA ORTS "las leyes exigen un mínimo para no incurrir en negligencia, pero en el caso de las profesiones, éste resulta insuficiente para ejercerlas como se debe, esto es, desde la perspectiva de servicio a la sociedad". *Vid.* CORTINA ORTS, A., *Ciudadanos del mundo. Hacia una teoría de la ciudadanía,* Alianza, Madrid, 1997, pág. 59.

El subsector de servicios profesionales es evidente que se ha resentido en muchas actividades debido a la profundidad y duración de la crisis. Si bien hay que señalar que, en menor medida que otros sectores como la construcción o determinadas industrias y servicios. En este contexto, las actividades profesionales nos muestran que en el periodo previo a la pandemia de COVID-19, que tomamos como referencia de ejemplo en la introducción, ya representaban, aproximadamente, un 10 % del PIB, un 9 % del empleo[4] total —6 % directo y 3 % vinculado— y un 16 % del agregado de empresas en España[5].

Estos datos confieren una gran relevancia económica y pública a las profesiones liberales en España, las cuales constituyen una parte importante de la economía de la Unión Europea. Es decir, hablamos de uno de los ejes fundamentales de tracción en nuestra economía.

Para la competitividad de la economía y su crecimiento, así como para impulsar una oferta de servicios profesionales de calidad, variada e innovadora, a precios competitivos a disposición de empresas y de consumidores, es fundamental que estos servicios se presten con mayores niveles de competencia. No obstante, por la naturaleza de algunos de estos servicios, podría existir una necesidad de regulación, dada su especial incidencia en los derechos e intereses de los ciudadanos y la existencia de fallos de mercado que, en ocasiones, impiden

---

4 Para un análisis exhaustivo de los datos estadísticos véase, <https://ec.europa.eu/eurostat/statistics-explained/index.php?title=Employment_-_annual_statistics https://ec.europa.eu/eurostat/statistics-explained/index.php?title=Archive:Employment_statistics/es&oldid=443811> ([Última consulta, 5 de julio de 2024]).

5 Estos datos se extraen del Informe de Unión Profesional "La dimensión económica de las profesiones". < http://www.unionprofesional.com/la-dimension-economica-de-las-profesiones/> ([Última consulta, 1 de septiembre de 2023]).

que los mecanismos competitivos sean garantía suficiente. En estos casos, la regulación deberá establecerse motivadamente según los principios de necesidad, proporcionalidad y no discriminación propios de la buena regulación económica.

La liberalización de los servicios profesionales en España experimentó un impulso significativo con la aprobación de la Directiva 2006/123/CE del Parlamento Europeo y del Consejo de 12 de diciembre de 2006 relativa a los servicios en el mercado interior (en adelante, Directiva de Servicios) y su transposición al ordenamiento jurídico mediante la Ley 17/2009, de 23 de noviembre, sobre el libre acceso a las actividades de servicios y su ejercicio y la Ley 25/2009, de 22 de diciembre, de modificación de diversas Leyes para su adaptación a la Ley sobre el libre acceso a las actividades de servicios y su ejercicio.

Estas reformas han supuesto un gran avance, en la medida en que han establecido un marco regulador de los servicios profesionales acorde con los principios del libre mercado y la defensa de la competencia.

Sin embargo, la implementación de este marco general de carácter horizontal y básico en todas las demás normas, en concreto en el ejercicio de la actividad profesional y en los Colegios Profesionales, no se ha acabado de realizar.

Hace quince años, en 2009, se fijó un plazo máximo de 12 meses para que se delimitaran las profesiones de colegiación obligatoria en una ley estatal. A finales de 2013, el Gobierno aprobó el Anteproyecto de Ley sobre Colegios y Servicios Profesionales, se trasladó como Proyecto de Ley al Parlamento español, pero no se llegó a aprobar. Así, seguimos en una situación transitoria que genera inseguridad e incertidumbre, sin llegar a cumplir con el grado de transposición en este sector de la Directiva de Servicios deseado por la Comisión Europea, que incluso inició un procedimiento sancionador en 2015 contra España.

A lo largo de la última década hemos asistido a una serie de recomendaciones en el ámbito internacional, europeo y nacional que insisten en la necesidad de reformar y aplicar una nueva ley de los servicios y colegios profesionales en España, argumentando que la falta de reformas en este ámbito provoca que se mantengan importantes restricciones a la competencia efectiva en el mercado.

En este sentido, la Organización para la Cooperación y el Desarrollo Económicos (en adelante, OCDE) en sus informes anuales *Going for Growth 2019* y *Going for Growth 2021: Shaping a Vibrant Recovery*, publicados, respectivamente, el 12 de julio de 2019 y el 14 de abril de 2021, recomienda a España que continúe la implementación de la Ley de Unidad de Mercado. Así, alude a mejorar el funcionamiento y la gobernanza de las organizaciones profesionales relacionadas con los servicios profesionales, incluyendo el refuerzo de dichos servicios en determinados ámbitos, indicando el especial beneficio de la desregulación en los servicios profesionales y el comercio minorista en las economías desarrolladas[6].

Por otro lado, existen los pronunciamientos del Consejo Europeo que recomienda a España evitar y eliminar las restricciones y la fragmentación de la economía existentes, que dificultan el beneficio empresarial y frenan la productividad. En concreto, en las recomendaciones y dictámenes sobre las políticas económicas, presupuestarias y de empleo de los Estados miembros de la Unión Europea en el 2019, se señala que:

---

6 Para una análisis de la Ley de garantía de la unidad de mercado, véase, entre otros, ALONSO MAS, M. J., (dir.) *El nuevo marco jurídico de la unidad de mercado. Comentario a la Ley de garantía de la unidad de mercado,* La Ley, Madrid, 2014 . RODRÍGUEZ BEAS, M., "La incidencia de la Ley de garantía de la unidad de mercado en el modelo de urbanismo comercial sostenible", *Revista Galega de Administración Pública,* núm. 51, 2016, págs. 40-86.

> "la eliminación de las restricciones a la prestación de servicios que se han detectado, en particular las que afectan a determinados servicios profesionales, como, por ejemplo, los que prestan los ingenieros civiles, los arquitectos y los servicios jurídicos, incrementarían las oportunidades de crecimiento y la competencia".

Asimismo, la Comisión Nacional de los Mercados y la Competencia (en adelante, CNMC) también insiste en la necesidad de la reforma, pues

> "considera necesario impulsar la competencia en el sector de los servicios profesionales. En la regulación de este sector persisten restricciones para acceder y ejercer las actividades profesionales que dificulten la innovación, la mejora de la calidad y de la competitividad de los servicios, perjudicando a los consumidores y usuarios".

Todas estas razones nos han motivado a realizar el presente trabajo de investigación.

Este trabajo tiene por objeto analizar la situación jurídica real de las actividades profesionales en España. A tales efectos, el presente trabajo se estructura en tres partes fundamentales.

La metodología utilizada es la propia de la ciencia jurídica, es decir, analizar los elementos que, conforme al ordenamiento jurídico (derecho positivo, jurisprudencia y doctrina científica), detectar los problemas de aplicación de los instrumentos jurídicos y proponer respuestas o soluciones jurídicas.

La primera, que se aborda en los capítulos I y II de este trabajo, es la parte general, que nos permite contemplar desde una perspectiva más amplia las principales cuestiones que aborda la Directiva de Servicios, y establecer el marco constitucional de referencia con las correspondientes atribuciones de competencias a las diversas Administraciones públicas territoriales.

La segunda, que se trata en los capítulos III y IV, es la ordenación de las actividades profesionales. Se abordan las reformas de la normativa estatal de carácter horizontal sobre los Colegios Profesionales y cómo algunas comunidades autónomas han adaptado sus normativas.

También se analiza el concepto de profesión regulada, que constituye un elemento central del sistema de la Unión Europea de reconocimiento de cualificaciones profesionales. Asimismo, se aborda la noción de profesión titulada desde el plano del ordenamiento interno a partir de la previsión constitucional del artículo 36.

La tercera parte del trabajo, a la que dedica íntegramente el capítulo V, es el análisis de la política de competencia en los servicios profesionales.

Nuestra intención es poder posicionarnos con una buena fundamentación jurídica sobre esta legislación que conforma el ordenamiento jurídico español en esta materia y ofrecer soluciones jurídicas.

Capítulo II.

LA LIBRE ELECCIÓN Y EJERCICIO DE PROFESIÓN U OFICIO: MARCO JURÍDICO

1. EL MARCO CONSTITUCIONAL

1.1. Precedentes constitucionales

Antes de entrar en el análisis de la regulación constitucional vigente, consideramos necesario hacer una breve referencia al tratamiento que ha recibido el derecho a la libre elección de oficio en los textos constitucionales anteriores.

El primer precedente que puede encontrarse, nítidamente, es en la Constitución canovista de 1876, donde en su artículo 12 se señala que: "Cada cual es libre de elegir su profesión y de aprenderla como mejor le parezca". Así, la Constitución de 1876 será la primera en formular la libertad de ejercicio profesional de los españoles, distinguiendo la opción de los extranjeros que se consagra en el artículo 2[7].

---

7 Como destaca TOLIVAR ALAS, este texto constitucional "(...) solo se limita a revocar el absurdo de sus precedentes de 1869 y 1873 que reconocían el derecho a la elección de oficio a los extranjeros omitiendo toda referencia a los nacionales que, lógicamente, debía de sobreentenderse que no iban a ser de peor condición que los foráneos". *Vid.* TOLIVAR ALAS, L., "La configuración constitucional del derecho a la libre elección de profesión u oficio", en MARTÍN-RETORTILLO, S. (Coord.),

El artículo 12 integraba el derecho a la profesión (párrafos primero y tercero) con las competencias educativas del Estado (párrafos segundo y cuarto). El vínculo era, obviamente, la expedición de títulos profesionales. De ahí que el mismo precepto por el que "cada cual es libre de elegir su profesión y de aprenderla como mejor le parezca" establecería la matización de que "al Estado corresponde expedir los títulos profesionales y establecer las condiciones de los que pretendan obtenerlos, y la forma en que han de probar su aptitud". Aquí nos encontramos ya con la regla general de elección de trabajo, excepcionada por la libertad de ejercicio de determinadas profesiones tituladas sometidas a control público.

El mismo criterio sigue el Anteproyecto de Constitución de 1929 en sus artículos 19.2 y 26 que, aunque nunca llegaron a entrar en vigor, en poco diferirán de lo que, dos años más tarde, se reflejaría en la Constitución de la II República, en la que ya no existía distinción por razón de nacionalidad. Así, su artículo 33 indica que: "Toda persona es libre de elegir profesión. Se reconoce la libertad de industria y comercio, salvo las limitaciones que, por motivos económicos y sociales de interés general, impongan las leyes".

Durante el régimen franquista, pese a contar con una Ley Fundamental específicamente dedicada al Trabajo, supuso un retroceso[8] en el reconocimiento y garantía de estas libertades que se vinculan al mundo laboral.[9] Así, el Fuero del Trabajo de 1938 establece que "el trabajo es la participación del hom-

---

Estudios sobre la Constitución Española, (Homenaje al profesor E. GARCIA DE ENTERRÍA), vol. II, Madrid, 1991, pág. 1364.

8 En este sentido véase, TOLIVAR ALAS, L., "La configuración constitucional..., *op. cit.* pág. 1365.

9 *Vid.* SALMERÓN SALTO, M. y PERNAS MARTÍNEZ, M., "La libre elección de profesión u oficio y la exigencia de titulación para el ejercicio de una profesión. El ejercicio profesional en el Derecho comunitario", en

bre en la producción mediante el ejercicio voluntariamente prestado de sus facultades intelectuales y manuales, según la personal vocación, en orden al decoro y holgura de su vida y al mejor desarrollo de la economía nacional".[10] Por su parte, el Fuero de los Españoles de 1945 dispuso que "todos los españoles tienen derecho al trabajo y el deber de ocuparse de alguna actividad socialmente útil".

Por tanto, el reconocimiento de la libertad de elección de profesión u oficio constituye una constante en nuestro ordenamiento jurídico. Como señala TOLIVAR ALAS, el derecho a la libre elección de profesión u oficio no es una figura novedosa en el Derecho público español, en cuanto, nuestra historia constitucional recoge casi ininterrumpidamente, desde hace más de un siglo, "la libertad de cada cual para elegir su profesión y aprenderla como mejor le parezca".[11]

Una vez, sentadas las anteriores consideraciones, pasamos a analizar el planteamiento general de la configuración de la libre elección de profesión u oficio y de la necesidad de titulación para el ejercicio de una profesión en el marco constitucional vigente de 1978. Como se analiza en los apartados

---

PALOMAR OLMEDA, A. (Coord.), *Manual jurídico de la profesión médica*, Dykinson, Madrid, 2003, pág. 3.

10 Por su parte, el Fuero de los Españoles de 1945, manifiesta en su artículo 24, que "todos los españoles tienen derecho al trabajo y el deber de ocuparse en alguna actividad socialmente útil", y en el artículo 27, que "todos los españoles serán amparados por el Estado en su derecho a una retribución justa y suficiente, cuando menos, para proporcionar a ellos y a sus familias el bienestar que les permita una vida moral y digna". Finalmente, cabe mencionar la Ley de principios del movimiento nacional de 1958, que señalará en su principio X: "Se reconoce al trabajo como origen de jerarquía, deber y honor de los españoles, y a la propiedad privada en todas sus formas, como derecho condicionado a su función social (...)".

11 TOLIVAR ALAS, L., "La configuración constitucional..., *op. cit.* pág. 1364.

siguientes, se reconoce dicha libertad en el artículo 35 de la Constitución española de 27 de diciembre de 1978 (en adelante, CE), que se conecta necesariamente con la reserva legal para el ejercicio de profesiones tituladas y para la regulación de las peculiaridades del régimen jurídico de los Colegios profesionales establecido en el artículo 36 de la CE.

1.2. El derecho a la libre elección de profesión u oficio

La libertad de elección de profesión u oficio, tanto en su vertiente de reconocimiento como de ejercicio (arts. 35 y 36 de la CE), aparece incluida dentro de la Sección Segunda del Capítulo II del Título I de la Constitución, por tanto, bajo la rúbrica "De los derechos y deberes de los ciudadanos". Así, la ubicación sistemática de los artículos 35 y 36 de la CE los incardina en la protección ofrecida por el artículo 53.1 de la CE.

LÓPEZ RAMÓN establece que la libertad profesional es un derecho beneficiado por la cobertura ofrecida por el artículo 53.1 de la CE. Es decir, se trata de un "derecho que vincula a todos los Poderes públicos y que solo por ley podrá regularse su ejercicio que, en ningún caso, podrá alterar su contenido esencial". Continúa el autor diciendo que, en caso de regulación legal contraria a la Constitución, "la libertad profesional puede defenderse, mediante recurso de inconstitucionalidad (art. 53 en relación con el art. 161.1 a) de la CE)".[12] No cabe, por tanto, protección inicial en vía de amparo. Decimos inicial, porque la opción profesional sí puede, con facilidad, verse aliada al principio de igualdad o a cualquier derecho fundamental. Ello sin contar con el hecho de que el acceso a profesiones públicas sí es un derecho fundamental (art. 23.2 de la CE). Podría decirse que una cosa es la profesión y otra el acceso ulterior a

---

12 LÓPEZ RAMÓN, F., "Reflexiones sobre la libertad profesional", en *Revista de administración pública,* núm. 100-102, (1983), pág. 652.

la función pública, pero tal distinción se vuelve inexistente en casos como la carrera militar, donde el profesional no se hace después funcionario, sino que existe una simultaneidad entre la carrera y la función pública.[13]

Como todos los derechos contenidos en la Sección segunda del Capítulo II del Título I de la Constitución, el derecho a la elección profesional, para ser modificado, no requiere de la reforma más rígida de la Constitución (la prevista en el artículo 168), como ocurre con los derechos fundamentales, bastando para su alteración la previsión ordinaria del artículo 167.

La CE solo incluye parte de la previsión constitucional en torno a la regulación profesional, ya que el artículo 36 reserva a la ley "el ejercicio de las profesiones tituladas".[14]

Conviene apuntar, dice TOLIVAR ALAS, la aparente sinrazón que supone el que el artículo 35.1 contemple por igual la libertad de profesión y oficio[15] y, posteriormente, las limitaciones para los títulos habilitantes y la regulación de los Colegios Profesionales aparezcan entre los "derechos y deberes de los

---

13 TOLIVAR ALAS también señala que "(...) cosa parecida puede decirse de buen número de cometidos públicos que no tienen alternativa en el mercado privado". *Vid.* TOLIVAR ALAS, L., "La configuración constitucional..., *op. cit.* pág. 1371.

14 TOLIVAR ALAS, L., "La configuración constitucional..., *op. cit.* pág. 1389.

15 VALLE PASCUAL, J. M.; "Las atribuciones profesionales de los técnicos titulados hoy: en el camino a ninguna parte", en *La Ley: Revista jurídica española de doctrina, jurisprudencia y bibliografía,* núm. 3, (1995), pág. 815 y ss.
El autor, considera que hasta fecha reciente no era fácil concebir un título profesional que no fuera el resultado del seguimiento de estudios reglados, pues para otras cualificaciones profesionales se empleaba el término "oficio", obtenido a partir de un aprendizaje laboral. En cualquier caso, el título era un punto de partida profesional, mientras que el oficio, sustancialmente, y sin perjuicio de su mejoramiento, era un punto de llegada. Algo de esa antítesis late en el artículo 35 de la Constitución cuando se refiere a las profesiones sin título y de oficios.

ciudadanos" y, por el contrario, otras organizaciones corporativas resultan incluidas entre los "principios rectores del orden social y económico" (art. 52)[16]. Ello no tiene ningún sentido, ya que tanto la libertad de profesión u oficio (art. 35.1) como la libertad de empresa (art. 38) gozan del mismo tratamiento constitucional[17].

A juicio de TOLIVAR ALAS "El tema es mucho más complejo que la mera escisión entre la elección de profesión y el ejercicio de esta, cuestiones sin duda importantes, pero que no agotan los ángulos de estudio de uno de los derechos más proclive a engarzarse con otras protecciones constitucionales".[18] Así, la Constitución española de 1978 configura la libertad profesional como un derecho subjetivo reconocido a todos los ciudadanos.

1.2.1. Elección y ejercicio profesional: tipología de derechos

La libertad de elección profesional es categoría distinta del ejercicio, aunque integrante común de la noción de "actividad profesional". Mientras el ejercicio puede limitarse, como ahora veremos, la elección no puede someterse a otra restricción que la "fuerza impediente de la realidad" o, si se prefiere, a razones de estricta organización.

---

16 MARTÍNEZ VAL señala que el artículo 52 CE "no define, ni aun de lejos, ni se refiere, ni aún por aproximación, a ningún principio posible orientador de tal política". *Crf.* MARTÍNEZ VAL J. M. A., "Comentario al artículo 52 de la Constitución" en ALZAGA VILLAAMIL, O. (Dir.), *Comentarios a las leyes políticas: Constitución española de 1978,* Edersa, Madrid, 1983, pág. 427.

17 TOLIVAR ALAS, L., "La configuración constitucional..., *op. cit.* pág. 1393.

18 TOLIVAR ALAS, L., "La configuración constitucional del derecho...", op. cit. p. 189.

La elección se entiende que forma parte del libre desarrollo humano, vocacional de la personalidad y, por tanto, no puede ser sometida a trabas. Ni siquiera alegando saturación profesional, pues ello equivaldría a negar la concurrencia libre y a sepultar las expectativas de los mejores por venir ante los peores ya establecidos.[19]

La elección de una profesión resume STEIN, exige mayor libertad porque tiene una enorme importancia para la personalidad del hombre que quiere encontrar en el ejercicio de la profesión la tarea de su vida.[20] De aquí viene a deducirse que la regulación de la actividad profesional solo puede afectar a la libertad profesional en el sentido del ejercicio de esa profesión. MUÑOZ MACHADO expone que

> "el derecho a ejercer la profesión está consagrado en la Constitución y, aunque puede tener ulteriores desarrollos legales, no es precisa la presencia de norma alguna para que pueda disfrutarse en su integridad: basta con que exista en la realidad socioeconómica la profesión. [...] En ningún caso, el ejercicio de una profesión puede ser restringido por el hecho de que no esté regulada. Y tampoco porque las competencias que en

---

19 TOLIVAR ALAS, L., "La configuración constitucional del derecho...", op. cit. p. 199.

20 STEIN entiende por "profesión", cualquier trabajo de naturaleza económica que asegure la base de la propia vida mediante una prestación social. En este concepto no se incluyen aquellas actividades que se realizan únicamente en provecho propio o de la propia familia. Es un rasgo típico de toda profesión el que se desarrolle en la esfera social, por lo que necesariamente el ejercicio de toda profesión entraña necesariamente una responsabilidad por los actos realizados hacia el exterior. Pero del ámbito social responde el Estado, el cual debe vigilar que la comunidad no sea perjudicada por la actividad de los individuos. De ahí que la libertad de ejercicio profesional deba estar sometida a reserva legal. *Vid.* STEIN, E., Derecho Político, traducción del alemán de Fernando Sainz Moreno, 1a ed., Aguilar, Madrid, 1973, págs. 176-181.

razón de su capacidad y formación puede desarrollar estén atribuidas a otras profesiones".[21]

TOLIVAR ALAS llega a la conclusión de que "el ejercicio profesional es la faceta del derecho más susceptible de limitaciones. Esta conclusión es bien compartida por la Constitución española, que expresamente remite a la Ley la regulación del ejercicio de profesiones tituladas (art. 36)".[22] En este sentido, ORTEGA TRECEÑO añade, siguiendo lo dispuesto por el Tribunal Supremo en la Sentencia de 23 de enero de 1984,[23] que

"me parece indudable el razonamiento jurídico, sin duda alguna más importante, que hace el Tribunal Supremo cuando invoca la reserva de ley del artículo 36, excluyendo con ello la posibilidad de que el Colegio Oficial de Arquitectos de Ga-

---

21 MUÑOZ MACHADO, S., PAREJO ALFONSO, L. y RUILOBA SANTANA, E., *La libertad de ejercicio de la profesión y el problema de las atribuciones de los técnicos titulados,* Instituto de Estudios de Administración Local, Madrid, 1983, pág. 121.

22 TOLIVAR ALAS, L., "La configuración constitucional del derecho...", op. cit. p. 199.

23 La Sentencia del Tribunal Supremo (Sala de lo Contencioso-Administrativo), de 23 de enero de 1984, estable que "(...) la cuestión que en los presentes autos se plantea es, concretamente, la de determinar si tal incompatibilidad puede ser establecida como de naturaleza "deontológica" por el correspondiente Colegio profesional, al amparo de lo dispuesto en el artículo 5, i) de la Ley de Colegios profesionales de 13 de febrero de 1974; cuestión que ha de ser resuelta en sentido negativo, atendido a los preceptuado en el artículo 36 de la Constitución, conforme al cual sólo por Ley cabe regular el ejercicio de las profesiones tituladas (entre las que se encuentra la de arquitecto), siendo manifiesta la trascendencia que en dicho ejercicio producen las situaciones de incompatibilidad que, en consecuencia, únicamente por Ley pueden establecerse". En el mismo sentido véase, SSTS (Sala de lo Contencioso-Administrativo) de 11 de julio de 1984; (Sala de lo Contencioso-Administrativo), 29 de febrero de 1988; (Sala de lo Contencioso-Administrativo), 29 de septiembre de 1986; (Sala de lo Contencioso-Administrativo, Sección Primera) 18 de octubre de 1989; entre otras.

> licia pueda acordar sin base legal la incompatibilidad debatida, debido a la trascendencia que esta tiene para el ejercicio profesional".[24]

La regulación del ejercicio de las profesiones es admisible porque afecta a la esfera social, de la que es responsable el Estado. Las regulaciones, al parecer de MUÑOZ MACHADO,[25] se justifican, en este caso, por tres razones principales:

a) Evitar que se produzcan daños a terceros;

b) Exigir determinados requisitos subjetivos. En efecto, entre las eventuales limitaciones que pueden imponerse al ejercicio están las referidas a la competencia o solvencia profesional. Son muchas las profesiones "cuyo ejercicio conlleva graves responsabilidades frente al público en general".

c) Evitar la lesión a otros valores comunitarios consagrados en la Constitución y que incumbe al Estado proteger.

Estos tres supuestos admiten una intervención reguladora que es más clara y justificable en el primer caso y exige, en cambio, en el último, una demostración efectiva de que, de no producirse la medida interventora, la afectación del valor comunitario sería inevitable.

La libertad de ejercicio de la profesión como derecho constitucionalmente consagrado, vincula a todos los poderes públicos (art. 9.1) y es un precepto directamente aplicable (art. 53.1), como, por otra parte, tiene reconocido el Tribunal Cons-

---

24 ORTEGA TRECEÑO, J. V., "Un caso de aplicación por el Tribunal Supremo de la reserva de Ley para regular el ejercicio de las profesiones tituladas contenida en el artículo 36 de la Constitución", en *Revista española de derecho administrativo,* núm. 42, (1984), pág. 491.

25 MUÑOZ MACHADO, S., PAREJO ALFONSO, L. y RUILOBA SANTANA, E., *La libertad de ejercicio..., op. cit.* pág. 119.

titucional en todas las sentencias (sobre todo, naturalmente, las de amparo) que ha dictado hasta el momento. Asimismo, han reconocido este efecto directo los tribunales ordinarios. Puede señalarse un punto de arranque a esta doctrina en la destacada Sentencia de la Audiencia Nacional de 10 de mayo de 1979.[26]

El Tribunal Constitucional, nos dice TOLIVAR ALAS,[27] ha distinguido drásticamente entre elección de profesión y ejercicio de cada actividad concreta en la Sentencia 83/1984, de 24 de julio de 1984:

> "[...] es evidente [...] que no hay un "contenido esencial" constitucionalmente garantizado de cada profesión, oficio o actividad empresarial [...]. El derecho constitucionalmente garantizado en el artículo 35.1 no es el derecho a desarrollar cualquier actividad, sino el de elegir libremente profesión u oficio (...)".[28]

---

26 MUÑOZ MACHADO, S., PAREJO ALFONSO, L. y RUILOBA SANTANA, E., *La libertad de ejercicio..., op. cit.* pág. 121.

27 TOLIVAR ALAS, L., "La configuración constitucional del derecho...", op. cit. p. 200-201.

28 FJ. 3. Este criterio se ha consolidado en la doctrina jurisprudencial: SSTS (Sala de lo Contencioso-Administrativo) de 30 de septiembre de 1987; (Sala de lo Contencioso-Administrativo) 29 de febrero de 1988; (Sala de lo Contencioso-Administrativo) 23 de marzo de 1988; (Sala de lo Contencioso-Administrativo) 21 de enero de 1989; (Sala de lo Contencioso-Administrativo) 7 de febrero de 1989; (Sala de lo Contencioso-Administrativo, Sección 1) 22 de septiembre de 1989; (Sala de lo Contencioso-Administrativo, Sección 5) 26 de marzo de 1990; (Sala de lo Contencioso-Administrativo, Sección 3) 20 de octubre de 1990; (Sala de lo Contencioso-Administrativo, Sección 3) 9 de diciembre de 1998 (Recurso 301/1996); (Sala de lo Contencioso-Administrativo, Sección 3) 20 de enero de 1999 (Recurso 245/1996); (Sala de lo Contencioso-Administrativo, Sección 4) 22 de mayo de 2002 (Recurso 6950/1995); (Sala de lo Contencioso-Administrativo, Sección 4) 23 de mayo de 2002 (Recurso 2942/1996); (Sala de lo Contencioso-Administrativo, Sección 4) 7 de octubre de 2003 (Recurso 228/1001); (Sala de lo Contencioso-

Por ello, la reserva de Ley a que se refiere el artículo 53.1 de la CE solo comprendería a la regulación —respetuosa con el contenido esencial— de la opción profesional. ORTEGA TRECEÑO, considera que

> "todo lo que afecte a la libertad de elección de la profesión o se refiera a los rasgos fundamentales de la ocupación profesional, esto es, al *status* profesional (qué duda cabe que aquí se encuentran las situaciones de incompatibilidades, ya que estas limitan el ejercicio profesional hasta el extremo de impedirlo) está reservado a la ley (artículos 53.1 y 36 de la Constitución). Las Corporaciones profesionales podrán, a lo sumo, incidir por sí solas sobre cuestiones particulares de carácter técnico-profesional que afecten al puro ejercicio profesional".[29]

El Tribunal Constitucional ha estimado que es el principio general de libertad el que permite afirmar que toda aquella actividad que la Ley no prohíba es lícita, lo que, unido al principio de vinculación positiva de la Administración a la Ley, conduce a pensar en la necesidad de una previsión legal. Previsión de distinta amplitud según los casos, pero que no guarda directa relación con lo dispuesto por el artículo 35.1 de la CE.

El "contenido esencial" garantizado constitucionalmente debe buscarse en el puro acto de elección libre de la dedicación profesional. Contenido que, entendemos, es prácticamente inmune a cualquier intervencionismo público que intente dirigir la voluntad de los interesados, aduciendo incluso intereses generales frente a los vocacionales privados. La imposibilidad fáctica podría ser una excepción. Por tanto, los límites reservados a la Ley solo pueden referirse a razones imperiosas

---

Administrativo, Sección 6) 23 de octubre de 2003 (Recurso 3192/1999); (Sala de lo Contencioso-Administrativo, Sección 4) 21 de octubre de 2004 (Recurso de casación 1723/2002); (Sala de lo Contencioso-Administrativo, Sección 7) 5 de diciembre de 2013 (Recurso de casación 2482/2012); entre otras.

29 ORTEGA TRECEÑO, J. V., "Un caso de aplicación..., *op. cit.* pág.490.

de organización (carencia de medios de todo tipo). Esto no puede suponer una forzada adscripción a otra dedicación y no deben cerrar perpetuamente la vía de acceso a la profesión inicialmente deseada, ya que es razonable presumir que, cesadas las imposibilidades materiales, cesa también la intervención selectiva pública. Tampoco no se espera que los Poderes Públicos solaparan una adecuación del mercado de trabajo a las necesidades reales que se demandan.

1.2.2. Delimitación del concepto por el Tribunal Constitucional

El derecho garantizado en el artículo 35.1 de la CE, en cuanto a la libre dedicación laboral "no es el derecho a desarrollar cualquier actividad, sino el de elegir libremente profesión u oficio" de la misma manera que en el tan próximo artículo 38, no se reconoce "el derecho a acometer cualquier empresa, sino solo el de iniciar y sostener en libertad la actividad empresarial, cuyo ejercicio está disciplinado por normas de distinto orden" tal como ha precisado el Tribunal Constitucional en sentencias 83/1984, de 24 de julio, y 122/1989, de 6 de julio. Siguiendo esta línea, JIMENEZ BLANCO considera que

> "no se opone al derecho de elegir libremente profesión u oficio, la colegiación obligatoria, ni la exigencia de condiciones o requisitos para el acceso a determinadas actividades. Es inherente a la profesión que libremente se escoge el cumplimiento de los deberes o requisitos que dicha profesión impone".[30]

El derecho consagrado en el artículo 35.1 de la CE se limita obviamente a reconocer esa facultad de elección entre lo que

---

[30] JIMÉNEZ-BLANCO, A. et al., *Comentario a la Constitución. La Jurisprudencia del Tribunal Constitucional*, Centro de Estudios Ramón Areces, Madrid, 1993.

es lícito y no a potenciar el que cualquier actividad sea realizable por todos.[31]

1.2.3. Contenido esencial del derecho a la libre elección de profesión u oficio

El concepto jurídico de "contenido esencial" ha sido desarrollado por el Tribunal Constitucional en diversas sentencias, primordialmente desde la 5/1981, de 13 de febrero. La jurisprudencia constitucional aporta una serie de elementos. Entre estos elementos destaca la conformación del contenido esencial como un límite a la potestad legislativa de regulación del ejercicio de los derechos fundamentales.[32]

Esta configuración conceptual, a la que está sujeta la totalidad de los derechos fundamentales, se complementa con el conjunto de restricciones que, siguiendo al Tribunal Constitucional, se clasifican en:

a) límites inmediatamente derivados de la Constitución o que esta establece por sí misma;[33]

---

31 TOLIVAR ALAS, L., "La configuración constitucional del derecho...", op. cit. p. 190-191.

32 Véase, entre otras, SSTS 1514/2017 (Sala de lo Contencioso-Administrativo, Sección 3), 5 de octubre de 2017 (Recurso de casación 795/2014); 74/2018 (Sala de lo Contencioso-Administrativo, Sección 4), de 23 enero de 2018 (Recurso 2698/2015).

33 SALMERÓN SALTO y PERNAS MARTÍNEZ citan entre tales límites "(...) los previstos en el art. 16.1 (limitación de la libertad ideológica, religiosa y de culto por las necesidades de mantenimiento del orden público) o en el art. 20.4 (limitación de los derechos de libre expresión y difusión de los pensamientos, ideas y opiniones; de producción y creación literaria, artística, científica y técnica; de libertad de cátedra, y de comunicación y recepción de información veraz por los derechos al honor, a la intimidad a la propia imagen y a la protección de la juventud y de la infancia)". *Vid.* SALMERÓN SALTO, M. y PERNAS MARTÍNEZ, M., "La libre elección

b) límites mediatos o inmediatamente derivados de la Constitución por la necesidad de preservar o proteger otros derechos fundamentales[34];

c) límites mediatos o inmediatamente derivados de la Constitución española por la necesidad de proteger o preservar otros bienes constitucionales protegidos.

Sobre la garantía de un contenido esencial de determinados derechos constitucionales, PAREJO ALFONSO indica que implica un aspecto negativo de limitación al legislador ordinario y uno positivo de fijación de una sustancia inmediatamente constitucional. Tales afirmaciones, como cita PAREJO ALFONSO, son especialmente ciertas en nuestro ordenamiento jurídico, en el cual se garantiza un contenido esencial, constitucionalmente declarado, de los derechos fundamentales, lo que vincula a todos los poderes públicos, debiendo considerarse manifestaciones de los valores superiores de la libertad, la justicia y la igualdad.[35]

---

de profesión u oficio y la exigencia de titulación para el ejercicio de una profesión. El ejercicio profesional en el Derecho comunitario", en PALOMAR OLMEDA, A. (Coord.), *Manual..., op. cit.* pág. 7.

34 Esta limitación se explicita en el art. 20.4 conforme al cual los derechos reconocidos en su apartado 1 tienen su límite en "el respeto a los derechos reconocidos en este título, en los preceptos de las leyes que lo desatollan". Como señala SALMERÓN SALTO y PERNAS MARTÍNEZ esta limitación ha de articularse, en todo caso, en atención a los "principios de proporcionalidad y razonabilidad en la apreciación de los derechos en juego". SALMERÓN SALTO, M. y PERNAS MARTÍNEZ, M., "La libre elección de profesión u oficio y la exigencia de titulación para el ejercicio de una profesión. El ejercicio profesional en el Derecho comunitario", en PALOMAR OLMEDA, A. (Coord.), *Manual..., op. cit.* pág. 8.

35 SALMERÓN SALTO, M. y PERNAS MARTÍNEZ, M., "La libre elección de profesión u oficio y la exigencia de titulación para el ejercicio de una profesión. El ejercicio profesional en el Derecho comunitario", en PALOMAR OLMEDA, A. (Coord.), *Manual..., op. cit.* pág. 4.

En cuanto al alcance del contenido esencial como límite de los derechos fundamentales, PAREJO ALFONSO, sistematiza la jurisprudencia constitucional, deduciendo los siguientes aspectos:[36]

a) La eficacia limitadora alcanza a la totalidad de los derechos fundamentales y libertades públicas aludidos en el artículo 53.1 y reconocidos en el capítulo II del título I.

b) Se dan otros límites derivados del proceso normativo y aplicativo de concreción del derecho, donde se deben ponderar los intereses, bienes y valores presentes en cada caso; el contenido esencial se reduce a la existencia de un ámbito nuclear esencial de los derechos fundamentales. Así, la garantía institucional del contenido esencial opera siempre como referente último a modo de "límite de límites".

c) La garantía del contenido esencial se predica respecto de los derechos fundamentales concebidos como categorías jurídicas genéricas y no, como derechos públicos subjetivos.

d) El contenido esencial se reduce a la existencia de un ámbito nuclear esencial de los derechos fundamentales.

No obstante, el Tribunal Constitucional utiliza dos criterios no excluyentes sino complementarios, que parten del reconocimiento al legislador de un marco flexible, para el establecimiento del contenido esencial de los derechos y libertades fun-

---

36 PAREJO ALFONSO, L., "El contenido esencial de los derechos fundamentales en la jurisprudencia constitucional, a propósito de la sentencia del Tribunal Constitucional de 8 de abril de 1981", en *Revista Española de Derecho Constitucional,* núm. 3, septiembre-diciembre, (1981), pág. 177.

damentales.[37] Estos dos criterios complementarios entre ellos se concretan de la siguiente forma:[38]

---

37 En este sentido la STC 11/1981, 8 de abril de 1981, afirma que "Constituyen el contenido esencial de un derecho subjetivo aquellas facultades o posibilidades de actuación necesarias para que el derecho sea recognoscible como perteneciente al tipo descrito y sin las cuales deja de pertenecer a ese tipo y tiene que pasar a quedar comprendido en otro, desnaturalizándose por decirlo así". Además, en el fundamento jurídico 7 señala que: "[...] corresponde al legislador ordinario, que es el representante en cada momento histórico de la soberanía popular, confeccionar una regulación de las condiciones de ejercicio del derecho, que serán más restrictivas o abiertas, de acuerdo con las directrices políticas que le impulsen, siempre que no pase más allá de los límites impuestos por las normas constitucionales concretas y del límite genérico del artículo 53".

38 En concreto, véase, el FJ 8 de la STC 11/1981, 8 de abril de 1981: "[...] Para tratar de aproximarse de algún modo a la idea de «contenido esencial», que en el artículo 53 de la Constitución se refiere a la totalidad de los derechos fundamentales y que puede referirse a cualesquiera derechos subjetivos sean o no constitucionales, cabe seguir dos caminos. El primero es tratar de acudir a lo que se suele llamar la naturaleza jurídica o el modo de concebir o de configurar cada derecho. Según esta idea, hay que tratar de establecer una relación entre el lenguaje que utilizan las disposiciones normativas y lo que algunos autores han llamado el metalenguaje o ideas generalizadas y convicciones generalmente admitidas entre los juristas, los jueces y en general los especialistas en Derecho. Muchas veces el «nomen» y el alcance de un derecho subjetivo son previos al momento en que tal derecho resulta recogido y regulado por un legislador concreto. El tipo abstracto del derecho preexiste conceptualmente al momento legislativo y en este sentido se puede hablar de una recognoscibilidad de ese tipo abstracto en la regulación concreta. Los especialistas en Derecho pueden responder si lo que el legislador ha regulado se ajusta o no a lo que generalmente se entiende por un derecho de tal tipo. Constituyen el contenido esencial de un derecho subjetivo aquellas facultades o posibilidades de actuación necesarias para que el derecho sea recognoscible como pertinente al tipo descrito y sin las cuales deja de pertenecer a ese tipo y tiene que pasar a quedar comprendido en otro, desnaturalizándose por decirlo así. Todo ello referido al momento histórico de que en cada caso se trata y a las condiciones

El primero recae sobre la naturaleza del derecho; y el segundo se refiere a la determinación de los intereses jurídicamente protegidos por el derecho de que se trate.[39]

Una vez expuesta la configuración constitucional y doctrinal del contenido esencial de los derechos fundamentales,

---

inherentes en las sociedades democráticas, cuando se trate de derechos constitucionales.
El segundo posible camino para definir el contenido esencial de un derecho consiste en tratar de buscar lo que una importante tradición ha llamado los intereses jurídicamente protegidos como núcleo y médula de los derechos subjetivos. Se puede entonces hablar de una esencialidad del contenido del derecho para hacer referencia a aquella parte del contenido del derecho que es absolutamente necesaria para que los intereses jurídicamente protegibles, que dan vida al derecho, resulten real, concreta y efectivamente protegidos. De este modo, se rebasa o se desconoce el contenido esencial cuando el derecho queda sometido a limitaciones que lo hacen impracticable, lo dificultan más allá de lo razonable o lo despojan de la necesaria protección.
Los dos caminos propuestos para tratar de definir lo que puede entenderse por «contenido esencial» de un derecho subjetivo no son alternativos ni menos todavía antitéticos, sino que, por el contrario, se pueden considerar como complementarios, de modo que, al enfrentarse con la determinación del contenido esencial de cada concreto derecho, pueden ser conjuntamente utilizados, para contrastar, los resultados a los que por una u otra vía pueda llegarse. De este modo, en nuestro caso lo que habrá que decidir es la medida en que la normativa contenida en el Real Decreto-ley 17/1977 permite que las situaciones de derecho que allí se regulan puedan ser reconocidas como un derecho de huelga en el sentido que actualmente se atribuye con carácter general a esta expresión, decidiendo al mismo tiempo si con las normas en cuestión se garantiza suficientemente la debida protección de los intereses que a través del otorgamiento de un derecho de huelga se trata de satisfacer".

39 Como pone de manifiesto PAREJO ALFONSO estos criterios son una traslación al ámbito del derecho público de los dos elementos básicos que, según la doctrina civilista, conforman el contenido de los derechos subjetivos. *Cfr.* PAREJO ALFONSO, L., "El contenido esencial..., *op. cit.* pág. 187.

abordamos la delimitación del contenido esencial del derecho a la libre elección de profesión u oficio.

Sobre esta materia, el Tribunal Constitucional se ha pronunciado específicamente en la Sentencia 83/1984, de 24 de julio, donde distingue entre libertad de elección profesional y ejercicio de profesión concreta para afirmar que la reserva de ley establecida en el artículo 53.1 solo afecta a la elección, no existiendo un contenido esencial del ejercicio profesional.[40]

Por tanto, el contenido esencial del derecho se asienta en el aseguramiento de esa libertad de elección que solo podría limitarse, como también señala TOLIVAR ALAS por razones prácticas de naturaleza imperiosa que impidan de todo punto

---

[40] Véase, el FJ 3 de la STC 83/1984, de 24 de julio "pues si bien el tenor literal del art. 53.1 de la C. E., que se refiere a todos los derechos y libertades reconocidos en el capítulo segundo del Título I, impone la reserva de Ley y al legislador la obligación de respetar el contenido esencial de tales derechos y libertades, es evidente, de una parte, que no hay un «contenido esencial» constitucionalmente garantizado de cada profesión, oficio o actividad empresarial concreta y, de la otra, que las limitaciones que a la libertad de elección de profesión u oficio o a la libertad de empresa puedan existir no resultan de ningún precepto específico, sino de una frondosa normativa, integrada en la mayor parte de los casos por preceptos de rango infralegal, para cuya emanación no puede aducir la Administración otra habilitación que la que se encuentra en cláusulas generales, sólo indirectamente atinentes a la materia regulada y, desde luego, no garantes de contenido esencial alguno. La dificultad, como decimos, es sin embargo sólo aparente, pues el derecho constitucionalmente garantizado en el art. 35.1 no es el derecho a desarrollar cualquier actividad, sino el de elegir libremente profesión u oficio, ni en el art. 38 se reconoce el derecho a acometer cualquier empresa, sino sólo el de iniciar y sostener en libertad la actividad empresarial, cuyo ejercicio está disciplinado por normas de muy distinto orden". Véase también las SSTC 23 de marzo de 1995; 9 de junio de 1997 y 10 de diciembre de 1997.

la disponibilidad de medios suficientes para permitir el ejercicio de la libre elección.[41]

1.3. El ejercicio de profesiones: reserva de ley y profesiones tituladas

El derecho a la elección profesional, aun no gozando de la suerte procesal de los derechos fundamentales (art. 53.2 de la CE), sí deviene de aplicación directa e inmediata, vinculando en forma efectiva a todos los poderes públicos.

La ubicación sistemática de los artículos 35 y 36 de la CE los configura como un derecho subjetivo reconocido a todos los ciudadanos. Esto es, un poder exigible ante los Tribunales cuyo ejercicio es protegible mediante la interposición de un recurso de inconstitucionalidad y no un recurso de amparo. Un derecho cuyo ejercicio solo puede regularse mediante ley que "en todo caso deberá respetar su contenido esencial"[42] (art. 53.1 de la CE). Es decir, a la ley solo correspondería la regulación del contenido esencial del derecho a una opción profesional libre.

También, por expresa reserva del artículo 36 de la Norma fundamental, debe ser una ley la que discipline el ejercicio de las profesiones tituladas.[43]

Así, la reserva legal establecida en el artículo 53.1 implica, por tanto, que el respeto a la libre elección de profesión u oficio vincula de forma absoluta a todos los poderes públicos y específicamente, a la Administración, de forma que esta no

---

41 TOLIVAR ALAS, L., "La configuración constitucional del derecho...", op. cit. p. 200.

42 STC 11/1981, de 8 de abril de 1981.

43 OLAVARRÍA IGLESIA, J., "El artículo 36 de la Constitución: su elaboración en las Cortes Constituyentes", en *Derecho Privado y constitución*, núm. 11, (1997).

puede interferir en la definición y garantía de tal derecho, salvo en el ámbito que la Constitución y las leyes puedan habilitar.

Sobre la extensión de la reserva legal y, por tanto, del ámbito de actuación posible del reglamento, hay diferentes posiciones.

Algunos autores como GÓMEZ FERRER entienden que la reserva legal ha de ser interpretada de forma limitativa, habilitando la intervención reglamentaria únicamente cuando sea técnicamente necesaria, previa habilitación expresa y no pudiéndose extender al ámbito propio de la Ley que se contempla en la regulación del ejercicio de la libertad.[44]

TOLIVAR ALAS considera que "más problemática (o) resultaría pensar que cada oficio precisase de una ley que desarrollara su 'contenido esencial'. Y ello tanto porque no hay un 'contenido esencial' constitucionalmente garantizado de cada profesión, oficio o actividad empresarial concreta' según la Sentencia constitucional de 24 de julio de 1984, por el hecho de que sería un absurdo, contrario al principio de libertad, el intentar compendiar bajo *numerus clausus* las formas de ganarse la vida los ciudadanos. Pero, justamente, el que no exista una garantía constitucional para cada tipo de ocupación y el que no parezca procedente que exista una ley para cada oficio, no quiere decir, sino justo, al contrario, "que las regulaciones limitativas queden entregadas al arbitrio de los reglamentos".[45]

El principio de libertad, si no puede ser desfigurado por las leyes, con mayor motivo ha de estar a buen recaudo de las disposiciones administrativas, pues al margen de que los reglamentos no pueden incidir en contenidos esenciales de dere-

---

[44] GÓMEZ FERRER, R., *La potestad reglamentaria del Gobierno en la Constitución. La Constitución española y las fuentes del Derecho*, IEF, Madrid, 1979.

[45] TOLIVAR ALAS, L., "La configuración constitucional del derecho...", op. cit. p.191-192.

chos, el principio de legalidad impide que la Administración dicte normas sin la suficiente habilitación legal. Así, es exigible que la ley contenga los elementos fundamentales de la regulación de la materia de que se trate, de manera que el reglamento no sea, sino una pormenorización de sus preceptos, sin añadir nuevas cuestiones sustantivas al margen de las previstas en la ley misma.

Por tanto, TOLIVAR ALAS, siguiendo con el mismo parecer del Tribunal Constitucional, considera que "habrá profesiones cuyas limitaciones vengan dadas por meras cláusulas legales generales, otras, para su acceso o ejercicio, requerirán de una ley especial, "pero ello no por exigencia de los artículos 35.1 y 38 de la Constitución", sino debido a otros artículos de esta donde se imponen reservas de ley específicas".[46]

El Tribunal Constitucional viene negando que la reserva de ley (incluso orgánica) excluya la posibilidad de desarrollos reglamentarios a menos que se den características peculiares por las que la Constitución establezca reservas específicas de ley con la inherente prohibición reglamentaria.[47] El reglamento, por tanto, puede ser objeto de remisión, por parte de la Ley, en materia de derechos, siempre que tal mandato "no suponga deferir a la normación del Gobierno el objeto mismo reservado", que no es otro que el desarrollo de un derecho constitucional, "pues no hay Ley en la que se pueda dar entrada a todos los problemas imaginables, muchos de los cuales podrán tener solución particular y derivada en normas reglamentarias".[48]

---

46 TOLIVAR ALAS, L., "La configuración constitucional del derecho…", op. cit. p. 192.

47 SSTC 77/1985, de 27 de junio, y 108/1986, de 29 de julio.

48 STC 77/1985, de 27 de junio, FJ. 14. *Vid.* TOLIVAR ALAS, L., "La configuración constitucional…", op. cit. p. 1374.

El Tribunal Constitucional, nos dice LÓPEZ RAMÓN,[49] en su Sentencia 5/1981, de 13 de febrero admitió la posibilidad de una remisión en esa materia, siempre "que se refiera solo a cuestiones de detalle que no afecten a la reserva de Ley".[50] En la Sentencia 6/1981, de 16 de marzo afirma que la reserva de Ley "[...] solo incluye las limitaciones o restricciones de la libertad, no los actos de administración por los que un ente público, actuando como titular de un determinado medio de comunicación acuerda suspender su funcionamiento".[51] En la Sentencia 18/1982, de 4 de mayo admitió el carácter de la potestad reglamentaria como "técnica de colaboración de la Administración con el Poder Legislativo, como un instrumento de participación de la Administración en la ordenación de la sociedad [...]",[52] aunque dejando a salvo la reserva de Ley, la cual, según Sentencia 6/1983, de 4 de febrero, "hay que entenderla referida a los criterios o principios".[53]

Por tanto, el intérprete supremo de la Constitución entiende que el artículo 53.1 no impide el Reglamento ejecutivo habilitado expresamente por Ley en toda la materia relacionada con los derechos y libertades del Capítulo 2.°, Título I. El ámbito excluido de la posibilidad de remisión legislativa sería el referido a la introducción de una limitación o restricción en el ejercicio del derecho o libertad. No es posible configurar esas limitaciones o restricciones por medio de un Reglamento ejecutivo, pero sí resultaría factible que la Ley se remitiera al Reglamento para desarrollar, completar, concretar, pormenorizar sus previsiones.

---

49 LÓPEZ RAMÓN, F., "Reflexiones sobre la libertad profesional", *Revista de administración pública*, núm.100-102, 1, 1983, pág. 657.

50 FJ. 15.

51 FJ. 4.

52 FJ. 3.

53 FJ. 4.

La doctrina mayoritaria de nuestro país considera que la reserva legal contenida en el artículo 53.1 de la CE no puede ser entendida como una reserva referida a todos los aspectos relacionados con los derechos y libertades reconocidos en el Capítulo segundo del Título I. La Ley es la única norma capacitada para regular el ejercicio de tales derechos y libertades, es decir, para establecer algún tipo de limitación o restricción en ese ejercicio que, en caso contrario, sería absoluto o ilimitado. Pero establecida la limitación o restricción por medio de una ley, parece lógico que su concreción, su desarrollo, su ejecución puedan ser remitidos a un reglamento. Ciertamente, no faltan autores que se opongan a esta postura.

Señalan GARCÍA DE ENTERRÍA y FERNÁNDEZ RODRÍGUEZ,[54] que las reservas materiales de Ley establecidas en el artículo 53 de la CE "han de entenderse en el sentido de que cualquier regulación que ataña, de cualquier manera, el ejercicio de los derechos fundamentales, y, en concreto, en términos aún más amplios, al libre desarrollo de la personalidad (art. 10.1) que dichos derechos garantizan". La libertad, en conclusión, es en nuestro derecho, una materia que "solo por Ley" puede ser regulada y no por un reglamento independiente de la Ley; esa libertad incluye tanto el ámbito de actuación social como el de intimidad personal y familiar (art. 18.4).

Por su parte, GÓMEZ FERRER,[55] reseña la posibilidad de una remisión al Reglamento, en los ámbitos reservados a la Ley por el artículo 53.1 de la Constitución, debe interpretarse en sentido restrictivo, y hay que referirla a aquellos supuestos

---

54 GARCÍA DE ENTERRÍA, E. y FERNÁNDEZ RODRÍGUEZ, T. R.; *Curso de Derecho Administrativo, tomo* I, 21ª Edición, Civitas, Madrid, 2024, pág. 224.

55 GÓMEZ FERRER, R., "La potestad reglamentaria del Gobierno en la Constitución", en AA.VV.; *La Constitución española y las fuentes del Derecho*, vol. I, DGCE/IEF, Madrid, 1979, pág. 129.

en que sea técnicamente necesaria para conseguir la finalidad propuesta por el constituyente y de forma que no afecte al ámbito estricto de lo reservado "solo a la Ley", que es el ejercicio de los derechos, debiendo efectuarse en todo caso de forma expresa".

De este modo, el reglamento opera como complemento de la regulación legal en los casos en que sea expresamente llamado para ello, sin que se admitan reglamentos independientes. En este sentido, también se ha manifestado la doctrina del Tribunal Constitucional. Por ello, la STC 83/1984, de 24 de junio afirma que:

> "Este principio de reserva de Ley entraña, en efecto, una garantía esencial de nuestro Estado de derecho y como tal ha de ser preservado. Su significado último es el de asegurar que la regulación de los ámbitos de libertad que corresponden a los ciudadanos dependa exclusivamente de la voluntad de sus representantes, por lo que tales ámbitos han de quedar exentos de la acción del ejecutivo y, en consecuencia, de sus productos normativos propios, que son los reglamentos. El principio no excluye, ciertamente, la posibilidad de que tales leyes contengan remisiones a normas reglamentarias, pero sí que tales remisiones hagan posible una regulación independiente y no subordinada a la Ley, lo que supondría una degradación de la reserva formulada por la Constitución en favor del legislador".[56]

En desarrollo de estas consideraciones, el Tribunal Constitucional ha afirmado en diversas ocasiones que "el Gobierno no puede crear derechos ni imponer obligaciones que no tengan su origen en la Ley, de modo inmediato, o mediato, a través de la habilitación".[57]

Por tanto, solo es posible la regulación por vía de reglamento de aquellos aspectos relativos al ejercicio de la libre elección

---

56 FJ 4.

57 STC 209/1987, de 22 de diciembre de 1987, FJ 3.

de profesión u oficio, siempre que el reglamento opere en el marco de una habilitación legal expresa y como complemento necesario de la normativa legal.[58]

El ejercicio de profesiones, como ya se ha puesto de manifiesto, se contempla en el artículo 36 de la CE, que remite a la ley para regulación de las mismas. Este planteamiento nos conduce a analizar tres cuestiones: el alcance de la garantía institucional respecto del ejercicio profesional; la delimitación de la reserva de ley establecida y, por último, el régimen jurídico de las titulaciones.

En resumen, LÓPEZ RAMÓN, concluye, considerando que

> "la disciplina pública de las profesiones debe partir del principio de libertad profesional, que constituye así el criterio, la regla general, solo exceptuable o limitable mediante Ley. Ley que en todo caso debe respetar el contenido esencial de la libertad, lo que solo será posible si se dicta con la finalidad de promover el bienestar general en una sociedad democrática".[59]

1.3.1. Garantía constitucional del ejercicio profesional

La doctrina constitucional se ha pronunciado sobre la inexistencia de un derecho fundamental al ejercicio profesional con el mismo carácter que está consagrada la libertad de elección profesional.[60]

---

58 SALMERÓN SALTO, M. y PERNAS MARTÍNEZ, M., "La libre elección de profesión u oficio y la exigencia de titulación para el ejercicio de una profesión. El ejercicio profesional en el Derecho comunitario", en PALOMAR OLMEDA, A. (Coord.), *Manual…, op. cit.* pág. 5.

59 LÓPEZ RAMÓN, F., "Reflexiones sobre…, *op. cit.* pág. 653.

60 El Tribunal Constitucional en la Sentencia 83/1984, de 24 de julio, afirma que: "[…] dada la distinta naturaleza del precepto, esta reserva es bien distinta de la general, que respecto de los derechos y libertades se contiene en el artículo 53.1 de la Constitución española y que, en consecuencia,

Por tanto, no existe un perfil propio derivado de la Constitución española que integre el derecho al ejercicio de una profesión y que garantice un determinado contenido de cada actividad, ya que dicho contenido se remite al legislador ordinario y no cuenta con otros límites.

Sin embargo, autores como TOLIVAR ALAS entienden que el citado posicionamiento constitucional excluye un contenido esencial de cada actividad y remitiendo su regulación al legislador, resulta excesivo en cuanto a la consideración de la determinación de las concretas profesiones u oficios. De este modo, no considera adecuado la separación entre libertad de elección y ejercicio profesional, ya que aquella libertad implica la opción entre posibilidades ciertas y no entre otras opciones dejadas al arbitrio del legislador.

El libre ejercicio profesional, como derecho constitucional, vincula a todos los poderes públicos y resulta directamente aplicable al amparo del artículo 53.1 de la CE.

De este planteamiento, parte de la doctrina[61] afirma, que para el ejercicio de una profesión u oficio no es preciso que esté regulada o reglamentada, de forma que no puede ser restringido o limitado por el hecho de que no exista regulación.[62]

---

no puede oponerse aquí al legislador la necesidad de preservar ningún contenido esencial de derechos y libertades que en ese precepto no se proclaman, y que en la regulación del ejercicio profesional, en cuanto no choque con otros preceptos constitucionales, puede ser hecha por el legislador en los términos que tenga por conveniente" (FJ 3).

61 MUÑOZ MACHADO, S., PAREJO ALFONSO, L. y RUILOBA SANTANA, E., *La libertad de ejercicio…*, *op. cit.* pág. 120.

62 SALMERÓN SALTO, M. y PERNAS MARTÍNEZ, M., "La libre elección de profesión u oficio y la exigencia de titulación para el ejercicio de una profesión. El ejercicio profesional en el Derecho comunitario", en PALOMAR OLMEDA, A. (Coord.), *Manual…*, *op. cit.* pág. 11.

En conclusión, tal como ha puesto de manifiesto el propio Tribunal Constitucional, se acepta eliminar la posibilidad de existencia de un contenido esencial del libre ejercicio profesional y remitir su regulación al legislador ordinario.

1.3.2. Las competencias autonómicas

En cuanto a las competencias, ha de tenerse en cuenta que, de conformidad con los artículos 139 y 149.1 de la CE, el Estado tiene competencia exclusiva para el establecimiento de las condiciones básicas que garanticen la igualdad de todos los españoles en el ejercicio de los derechos constitucionales y, entre ellos, los de libre establecimiento.

También se atribuye al Estado la competencia exclusiva para la regulación de las peculiaridades del régimen jurídico de los Colegios profesionales (art. 36 de la CE), la regulación de las condiciones de obtención, expedición y homologación de títulos académicos y profesionales (art. 149.1.30 de la CE) así como para regular la autonomía universitaria (art. 27 de la CE), en cuanto ente que faculta el acceso a la posesión de títulos habilitantes para el ejercicio de la profesión.

Por lo que se refiere a las competencias autonómicas, la delimitación de estas se completa con las previsiones estatutarias. Determinadas comunidades autónomas han asumido competencias exclusivas en materia de Colegios profesionales y ejercicio de profesiones tituladas, sin perjuicio de las competencias estatales derivadas de los artículos 36 y 139 de la CE.[63] Sin embargo, otras comunidades autónomas, tras la modificación

---

63 Art. 10.22 de la Ley Orgánica 3/1979, de 18 de diciembre, Estatuto de Autonomía del País Vasco (Estatuto de Gernika); art. 125 de la Ley Orgánica 6/2006, de 19 de julio, de Reforma del Estatuto de Autonomía de Cataluña y el art. 79.3.b de la Ley Orgánica 2/2007, de 19 de marzo, de Reforma del Estatuto de Autonomía para Andalucía

operada por la Ley Orgánica 9/1992, de 23 de diciembre, de transferencia de competencias, han asumido competencias de desarrollo legislativo y ejecutivo en materia de corporaciones de derecho público representativas de intereses económicos y profesionales.[64]

Así, las comunidades autónomas cuentan con potestad suficiente para regular aspectos relativos al ejercicio profesional de acuerdo con las previsiones que, en su caso, pueda establecer el Estado.[65]

Sobre el marco competencial, TOLIVAR ALAS considera que

> "[...] Teniendo en cuenta que todos los españoles gozan de los mismos derechos y obligaciones en cualquier parte del territorio nacional, sin que quepan obstáculos a la libertad de establecimiento (artículo 139 CE), y que al Estado le corresponde la regulación de las condiciones básicas que garanticen la igualdad en el ejercicio de derechos y deberes (artículo 149.1.1 CE), cabe preguntarse si las Comunidades Autónomas tienen vedadas toda intervención normativa en cuestiones referentes a derechos".[66]

Pues bien, la participación legislativa de las comunidades autónomas es perfectamente factible, siempre que no se incida en ese contenido básico y toda vez que no se perjudiquen las condiciones de igualdad en el ejercicio para todos los españoles.[67] Por tanto, las comunidades autónomas pueden incluir en

---

64 Véase, SALMERÓN SALTO, M. y PERNAS MARTÍNEZ, M., "La libre elección de profesión u oficio y la exigencia de titulación para el ejercicio de una profesión. El ejercicio profesional en el Derecho comunitario", en PALOMAR OLMEDA, A. (Coord.), *Manual...*, *op. cit.* pág. 12.

65 *Ibídem.*

66 TOLIVAR ALAS, L., "La configuración constitucional del derecho...", *op. cit.* pág. 196.

67 Sentencia del Tribunal Constitucional de 16 de noviembre de 1981.

sus Estatutos atribuciones sobre materias no atribuidas expresamente por la Constitución al Estado (art. 149.3 de la CE).

1.3.3. Límites formales y materiales en la regulación del ejercicio de profesiones tituladas: la previa titulación

En cuanto a los límites formales en la regulación del ejercicio de profesiones tituladas, debemos delimitar los márgenes de actuación de la potestad legislativa y, fundamentalmente, en lo que se refiere a relación con la potestad reglamentaria.

Como ya se ha indicado anteriormente, la remisión al legislador ha de entenderse realizada al legislador ordinario, ya que solo los derechos y deberes fundamentales contenidos en la sección 1 del capítulo 2 del Título I de la CE se reservan a la ley orgánica establecida en el artículo 81.1 de la CE.[68] Este planteamiento también confirma la posibilidad de que la reserva legal pueda ser cumplimentada por el legislador autonómico.[69]

Por lo que se refiere a los límites sustantivos en la normación del ejercicio de profesiones tituladas, debemos tener en cuenta que el derecho al ejercicio de una profesión carece de un contenido esencial constitucionalmente garantizado, motivo por el cual, su regulación puede realizarse por el legislador en los términos que considere conveniente.[70]

Así, la normación de profesiones o actividades puede contener limitaciones y requisitos para su ejercicio establecidos por el legislador. No obstante, hay límites en esta regulación, como el respeto al principio de no discriminación (art. 14 de

---

68 Conforme a una jurisprudencia constante del Tribunal Constitucional, véase, SSTC de 5 de agosto de 1983; 24 de mayo de 1985; 11 de junio de 1987; 5 de mayo de 1994; entre otras.

69 STC de 16 de noviembre de 1981.

70 STC 83/1984, de 24 de julio, FJ. 3.

la CE). En este sentido, el Tribunal Constitucional entiende que el legislador "no puede establecer distinciones artificiosas o arbitrarias entre situaciones de hecho cuyas diferencias reales, si existen, carecen de relevancia desde el punto de vista de la razón de ser discernible en la norma, o de no anudar consecuencias jurídicas arbitrarias o irrazonables a los supuestos de hecho legítimamente diferenciados".[71]

Además, el Tribunal Constitucional también se ha pronunciado sobre el alcance de las regulaciones del ejercicio de las actividades profesionales. Sobre este aspecto, el Tribunal Supremo reconoce a los Colegios profesionales la capacidad para ordenar la profesión. No obstante, el Alto Tribunal señala que cualquier posible restricción al ejercicio de actividades profesionales ha de ser interpretada restrictivamente, por cuanto el principio de libertad (art. 1.1 y 10.1 de la CE) autoriza a todos los ciudadanos a realizar aquellas actividades que la ley no prohíba o cuyo ejercicio no se subordine a requisitos o condiciones determinadas.

En el plano sustantivo, el requisito delimitador por excelencia es la exigencia de titulación para el ejercicio profesional. Este requisito está legitimado por la propia Constitución española en el artículo 35.1 en el que se remite a la Ley. La regulación de las profesiones tituladas, excluyendo la referencia a oficios del artículo 35 que parecen no requerir, por tanto, de titulación.

De este modo, se constata que la necesidad de acreditar una titulación para el ejercicio de una profesión es una práctica legitimada por la Constitución española, aunque como indica TOLIVAR ALAS debe tenerse en cuenta la casuística existente para el ejercicio profesional que no solo parte de la pose-

---

71 *Ibidem.*

sión de determinadas titulaciones, sino que pueden darse los siguientes escenarios:

a) títulos académicos que conducen al ejercicio de una profesión sin necesidad de colegiación;

b) títulos académicos que requieren colegiación para poder ejercer una profesión;

c) títulos que capacitan para acceder a pruebas de ingreso para el ejercicio de una profesión colegiada;

d) títulos profesionales a los que se accede, sin necesidad de titulación académica previa, tras la superación de unas pruebas.

Para proteger los intereses generales, el Tribunal Constitucional reconoce la capacidad de los poderes públicos para condicionar ciertas actividades profesionales a la previa obtención de una autorización o licencia administrativa o a la superación de ciertas pruebas de aptitud.

Estos condicionantes, según el Tribunal Constitucional, son diferentes a la creación de una profesión titulada, ya que estas últimas son aquellas para cuyo ejercicio se requiere la posesión de títulos universitarios acreditados por la posesión del correspondiente título oficial.

En el ámbito concreto de la medicina, la doctrina jurisprudencial es constante al establecerse la exigencia de titulación para el ejercicio de la profesión médica, justificándolo en que

> "(...) en defensa, no de unos determinados grupos profesionales, sino del interés público, que radica en que ciertas actividades solo sean realizadas por quienes ostentan la necesaria capacidad técnica, para lo cual se exige una específica titulación que solamente se concede después de unos estudios y

> unos exámenes controlados por el Estado, que previamente ha regulado los requisitos imprescindibles para tal situación".[72]

Así mismo, el Tribunal Constitucional sigue justificándolo en los siguientes términos

> "[...] esa línea jurisprudencial, de acuerdo con la doctrina contenida en la STC 111/1983 (fundamento jurídico 9), reserva "el ámbito de aplicación de dicho precepto (art. 321.1 CP), a aquellas profesiones que, por incidir sobre bienes jurídicos de la máxima relevancia, visa, integridad corporal, libertad y seguridad, no solo necesitan para su ejercicio de la realización de aquellos estudios que requieren la posesión de un título universitario *ad hoc*".[73]

Una vez examinada la legitimidad del requisito de la titulación previa, debemos delimitar a quién corresponde la competencia para el establecimiento de esta exigencia. Sobre este aspecto, el Tribunal Constitucional se refiere al alcance de la reserva de ley en la materia objeto de estudio como una garantía esencial de nuestro Estado de derecho. Pero esto no excluye,

> "[...] la posibilidad de que las leyes contengan remisiones a normas reglamentarias, pero sí que tales remisiones hagan posible una regulación independiente y no subordinada a la Ley, lo que supondría una degradación de la reserva formulada por la Constitución en favor del legislador".[74]

---

72 STS 222/1993 (Sala de lo Penal), de 5 febrero de 1993, (Recurso 3561/1990).

73 STC 24/1996, de 13 de febrero de 1993, FJ 7.

74 STC 83/1984, de 24 de julio, FJ 4. Doctrina reiterada en las SSTC 83/1984, de 24 de julio, FJ 4; 42/1986, de 10 de abril de 1986, FJ 1; 37/1987, de 26 de marzo, FJ 3; 49/1999, de 5 de abril, FJ 4; 292/2000, de 30 de noviembre, FJ 6; 26/2005, de 14 de febrero de 2005, FJ 3; 112/2006, de 5 de abril de 2006, FJ 3; 184/2003, de 23 de octubre, FJ 6; 31/2018, de 10 de abril, FJ 7; de entre otras.

Por tanto, corresponde a una norma con rango de ley establecer los contenidos y funciones de cada profesión cuando se opta por su regulación. De este modo, la potestad reglamentaria ha de configurarse como:

> "[...] un complemento de la regulación legal que sea indispensable por motivos técnicos o para optimizar el cumplimiento de las finalidades propuestas por la Constitución o por la propia Ley"[75]. No es posible, así, en esta materia las remisiones en blanco al ejecutivo, sin fijar los objetivos o fines de la reglamentación.[76]

Así, el ejecutivo puede ser habilitado para regular, por vía reglamentaria, aspectos de tales requisitos como la concreción de las titulaciones exigidas que, por su tecnicismo o su carácter complementario, no resulten adecuados plasmar en una norma con rango legal. No obstante, como destaca SALMERÓN, este planteamiento expuesto:

> "[...] se ha encontrado, sin embargo, ante un dato fáctico que modula las consecuencias derivadas del planteamiento anterior. Nos referimos al hecho de que la mayor parte de la regulación de las profesiones tituladas se encuentra residenciada en normas infralegales dictadas antes de la entrada en vigor de la Constitución".[77]

---

75 STC 83/1984 de 24 julio, FJ 4.

76 En este sentido, SALMERÓN SALTO, M. y PERNAS MARTÍNEZ, M., "La libre elección de profesión u oficio y la exigencia de titulación para el ejercicio de una profesión. El ejercicio profesional en el Derecho comunitario", en PALOMAR OLMEDA, A. (Coord.), Manual..., *op. cit.* pág. 18.

77 *Ibídem.*

1.4. Vinculación del derecho a la libre elección de profesión u oficio con otros valores fundamentales. Afinidad con la libertad de empresa

También en la CE la libertad de profesión aparece ligada a otros valores fundamentales, “el libre desarrollo de la personalidad” (art. 10, que, por su ubicación sistemática, proyecta su eficacia sobre la totalidad del Título I de la Constitución), la libertad de empresa en el marco de la economía de mercado (art. 38), y el deber y el derecho al trabajo (art. 35.1).

Considera TOLIVAR ALAS que constituyen estos valores constitucionales un punto de referencia para justificar las regulaciones del ejercicio profesional, pero no permiten que sea abatido este derecho, sino que sirven para diseñar lo que, en todo caso, son contenidos mínimos del mismo.

La libertad de empresa[78] guarda una estrecha vinculación con el derecho a la elección de profesión u oficio, no solo desde el punto de vista pragmático, por el cual la dedicación al mundo de la empresa es una profesión como cualquier otra, sino también desde la óptica estrictamente constitucional.[79]

La Constitución de 1869 consideró la libertad profesional y la de establecimiento industrial una misma cosa, si bien, para el caso de profesiones tituladas y partiendo de que el artículo 25 de dicha norma fundamental solo contemplaba a los extranjeros, el desempeño de estas quedaba a merced de la obtención de títulos de aptitud expedidos por las autoridades españolas.[80]

---

78 Si se prefiere la nomenclatura clásica, la libertad de industria y comercio.

79 TOLIVAR ALAS, L., “La configuración constitucional...”, *op. cit.* pág. 1371.

80 Como el Proyecto Federal de 1873.

La Constitución de 1876 mantuvo unificados los derechos de elección profesional y de establecimiento industrial para los extranjeros, mientras que para los nacionales solo contemplaba el primero de los mismos y la libertad de creación de centros docentes (art. 12).

El texto republicano de 1931 garantizó para toda persona la libertad de elegir profesión y las de industria y comercio (art. 33). El mencionado precepto reserva a la Ley, con respecto a estos derechos, las eventuales limitaciones que pudieran imponerse "por motivos económicos y sociales de interés general".

Las Leyes Fundamentales promulgadas tras la Guerra Civil, prestaron poca o nula atención a la propia iniciativa de los empresarios privados, en detrimento de un Estado que garantizaba la producción nacional y el pleno empleo.

La vigente Constitución de 1978 separa la libertad profesional de la empresarial, aunque en términos relativos, ya que ambos derechos aparecen bajo el mismo régimen tuitivo de la Sección Segunda del Capítulo II del Título I (arts. 35.1 y 38).[81]

En definitiva, pese a los distintos criterios seguidos tanto por el derecho histórico como por los ordenamientos comparados,[82] la libertad de elegir profesión u oficio no difiere de la especialidad económica que supone la vocación empresarial. En este sentido, se ha pronunciado el mismo Tribunal Constitucional, el cual ha advertido un mismo "contenido esencial" en los artículos 35.1 y 38 de la CE.

En relación con el derecho a la libertad de empresa, el Tribunal ha delimitado el alcance del derecho consagrado en el artículo 38 CE, en el sentido de que consiste en iniciar y mantener

---

81 En este sentido se pronuncia el Tribunal Constitucional en su reiterada Sentencia 83/1984, de 24 de julio.

82 Para un repaso por el Derecho comparado, véase TOLIVAR ALAS, L., "La configuración constitucional...", *op. cit.* págs. 1372-1373.

en libertad la actividad empresarial, atribuyendo al legislador un amplio margen de actuación en el establecimiento de límites y restricciones al ejercicio de derechos de contenido patrimonial por razones que se refieren a la función social de la propiedad.[83] De este modo, considera que este precepto establece:

> "[...] límites dentro de los que necesariamente han de moverse los poderes constituidos al adoptar medidas que incidan sobre el sistema económico de nuestra sociedad. El mantenimiento de esos límites [...] está asegurado por una doble garantía, la de la reserva de ley y la que resulta de la atribución a cada derecho o libertad de un núcleo del que ni siquiera el legislador puede disponer, de un contenido esencial".[84]

Por tanto, el derecho a la libertad de empresa no es absoluto e incondicionado

> "sino limitado por la regulación que, de las distintas actividades empresariales en concreto, puedan establecer los poderes públicos, limitaciones que han de venir establecidas por la ley, respetando, en todo caso, el contenido esencial del derecho"[85] y ha de estar "derivadas de las reglas que disciplinen, proporcionada y razonablemente, el mercado".[86]

El acceso a las funciones públicas y la libertad de elegir profesiones privadas.

---

83 Desde la Sentencia 83/1984, de 24 julio de 1984, FJ 3, el Tribunal Constitucional mantiene su doctrina. *Vid.* SSTC 111/1983, de 2 diciembre de 1983, FJ 4; 109/2003 de 5 junio de 2003, FJ 15.

84 STC 37/1981, de 16 de noviembre de 1981, FJ 2.

85 SSTC 18/2011, de 3 de marzo, de 2011, FJ 15; 135/2012, de 19 de junio de 2012, FJ 5; 89/2017 de 4 julio, de 2017; entre otras.

86 *Vid.* entre otras, SSTC127/1994, de 5 de mayo de 1994, FJ 6; 109/2003, de 5 de junio de 2003, FJ 15 o 112/2006, de 5 de abril de 2006, FJ 8.

Existen profesiones que se ejercen tanto para la Administración como para el libre mercado. De este modo, hay profesiones como la de abogado, ingeniero, etc., que prestan sus servicios a las Administraciones, igual que lo harían ante privados, pero previa selección. No obstante, también hay otras actividades profesionales que el Estado no desarrolla y otras que, por su singularidad, no tienen comparación en el ámbito privado.

La función pública es una forma de actividad profesional. Pero esta forma tiene la peculiaridad de que el artículo 23.2 de la CE le confiere al acceso igualitario a la función pública la condición de derecho fundamental, por la necesidad de garantía de los ciudadanos y por la trascendencia de la relación funcionarial.

De este modo, el acceso a los empleos y cargos públicos, con arreglo a los principios de capacidad, mérito e igualdad, es uno de los derechos constitucionales. La vigente Constitución española se refiere a esto con la expresión "funciones y cargos públicos" pero ha escindido la referencia al acceso conforme a los principios de capacidad y merito que ahora se recogen separadamente en el artículo 103.3 de la CE.

En definitiva, el núcleo de la protección fundamental del acceso a la función pública lo constituyen las "condiciones de igualdad".

La regulación del acceso a funciones públicas por su connotación de ejercicio de poder ha estado siempre separada de la libertad de elegir otras profesiones privadas. Es precisamente esta libertad de opción la que diferencia entre empleo privado o empleo público. No obstante, se ha comprobado cómo en los últimos años se ha asistido a una desregulación de actividades públicas que vuelven al ámbito privado. Pero también se ha dado el caso contrario, para el que en el ordenamiento jurídico se dispone de medios para atemperar lo que puede ser un menoscabo de la profesión elegida.[87]

El Tribunal Constitucional ha declarado que la "frustración de las expectativas existentes" puede producir perjuicios económicos que en ciertas ocasiones pueden merecer algún género de compensación.[88] Dichos perjuicios deben evaluarse, lo cual resulta difícil. Además, parece ser conveniente, siempre que se desee rescatar una profesión privada, utilizar un régimen transitorio para quienes se ven afectados por la medida, después de haber obtenido el título profesional.

2. EL MARCO DE LA UNIÓN EUROPEA: LA LIBRE PRESTACIÓN DE SERVICIOS Y LA LIBERTAD DE ESTABLECIMIENTO

La libre circulación de personas y de servicios constituye, desde sus orígenes, uno de los objetivos fundamentales de la Unión Europea,[89] si bien ha pasado de una configuración centrada en lo económico a una perspectiva más social, evolucionando poco a poco al concepto de la "Europa de los Ciudadanos".[90]

---

87 MARTÍN MATEO, R., *Liberalización de la Economía. Más Estado, menos Administración*, Trivium, Madrid, 1988, pág. 154 y ss.

88 STC 99/1987, de 11 de junio, F J 6 a.

89 SALMERÓN SALTO, M. y PERNAS MARTÍNEZ, M., "La libre elección de profesión u oficio y la exigencia de titulación para el ejercicio de una profesión. El ejercicio profesional en el Derecho comunitario", en PALOMAR OLMEDA, A. (Coord.), *Manual..., op. cit.* pág. 27.

90 Así lo ha destacado MARTÍN BERNAL, J. M., *Abogados y Jueces ante la Comunidad Europea*, Colex, Madrid, 1990, pág. 19.

En el Tratado Constitutivo de la Comunidad Europea (en adelante, TCE),[91] se encuentra ya las primeras manifestaciones del marco jurídico regulador del acceso al ejercicio de las profesiones en el ámbito de la Unión Europea. En este sentido, el artículo 2 establece que:

> "La Comunidad tendrá por misión promover, mediante el establecimiento de un mercado común y de una unión económica y monetaria y mediante la realización de las políticas o acciones comunes contempladas en los artículos 3 y 3A, un desarrollo armonioso y equilibrado de las actividades económicas en el conjunto de la Comunidad, un crecimiento sostenible y no inflacionista que respecte el medio ambiente, un alto grado de convergencia de los resultados económicos, un alto nivel de empleo y de protección social, la elevación del nivel y de la calidad de vida, la cohesión económica y social y la solidaridad entre los Estados miembros".

Además, el artículo 3 indica que:

> "para alcanzar los fines enunciados en el artículo 2, la acción de la Comunidad implicará, en las condiciones y según el ritmo previstos en el presente Tratado: un mercado interior caracterizado por la supresión, entre los Estados miembros, de los obstáculos a la libre circulación de mercancías, personas, servicios y capitales".

También el artículo 7A confirma lo anterior al disponer que, "el mercado interior implicará un espacio sin fronteras interiores, en el que la libre circulación de mercancías, personas, servicios y capitales estará garantizada de acuerdo con las disposiciones del presente Tratado".

---

91 En vigor el Título II, que comprende los artículos 9 a 12, redactado por el apartado 12 del artículo 1 del Tratado de Lisboa por el que se modifican el Tratado de la Unión Europea y el Tratado constitutivo de la Comunidad europea.

No cabe duda, por tanto, que la libre circulación de personas y de servicios se ha ido configurando como uno de los objetivos básicos de la construcción europea. Es precisamente este objetivo el que ha devenido indispensable para la consecución del "desarrollo armonioso y equilibrado de las actividades económicas en el conjunto de la Comunidad".[92]

2.1. Concepto de libre prestación de servicios y diferencias con el derecho de establecimiento

El mercado interior de la Unión Europea, como se ha destacado, se consolida bajo las libertades, entre otras, de establecimiento y prestación de servicios.[93] En términos generales, estas libertades se consagran como la manifestación de la libertad de las personas físicas y jurídicas de un Estado miembro de establecerse o prestar servicios en cualquier otro Estado miembro son obstáculos, impedimentos o discriminaciones.[94]

Pero, aunque parece que ambas libertades se agrupan, lo cierto es que son dos ámbitos con un contenido jurídico propio en el Tratado de Funcionamiento de la Unión Europea (en adelante, TFUE). No obstante, en ocasiones resulta difícil diferenciarlas porque los puntos de conexión entre ambas son numerosos.[95] En este sentido, GOLDMANN y LYON-CAEN han señalado que

---

92 Art. 2 del TCE.

93 PADILLA ESPINOSA, L. I., *La prestación de servicios de abogacía en el contexto del mercado interior de la Unión Europea*, Dykinson, Madrid, 2022, pág. 23.

94 GARCÍA COSO, E., "Mercado Interior (III): Derecho de Establecimiento y libre prestación de servicios", en SÁNCHEZ, V. M (Dir.), *Derecho de la Unión Europea*, Huygens, 4 ed., 2017, pág. 245.

95 La doctrina destaca que las reglas de la libre prestación de servicios resultan de aplicación de forma subsidiaria. Véase, FERNÁNDEZ DE LA GÁNDARA, L., "Libertad de establecimiento y libre prestación de servi-

> "hay hipótesis en las que la distinción es difícil, o bien porque el interesado ejerce, a título temporal, su actividad en el país en el que se realiza la prestación, llegando para ello incluso a crear en él una instalación fija y a ejercer por temporadas su actividad, o bien porque incluso sin tal instalación, realiza muy regularmente y muy frecuentemente prestaciones de servicios en un Estado miembro distinto de aquel en el que está establecido".[96]

La libertad de establecimiento, regulada en los artículos 49 a 55 del TFUE, y la libre prestación de servicios, contemplada en los artículos 56 a 62 del TFUE solo resultan de aplicación a las actividades económicas por cuenta propia que se desarrollan en exclusiva por personas jurídicas y/o profesionales liberales. De esta forma, como destaca PADILLA ESPINOSA la "actividad económica por cuenta propia" es el criterio diferenciador respecto al desplazamiento de una persona a otro Estado miembro para ejercer una actividad económica por cuenta ajena, así como de la libre circulación de personas.[97]

A pesar de las similitudes que presentan estas dos libertades en el "núcleo duro", como manifiesta CALVO CARAVACA y CARRASCOSA GONZÁLEZ la diferencia recae en la idea de la

---

cios de las personas físicas en la CEE", en *Documentación Administrativa,* núm. 185, (1980), pág. 552. MESTRE DELGADO, J. F., "Libertad de establecimiento y libre prestación de servicios profesionales en la Unión Europea", en *Derecho privado y Constitución,* núm. 11, (1997), pág. 140. Como señala MARTÍN BERNAL el establecimiento no debe confundirse con la adquisición de un domicilio o incluso de una residencia habitual, ya que el primero supone "un vínculo de carácter profesional destinado a ser de duración indeterminada". *Vid.* MARTÍN BERNAL, J. M., *Abogados y Jueces ante la Comunidad Europea,* Colex, Madrid, 1990, pág. 30.

96 GOLDMANN, B. y LYON-CAEN, A., *Derecho Comercial Europeo,* Corte Española de Arbitraje, Madrid, 1984.

97 PADILLA ESPINOSA, L. I., *La prestación de servicios…, op. cit.* pág. 24.

permanencia, es decir, en "una participación de manera estable y continuada".[98]

En el artículo 49 del TFUE se concreta la regulación de la libertad de establecimiento en los siguientes términos:

> "En el marco de las disposiciones siguientes, quedarán prohibidas las restricciones a la libertad de establecimiento de los nacionales de un Estado miembro en el territorio de otro Estado miembro. Dicha prohibición se extenderá igualmente a las restricciones relativas a la apertura de agencias, sucursales o filiales por los nacionales de un Estado miembro establecidos en el territorio de otro Estado miembro.
>
> La libertad de establecimiento comprenderá el acceso a las actividades no asalariadas y su ejercicio, así como la constitución y gestión de empresas y, especialmente, de sociedades, tal como se definen en el párrafo segundo del artículo 54, en las condiciones fijadas por la legislación del país de establecimiento para sus propios nacionales, sin perjuicio de las disposiciones del capítulo relativo a los capitales".

Mediante una interpretación literal del precepto citado, podemos constatar que el derecho de establecimiento se presenta como el derecho de toda persona física, nacional de un Estado miembro a implantarse como profesional autónomo en el territorio de otro Estado miembro, pero también el derecho

---

98 CALVO CARAVACA, A. L. y CARRASCOSA GONZÁLEZ, J., "Mercado Único Europeo y libertades comunitarias", en CALVO CARAVACA, A. L. y BLANCO-MORALES LIMONES P., (Eds.), *Derecho europeo de la competencia*, Editorial Colex, Madrid, 2000, pág. 56. En este sentido véase también, FORTES MARTÍN, A., "La libertad de establecimiento de los prestadores de servicios en el mercado interior bajo el nuevo régimen de la Directiva 2006/123, de 12 de diciembre", en DE LA QUADRA-SALCEDO Y FERNÁNDEZ DEL CASTILLO, T. (Dir.), *El mercado interior de servicios en la Unión europea. Estudios sobre la Directiva 123/2006 relativa a los servicios en el mercado interior*, Marcial Pons, Madrid, 2009, pág. 136.

a constituir y gestionar empresas en las mismas condiciones previstas por la legislación del Estado de acogida.

Pero ante una definición tan genérica, la jurisprudencia del Tribunal de Justicia de la Unión Europea (en adelante, TJUE) ha ido especificando los criterios identificativos que identifican esta libertad. Conforme a esta doctrina jurisprudencial, los elementos que deben concurrir para aplicar el régimen jurídico del derecho de establecimiento son:

a) la existencia de una actividad económica;

b) por cuenta propia;

c) de alcance transnacional;

d) mediante la creación en otro Estado miembro de un establecimiento principal o secundario, y;

e) con el objeto de desarrollar una actividad de carácter estable, permanente, continua y regular.

Son los dos últimos elementos los que permiten diferenciar la libertad de establecimiento de la libertad de prestación de servicios.[99]

En cuanto a la libre circulación de servicios, el artículo 56 del TFUE la define de forma negativa:

> "En el marco de las disposiciones siguientes, quedarán prohibidas las restricciones a la libre prestación de servicios dentro de la Unión para los nacionales de los Estados miembros establecidos en un Estado miembro que no sea el del destinatario de la prestación".

---

99 PADILLA ESPINOSA, L. I., *La prestación de servicios...*, *op. cit.* pág. 26. Véase también, ÁLVAREZ PÉREZ, M., "Nuevas perspectivas de la libertad de establecimiento en los Estados de la Unión Europea, en particular para las sociedades", en *Noticias de la Unión Europea*, núm. 265, XXIII, (2017), pág. 30.

Pero esto se conecta con el artículo 57 del TFUE, el cual establece que:

> "Con arreglo a los Tratados, se considerarán como servicios las prestaciones realizadas normalmente a cambio de una remuneración, en la medida en que no se rijan por las disposiciones relativas a la libre circulación de mercancías, capitales y personas. Los servicios comprenderán, en particular: a) Actividades de carácter industrial; b) actividades de carácter mercantil; c) actividades artesanales; d) actividades propias de las profesiones liberales.
>
> Sin perjuicio de las disposiciones del capítulo relativo al derecho de establecimiento, el prestador de un servicio podrá, con objeto de realizar dicha prestación, ejercer temporalmente su actividad en el Estado miembro donde se lleve a cabo la prestación, en las mismas condiciones que imponga ese Estado a sus propios nacionales".

Por tanto, es la integración de estos dos artículos, la que nos permite definir la libertad de prestación de servicios como el derecho otorgado por el ordenamiento jurídico europeo a los nacionales de un Estado miembro que realizan una actividad económica por cuenta propia en un Estado miembro para prestar sus servicios profesionales, ya sean de carácter industrial, mercantil, artesanal o liberal, en otro Estado miembro de manera temporal, esporádica o discontinua a cambio de una remuneración.[100] De esta definición se vuelve a destacar el rasgo diferenciador, señalado anteriormente, relativo a la libertad de establecimiento y referente al carácter temporal o discontinuo de los servicios.[101]

---

[100] GARCÍA COSO, E., "Mercado Interior (III): Derecho de Establecimiento y libre prestación de servicios", en SÁNCHEZ, V. M (Dir.), *Derecho..., op. cit.* pág. 130.

[101] PADILLA ESPINOSA, L. I., *La prestación de servicios..., op. cit.* pág. 27.

Por tanto, estamos ante una prestación de servicio cuando el ejercicio de la actividad es temporal y no hay instalación permanente. Pero en cuanto a la instalación, la doctrina, para ayudar a perfilar las diferencias con la prestación de servicios, destaca el papel que desempeña la instalación, ya que no siempre una instalación material puede ser síntoma de estar ante la libertad de establecimiento.[102]

La jurisprudencia también se ha pronunciado sobre la temporalidad de la prestación, fijando qué se debe determinar en función de la duración, frecuencia, periodicidad y continuidad.[103] Sobre el carácter temporal de las prestaciones de servicios establece que:

> "la libre prestación de servicios se caracteriza por la ausencia de una participación estable y continúa en la vida económica del Estado miembro en el que se presta el servicio. El carácter temporal de la prestación no excluye la posibilidad de que el prestador de servicios, en el sentido del Tratado, se provea, en el Estado miembro de acogida, de cierta infraestructura (incluida una oficina, despacho o estudio) en la medida en que dicha infraestructura sea necesaria para realizar la referida prestación".[104]

---

102 FERNÁNDEZ DE LA GÁNDARA, L., "Libertad de establecimiento y ..., *op. cit.* pág. 553.

103 *Vid.* Sentencia del Tribunal de Justicia de las Comunidades Europeas, (Sala Pleno), de 30 de noviembre de 1995, C-55/94, Reinhard Gebhard contra Consiglio dell'Ordine degli Avvocati e Procuratori di Milano, párrafo 39.

104 *Vid.* párrafo 27 de la Sentencia del Tribunal de Justicia de las Comunidades Europeas, (Sala Pleno), de 30 de noviembre de 1995, C-55/94, Reinhard Gebhard contra Consiglio dell'Ordine degli Avvocati e Procuratori di Milano. Esta doctrina jurisprudencial se reitera en los pronunciamientos de los últimos años, como por ejemplo la Sentencia del Tribunal de Justicia de la Unión Europea (Sala Sexta), de 22 de noviembre de 2018, Vorarlberger Landes- und Hypothekenbank AG contra Finanzam; y la Sentencia del Tribunal de Justicia de la Unión Europea (Sala Novena), de 2 de septiembre de 2021, TP contra Institut des Experts en Automobiles.

Diferenciar la libertad de establecimiento y la libre prestación de servicios no es solo una cuestión conceptual, sino que tiene grandes repercusiones jurídicas. Así, el/la profesional que se establece en otro Estado miembro se somete en el ejercicio de su actividad a la legislación nacional del Estado miembro de acogida. Sin embargo, el/la profesional que se desplaza de manera temporal para prestar un servicio ocasional a otro Estado miembro continúa estando sometido a la regulación de su Estado de origen.

Pero cabe destacar que, a la luz de la jurisprudencia del TJUE, así como de una interpretación doctrinal de los artículos 56 y 57 del TFUE, se manifiestan cuatro acepciones de la libre prestación de servicios. La primera hace referencia a aquellas situaciones en las que el/la profesional prestador del servicio se desplaza físicamente a otro Estado miembro diferente del de residencia, para prestar sus servicios. Esto supone que la actividad principal ofertada a través de la prestación del servicio queda regulada por la normativa europea frente a cualquier tipo de restricción.

La segunda acepción recae en el supuesto de que el desplazamiento a otro Estado miembro lo realiza la persona destinataria del servicio. En este caso, como las personas que se desplazan son beneficiarias de los servicios ofertados por parte de profesionales que se encuentran en otro Estados miembros, se acogen al derecho de estos a prestar libremente servicios.[105]

---

[105] Este caso se ha denominado como "la dimensión pasiva de la libre prestación de servicios". *Vid.* PADILLA ESPINOSA, L. I., *La prestación de servicios…*, *op. cit.* pág. 30.
PÉREZ DE LAS HERAS lo ejemplifica de la siguiente forma: "(…) persona residente en el Reino Unido, que viaja a Francia a someterse a un tratamiento médico, o en quien viaja a otro Estado miembro en calidad de turista; todos los actos que necesita realizar (entrada, estancia, divisas, etc.) para recibir servicios por parte de profesionales establecidos en otros Estados miembros quedan igualmente protegidos por el Derecho

Dicho supuesto no está contemplado en el TFUE, sino que fue reconocido por el Tribunal de Justicia de las Comunidades Europeas (TJCE, en adelante) al consagrar un aspecto de la libre circulación que trasciende el contexto estricto de los trabajadores migrantes y se inscribe en el concepto de una ciudadanía europea.[106]

Comunitario frente a cualquier restricción, en concreto por el art. 49 del TCE (art. 56 TFU)". Así, esta autora pone de manifiesto la relevancia práctica que tiene este supuesto, al desbordar el ámbito estricto de la libre circulación de trabajadores emigrantes. PÉREZ DE LAS HERAS, B., *El mercado interior europeo. Las libertades económicas comunitarias: mercancías, personas, servicios y capitales*, Universidad de Deusto, Deustuko Unibertsitatea, Servicio de Publicaciones, Argitalpen Zerbitzua, Bilbao, 2 ed., 2008, pág. 123.

106 La jurisprudencia del Tribunal de Justicia de la Unión Europea encajó a los sujetos que se desplazaban con una finalidad turística en el concepto de "agente económico". La primera Sentencia que contempla esto es la Sentencia del Tribunal de Justicia de las Comunidades Europeas (Sala Pleno), de 31 de enero de 1984, C-286/82 y C-26/83, Graziana Luisi y Giuseppe Carbone contra Ministerio del Tesoro. El Tribunal concluye, el apartado 16, que "la libertad de prestación de servicios comprende la libertad de los destinatarios de los servicios para desplazarse a otro Estado miembro con el fin de hacer uso del servicio sin ser obstaculizados por restricciones, ni siquiera en materia de pagos, y que los turistas, los beneficiarios de cuidados médicos y quienes efectúan viajes de estudios o de negocios, deben ser considerados como destinatarios de servicios". Esta jurisprudencia se confirmó en la del Tribunal de Justicia de las Comunidades Europeas (Sala Pleno), de 2 de febrero de 1989, C-186/87, W. Cowan contra Trésor Public. En este caso, el litigio entre el Trésor Public francés y un nacional británico, el Sr. Ian William Cowan, recayó sobre una indemnización del perjuicio resultante de una agresión violenta de que fue víctima a la salida de una estación de metro, con ocasión de una breve estancia en París. El Sr. Cowan solicitó a la Commission d'indemnisation des victimes d'infraction del Tribunal de grande instance de Paris una indemnización en virtud del art. 706.3 del Code de procédure pénale. Sin embargo, dicho precepto restringía el beneficio de la citada indemnización a las personas que fueran de nacionalidad francesa o, no

La tercera acepción hace referencia a aquellos supuestos en los que el prestador del servicio y el beneficiario o el usuario de este, se trasladan a un Estado miembro para realizar o recibir la prestación del servicio.

Finalmente, la cuarta acepción recae en la situación en la que ni el prestador del servicio, ni su destinatario se trasladan de sus respectivos Estados, sino que lo que se desplaza es el servicio en sí mismo mediante teléfono, correo electrónico, televisión o cualquier otro medio telemático.[107]

---

siéndolo, tuvieran permiso de residencia o fueran nacionales de un país que hubiera firmado un acuerdo de reciprocidad en esta materia. El Sr. Cowan alegó el principio de no discriminación recogido en el art. 7 del Tratado CEE, ya que tales requisitos impedían a los turistas desplazarse libremente a otro Estado miembro a fin de recibir en él prestaciones de servicios.

Para un análisis exhaustivo sobre esto, véase ACOSTA PENCO, M. T., "Los nuevos límites a la libre circulación de turistas en la Unión Europea", en *International Journal of Scientific Managment Tourism,* núm. 3, vol. 2, (2016), págs. 27-40. PÉREZ DE LAS HERAS, B., *El mercado interior europeo…, op. cit.* pág. 122-125.

107 La jurisprudencia se ha pronunciado en reiteradas ocasiones sobre la publicidad comercial, declarando que "la protección de los consumidores contra los excesos de la publicidad comercial constituye una razón imperativa de interés general que puede justificar restricciones a la libre prestación de servicios" (Sentencia del Tribunal de Justicia de la Comunidades Europeas (Sala Sexta), de 28 de octubre de 1999, C-6/98, Arbeitsgemeinschaft Deutscher Rundfunkanstalten (ARD) contra PRO Sieben Media AG, apartado 50). Pero, en cualquier caso, es preciso que la aplicación de tal restricción sea adecuada para garantizar la realización del objetivo perseguido y no vaya más allá de lo necesario para lograrlo. Véase Sentencia del Tribunal de Justicia de la Unión Europea (Sala Primera), de 18 de octubre de 2012, C-498/10, X NV contra Staatssecretaris van Financiën, apartado 36.

2.2. Ámbito de aplicación personal

En cuanto a los beneficiarios de la libre prestación de servicios y del derecho de establecimiento, cabe señalar que estos se aplican tanto a las personas físicas como a las jurídicas.

Para las personas físicas, en ambas libertades, se concreta que son los/las nacionales de los Estados miembros.[108] Pero esto se puede extender a nacionales de terceros Estados siempre que cumplan las previsiones legales de extranjería del Estado miembro en el que se encuentran y no exista peligro para el orden público, seguridad y salud pública.[109] En el caso de los/las nacionales de los Estados miembros es necesaria la concurrencia de los requisitos siguientes: ser nacional de un Estado miembro y tener del establecimiento en un Estado miembro que no sea en el que se va a prestar el servicio.

En relación con las personas jurídicas, son beneficiarias las sociedades que tengan la nacionalidad de cualquier Estado miembro. Pero como señala el artículo 54 del TFUE, se hace referencia a todas aquellas sociedades de "Derecho civil o mercantil, incluso las sociedades cooperativas y demás personas

---

108 Sobre la cuestión de la movilidad de las sociedades en la Unión Europea, *vid.*, BLÁZQUEZ RODRÍGUEZ, I., "Libre circulación de personas y derecho internacional privado: un análisis a la luz de la jurisprudencia del tribunal de justicia de la unión europea", *International Journal of Scientific Managment Tourism,* núm. 3, vol. 2, (2016) págs. 27-40.

109 La jurisprudencia del TJUE también prevé la posibilidad de que los/las nacionales de terceros Estados puedan beneficiarse indirectamente de la libre circulación si son contratos/as por una sociedad europea que preste libremente sus servicios. Sentencia del Tribunal de Justicia de las Comunidades Europeas (Pleno), de 9 de agosto de 1994, C-43/93, Raymond Vander Elst contra Office des migrations internationales (OMI), apartados 15 y 26; Sentencia del Tribunal de Justicia de las Comunidades Europeas (Sala Primera), 21 septiembre 2006, C-168/04, Comisión de las Comunidades Europeas contra Austria.

jurídicas de Derecho público o privado". Por tanto, conforme a los criterios indicados en el artículo 54 del TFUE se deduce que quedan excluidas las asociaciones que realizan una actividad no conectada con la economía.[110] Además, se deducen los condicionantes que deben cumplir las personas jurídicas: la constitución de la sociedad conforme a la legislación del Estado miembro y los requisitos fijados en la normativa de aplicación; y el establecimiento en el territorio del estado miembro de su sede social, administración central o centro principal de su actividad.

En consecuencia, no se exige un vínculo económico previo con el territorio europeo. Esto conlleva que puedan beneficiarse de este derecho las sociedades constituidas por nacionales de terceros estados o controladas por capital extranjero, respetando las restricciones impuestas por la libre circulación de capitales.[111]

2.3. Contenido jurídico de la libre prestación de servicios

La libre circulación de personas y de servicios supone el reconocimiento de dos derechos. El primero hace referencia al derecho a entrar, salir y permanecer en el territorio de cual-

---

110 GOSALBO BONO, R, "La libertad de establecimiento", en VVAA *Derecho Comunitario,* Consejo General del Poder Judicial y Gobierno Vasco, Departamento de Justicia, 1993, pág. 491.

111 Sobre la libre circulación de capitales véase, entre otras, FERNÁNDEZ PONS, X., "Libre circulación de capitales y pagos", en SÁNCHEZ, V. M., *Derecho de la Unión Europea,* Huygens Editorial, 2017, págs. 257-262. LINDE PANIAGUA, E., "El mercado interior: libre circulación de mercancías, personas, servicios y capitales", en LINDE PANIAGUA, E. y BACIGALUPO SAGGEESE, M., *Políticas de la Unión Europea,* Colex, Madrid, 2008, págs. 132-221. DE PAZ MARTÍN, J., "Libre circulación de capitales", ORTEGA ÁLVAREZ, L. I.; DE LA SIERRA MORÓN, S. (Coord.), *Estudios de la Unión Europea,* Universidad de Castilla-La Mancha, 2011, págs. 151-158.

quier Estado miembro, para ejercer en él una actividad por cuenta ajena o por cuenta propia y, en este último caso, ya sea a los efectos de su establecimiento o de la prestación de un servicio. De este modo, los nacionales de cualquier Estado miembro pueden desplazarse al territorio de otro Estado miembro para desarrollar una actividad profesional, sin la necesidad de solicitar un permiso de trabajo. El segundo derecho hace referencia al ejercicio, en el territorio de cualquier Estado miembro, de una actividad por cuenta propia o ajena en condiciones de igualdad con los nacionales del Estado.

Pero para garantizar el pleno ejercicio de esta libertad, es necesario eliminar cualquier tipo de obstáculo o impedimento que dificulte o haga excesivamente gravoso su ejercicio.[112]

La primera excepción a destacar, es la referente a las actividades que están relacionadas con el ejercicio de poder público (art. 51 del TFUE). Pero ante la falta de mayor precisión en los Tratados, la jurisprudencia del TJUE ha exigido, que la actividad económica sujeta a excepción presente refleje "una vinculación directa y específica con el ejercicio del poder público", para considerarse compatibles con el Derecho de la Unión Europea. En este sentido, el Tribunal declara de forma reiterada que:

> "el hecho de actuar en aras de un objetivo de interés general no basta por sí mismo para considerar que una actividad concreta está directa y específicamente relacionada con el ejercicio del poder público. En efecto, es pacífico que las actividades realizadas en el marco de diferentes profesiones reguladas implican frecuentemente, en los ordenamientos jurídicos nacionales, la obligación de que las personas que las ejerce

112 Para un estudio más exhaustivo de las excepciones y limitaciones, véase PADILLA ESPINOSA, L. I., *La prestación de servicios…*, *op. cit.* pág. 43 y ss.

> persigan tal objetivo sin que por ello estas actividades se consideren como una manifestación del poder público (...)".[113]

De esta jurisprudencia se deduce que, como principio general, las profesiones y actividades económicas no quedan en sí mismas excluidas. No obstante, de forma excepcional, quedarán excluidas todas las actuaciones partícipes del poder público y no puedan disociarse de lo que constituye el ejercicio inherente de la profesión en cuestión.[114]

Por otro lado, el artículo 52 del TFUE hace referencia a las clásicas excepciones de orden público, seguridad y salud pública que como destaca PADILLA ESPINOSA, paradójicamente se alude en relación a los extranjeros, pero se ha aplicado a los nacionales de la Unión Europea.[115] Este caso ha sido interpretado de forma restrictiva por el TJUE, al concluir que este tipo de excepciones no posee un valor autónomo y que Estado que lo invoca, debe probar que con "las excepciones de orden público, seguridad pública y salud pública justifica una amenaza real y suficientemente grave que afecte a un interés fundamental en la sociedad".[116]

Otra excepción por destacar, contemplada en los artículos 56 y 57 del TFUE, es el principio de no discriminación directa o indirecta en el acceso y ejercicio de dicha libertad y la modificación o eliminación de toda normativa o práctica nacional contraria a la misma.

---

113 Sentencia del Tribunal de Justicia de la Unión Europea (Gran Sala), de 24 de mayo de 2011, C-47/08, Comisión Europea contra Bélgica, apartado 96.

114 PADILLA ESPINOSA, L. I., *La prestación de servicios…*, *op. cit.* pág. 45.

115 *Ibidem.*

116 Sentencia del Tribunal de Justicia de las Comunidades Europeas (Sala Quinta), de 9 de marzo de 2000, C-355/98, Comisión de las Comunidades Europeas contra Reino de Bélgica, apartado 28.

Conforme a la asentada doctrina jurisprudencial, el artículo 56 del TFUE no solo exige eliminar toda discriminación en perjuicio del prestador de servicios establecido en otro Estado miembro por razón de su nacionalidad, sino también suprimir cualquier restricción, aunque se aplique indistintamente a los prestadores/as de servicios nacionales y a los/las de los demás Estados miembros cuando pueda prohibir, obstaculizar o hacer menos atractivas las actividades del/la prestador/a establecido/a en otro Estado miembro, en el que presta legalmente servicios análogos.[117]

En consecuencia, el TJUE determina que todas las medidas nacionales que puedan obstaculizar el ejercicio de las libertades deben reunir unos requisitos:

> "[...] que se apliquen de manera no discriminatoria; que están justificadas por razones imperiosas de interés general; que sean adecuados para garantizar la realización del objetivo que persiguen y que no vayan más allá de lo necesario para alcanzar dicho objetivo [...]. Los Estados miembros están obligados a tener en cuenta la equivalencia de diplomas y, llegado el caso, a efectuar una comparación entre los conocimientos y aptitudes exigidos por sus disposiciones nacionales y los del interesado".[118]

De este modo, la jurisprudencia interpreta los criterios exigidos por los Estados miembros a los/las nacionales de otros

---

117 Sentencia del Tribunal de Justicia de las Comunidades Europeas (Sala Primera), de 18 de julio de 2007, C-490/04, Comisión de las Comunidades Europeas contra Alemania, apartados 83 a 86.

118 Sentencia del Tribunal de Justicia de las Comunidades Europeas, (Sala Pleno), de 30 de noviembre de 1995, C-55/94, Reinhard Gebhard contra Consiglio dell'Ordine degli Avvocati e Procuratori di Milano, apartado 37. Véase también, Sentencia del Tribunal de Justicia de las Comunidades Europeas (Pleno), de 31 marzo de 1993, C-19/92, Dieter Kraus contra Württemberg, apartado 32 y 38.

Estados para ejercer unas determinadas profesiones sometiendo a la regla que

> "sólo pueden considerarse como compatibles con los artículos 59 y 60 del Tratado si se ha establecido que existen, en el ámbito de la actividad considerada, razones imperiosas vinculadas al interés general que justifiquen las restricciones a la libre prestación de servicios, que este interés ya no esté asegurado por las reglas del Estado de establecimiento y que no puede obtenerse este mismo resultado por medio de reglas menos coactivas".[119]

Asimismo, la jurisprudencia del TJUE añade la doctrina del "interés general". Conforme a esta doctrina se considera que no son incompatibles con el Tratado las exigencias específicas impuestas al/la prestatario/a por la aplicación de las normas profesionales justificadas, como las relativas a organización y cualificación porque se sujetan al interés general. Pero estas exigencias deben ser objetivamente necesarias para garantizar el cumplimiento de las normas profesional.[120]

A tal respecto, la jurisprudencia va más allá y determina como intereses generales protegibles frente a los/las beneficiarios/as del derecho de establecimiento y la libre prestación de los servicios: propiedad intelectual; protección de los trabajadores; consumidores; conservación del patrimonio histórico y arqueológico nacional; libertad de expresión y pluralidad de los medios de comunicación; etc.[121]

---

119 Sentencia del Tribunal de Justicia de las Comunidades Europeas (Pleno), de 4 de diciembre de 1986, C-205/84, Comisión de las Comunidades Europeas v. República Federal de Alemania, apartado C.A.III.

120 Se trata de la llamada doctrina de la "necesidad objetiva". Véase, PADILLA ESPINOSA, L. I., *La prestación de servicios…*, *op. cit.* pág. 52. DÍEZ MORENO, F., "La libertad de circulación", en *Manual de Derecho de la Unión Europea,* Civitas, Madrid, 2009, pág. 576.

121 A falta de armonización en la materia, tal restricción a la libre prestación de servicios sólo puede justificarse en el caso de normativas basadas en

Pero estos supuestos no deben perseguir una finalidad económica, y como sintetiza PADILLA ESPINOSA deben ser "medidas apropiadas, necesarias, indispensables y proporcionadas para la protección del interés general. En caso contrario, pueden resultar incompatibles con la libertad de establecimiento y prestación de servicios".[122] No obstante, todo lo expuesto se complementa con la aplicación del principio de reconocimiento mutuo.[123]

---

razones imperiosas de interés general que se apliquen a cualquier persona o empresa que ejerza una actividad en el Estado de destino, en la medida en que dicho interés no quede salvaguardado por las normas a las que está sujeto el prestador en el Estado miembro donde está establecido. Véanse, en particular, las Sentencias del Tribunal de Justicia de las Comunidades Europeas, (Sala Pleno), de 17 de diciembre de 1981, asunto 279/80, Alfred John Webb, apartado 17; la Sentencia del Tribunal de Justicia de las Comunidades Europeas (Pleno), de 26 febrero de 1991, C-180/89, Comisión de las Comunidades Europeas contra República Italiana, apartado 17; de 26 febrero de 1991, C-198/89, Comisión de las Comunidades Europeas contra República Helénica, apartado 18; Sentencia del Tribunal de Justicia de las Comunidades Europeas (Sala Sexta), de 25 julio de 1991, C-76/90, Manfred Säger contra Dennemeyer and Co, apartado 15; Sentencia del Tribunal de Justicia de las Comunidades Europeas (Sala Primera), de 28 marzo de 1996, C-272/94, Michel Guiot contra Climatec SA, apartado 11; Sentencia del Tribunal de Justicia de las Comunidades Europeas (Pleno), 23 de noviembre de 1999, C-3 69/96 y C-376/96, Jean-Claude Arblade y otroscontra Bernard Leloupy otros, apartado 34.

[122] PADILLA ESPINOSA, L. I., *La prestación de servicios…*, *op. cit.* pág. 53.

[123] El principio de reconocimiento mutuo, que se deriva de la jurisprudencia del Tribunal de Justicia de la Unión Europea, desempeña un importante papel en el funcionamiento del mercado interior y permite la libre circulación de mercancías en ausencia de legislación armonizada dentro de la Unión europea. El origen de este principio está en la Sentencia del Tribunal de Justicia de las Comunidades Europeas (Pleno), de 20 de febrero de 1979, asunto 120/78, Rewe-Zentral AG y Bundesmonopolverwaltung für Branntwein (Cassis de Dijon).

En conclusión, la libre prestación de servicios únicamente puede restringirse mediante normativas justificadas por el interés general y que se apliquen a toda persona física o jurídica que ejerza una actividad en el territorio del Estado destinatario, en la medida en que este interés no se encuentre salvaguardado por las normas a las que el prestador está sujeto en el Estado donde se encuentra. Pero esta doctrina jurisprudencial se incluye, actualmente, en la Directiva 2006/123/CE, así como en la Directiva 2005/36/CE, relativa al reconocimiento de las cualificaciones profesionales.

2.4. En la Directiva de Servicios

Conforme al mandato previsto en el TFUE, las Instituciones iniciaron unas acciones para implementar la libre prestación de servicios, en aras de armonizar y reducir las diferencias entre las regulaciones nacionales de los diferentes Estados miembros.

La implementación de la libre prestación de servicios se inició con la aprobación del Programa General para la supresión de las restricciones a la libertad de establecimiento, de 18 de diciembre de 1961,[124] como "meras indicaciones útiles para la aplicación de las disposiciones pertinentes del Tratado".[125]

En 2004, la Comisión Europea adoptó una propuesta de Directiva relativa a los servicios en el mercado interior con la

---

[124] El Programa establecía las diferentes modalidades de restricciones que se oponían a la libertad y fijaba un calendario de aplicación para la eliminación efectiva de las restricciones a la libertad de establecimiento en las diversas categorías de actividad. Publicado en el DOCE núm. 6, de 15 de enero de 1962, págs. 36 a 44.

[125] Sentencia del Tribunal de Justicia de las Comunidades Europeas (Sala Pleno), de 28 de abril de 1977, Asunto 71-76, Jean Thieffry contra Conseil de l'ordre des avocats à la cour de Paris

STJCE, asunto Thieffry, apartado 14.

finalidad de unificar el mercado de servicios y crear un marco jurídico que suprimiera los obstáculos a la libertad de establecimiento de los prestadores de servicios y a la libre circulación de los servicios entre los Estados miembros.

Finalmente, el Consejo adoptó la Directiva 2006/123/CE, del Consejo y el Parlamento Europeo, de 12 de diciembre de 2006, relativa a los servicios en el mercado interior (en adelante, Directiva de Servicios), cuyo plazo de transposición culminó el 28 de diciembre de 2008.

Como su antecesora, la Directiva de Servicios afirma en su considerando sexto que "un instrumento legislativo comunitario permitiría crear un auténtico mercado interior de servicios", porque la supresión de estos obstáculos:

> "no puede hacerse únicamente mediante la aplicación directa de los artículos 43 y 49 del Tratado, ya que, por un lado, resolver caso por caso mediante procedimientos de infracción contra los correspondientes Estados miembros sería, especialmente a raíz de las ampliaciones, una forma de actuar extremadamente complicada para las instituciones nacionales y comunitarias y, por otro, la eliminación de numerosos obstáculos requiere una coordinación previa de las legislaciones nacionales, coordinación que también es necesaria para instaurar un sistema de cooperación administrativa".

De este modo, la Directiva de Servicios establece cuatro objetivos principales: facilitar la libertad de establecimiento y la libertad de prestación de servicios en la Unión Europea; reforzar los derechos de los destinatarios de los servicios en su calidad de usuarios; fomentar la calidad de los servicios; y establecer una cooperación administrativa efectiva entre los Estados miembros[126].

---

126 Para una análisis del contenido de la Directiva de Servicios, véase RODRÍGUEZ BEAS, M., *El comercio en el ordenamiento jurídico español. El urbanismo comercial y la sostenibilidad urbana,* Tirant lo Blanch, Valencia, 2015, págs. 75- 113.

2.4.1. Ámbito de aplicación

En cuanto a la distinción entre la prestación de servicios y la libertad de establecimiento de los prestadores, la Directiva de Servicios no incorpora todos los criterios que establece la doctrina jurisprudencial comentada en los apartados anteriores. Así, el considerando 5 de la Directiva de Servicios sigue mostrando las diferencias entre ambas libertades, dado que los obstáculos que dificultan el mercado interior de los servicios afectan tanto a los operadores que desean establecerse en otros Estados miembros como los que prestan un servicio en otro Estado miembro.

A efectos de la aplicación del régimen jurídico, cabe destacar el alcance del concepto "servicios". Según la jurisprudencia del Tribunal de Justicia, el concepto de servicio, en el sentido del TFUE, puede abarcar servicios de muy distinta naturaleza, incluidos los servicios que un operador económico establecido en un Estado miembro realice de manera más o menos frecuente o regular, incluso durante un período prolongado, para personas establecidas en uno o varios otros Estados miembros.[127] Esta definición amplia se ha recogido en el artículo 4 de la Directiva de Servicios, configurándolos como "cualquier actividad económica por cuenta propia, prestada normalmen-

[127] Ninguna disposición del TFUE permite determinar, de manera abstracta, la duración o la frecuencia a partir de la cual la prestación de un servicio o de un determinado tipo de servicio en otro Estado miembro no puede considerarse ya una prestación de servicios en el sentido del TFUE. Véase, en este sentido, las Sentencia del Tribunal de Justicia de las Comunidades Europeas (Sala Quinta) de 11 de diciembre de 2003, Schnitzer, C-215/2001, Staatsanwaltschaft Augsburg beim Amtsgericht Augsburg contra Bruno Schnitzer, apartados 30 y 31; Sentencia del Tribunal de Justicia de la Unión Europea (Sala Segunda), de 10 mayo de 2012, C-357/10 a C-359/10, Duomo Gpa Srl y otroscontra Comune di Baranzatey otros, apartado 32.

te a cambio de una remuneración, contemplada en el artículo 50 del Tratado" (art.4).

Pero, a diferencia del TFUE, la Directiva de Servicios incorpora determinadas excepciones de forma que, quedan excluidos del ámbito de aplicación numerosos sectores económicos a los que se les seguirá aplicando el régimen general contenido en las disposiciones del TFUE. Entre las exclusiones, el artículo 2.2 de la Directiva de Servicios incluye: los servicios no económicos de interés general; los servicios financieros, como los bancarios, de crédito, de seguros y reaseguros, de pensiones de empleo o individua- les, de valores, de fondos de inversión, de pagos y asesoría sobre inversión, incluidos los servicios enumerados en el anexo I de la Directiva 2006/48/CE; los servicios y redes de comunicaciones electrónicas, así como los recursos y servicios asociados en lo que se refiere a las materias que se rigen por las Directivas 2002/19/CE, 2002/20/CE, 2002/21/CE, 2002/22/CE y 2002/58/CE; los servicios en el ámbito del transporte, incluidos los servicios portuarios, que entren dentro del ámbito de aplicación del título V del Tratado; los servicios de las empresas de trabajo temporal; los servicios audiovisuales, incluidos los servicios cinematográficos, independientemente de su modo de producción, distribución y transmisión, y la radiodifusión; las actividades de juego por dinero que impliquen apuestas de valor monetario en juegos de azar, incluidas las loterías, juego en los casinos y las apuestas; las actividades vinculadas al ejercicio de la autoridad pública de conformidad con el artículo 45 del Tratado; los servicios sociales relativos a la vivienda social, la atención a los niños y el apoyo a familias y personas temporal o permanentemente necesitadas proporcionados por el Estado, por prestadores encargados por el Estado o por asociaciones de beneficencia reconocidas como tales por el Estado; los servicios de seguridad privados; los servicios prestados por notarios y agentes judiciales designados mediante un acto oficial de la Administración; y los servicios sanitarios, prestados o no en establecimientos sanitarios, independientemente de su modo de organización y de financiación a escala nacional y de su carácter público o privado.

2.4.2. Medidas de intervención administrativa para acceder a una actividad de servicios o a su ejercicio

La Directiva de Servicios sistematiza los principios y criterios enunciados y amplia su alcance, codificando así la jurisprudencia existente en la materia para facilitar el acceso y ejercicio de una actividad profesional mediante el derecho de establecimiento o la libre prestación de servicios.[128]

La autorización administrativa clásica constituye una medida de control previa al ejercicio de una actividad. Esta figura jurídica se construye desde la noción de la función administrativa "de policía", respetando la autoridad de la Administración, por un lado, y por el otro, como una excepción a la prohibición general,[129] o desde la posición jurídica del ciudadano, quien posee un derecho preexistente.[130]

---

128 PADILLA ESPINOSA, L. I., *La prestación de servicios…*, *op. cit.* págs. 65-66.

129 MAYER, O., *Derecho administrativo alemán,* T. I, Parte General, traducción directa del original francés por Horacio H. Heredia y Ernesto Krotoschin Buenos Aires, Depalma, Buenos Aires, 1949, pág. 112.

130 PARADA VÁZQUEZ define la autorización partiendo de un derecho o libertad en el solicitante, motivo por el cual afirma que: "un acto de control reglado que determina si se cumplen las exigencias legales o reglamentarias previstas en la norma. En la mayor parte de los casos la cuestión de su otorgamiento i denegación se resuelve en un problema de valoración fáctica, que se traduce en la instancia judicial en un control de los hechos determinantes del ejercicio de la potestad autorizatoria. Pero estando los hechos claros en uno u otro sentido parece que no debe reconocerse ningún margen de discrecionalidad en el otorgamiento o denegación de la autorización". PARADA VÁZQUEZ, R., *Derecho Administrativo,* vol. I (Parte General), Marcial Pons, Madrid, 2008, pág. 383.

Por lo tanto, la autorización administrativa es la expresión de la actividad de policía de las Administraciones Públicas. Se entiende por actividad de policía aquella manifestación de la actuación de los poderes públicos que tiene por finalidad el control de la actividad privada intervenida, ya que puede afectar al interés público, y con el fin de prevenir o controlar las posibles repercusiones en el interés general. Las características de esta actividad se manifiestan con la imposición coactiva de determinadas limitaciones a la actuación de los particulares.[131]

Hasta la aprobación de la Directiva de Servicios, se puede afirmar que la implantación de la autorización se había generalizado a cualquier actividad que realizara el ciudadano, sin existir una justificación adecuada para su exigencia desde una perspectiva del interés público.[132]

Pero, la Directiva de Servicios ha dado un paso a un nuevo régimen legal en materia de autorizaciones, ya que ha supuesto un giro significativo en esta dinámica.[133] Esto ha supuesto in-

---

131 DE LA MORENA Y DE LA MORENA, L., "Licencias (intervención de los entes locales en la actividad de los administrados", en *Diccionario Enciclopédico. El Consultor*, Vol. II, La Ley, 2 ed., Madrid, 2003, pág. 1990.

132 Como manifiesta LÓPEZ RAMÓN "Los sucesivos legisladores [...] se han venido dedicando a exigir autorizaciones por motivos que no siempre cabe seguir considerando de interés público. En efecto, junto a aquellas que se relacionan con indeclinables exigencias del poder público, como las que responden a fundamentos de seguridad, sanitarios, ambientales o culturales, han proliferado las autorizaciones vinculadas a planteamientos que cabría considerar de genérica tutela económica, cuando no de situaciones de ventaja empresarial o incluso de sesgo meramente corporativo". *Vid.* LÓPEZ RAMÓN, F., "Prólogo", en LÓPEZ PÉREZ, F., *El impacto de la directiva de servicios sobre el urbanismo comercial (Por una ordenación espacial de los grandes establecimientos comerciales)*, Atelier, Barcelona, 2009, pág.15.

133 *Vid.* AGUADO CUDOLÀ, V., "Libertad de establecimiento de los prestadores de servicios: autorización, declaración responsable, comunicación previa y silencio positivo", en AGUADO CUDOLÀ, V. y NOGUERA DE LA MUELA, B., (Coord.), *El impacto de la Directiva de Servicios en las Admi-*

troducir nuevas reglas del juego, exigiendo a los Estados miembros una serie de condiciones para establecer un régimen de autorización que se sustenta, básicamente, en la existencia de una razón imperiosa de interés general, en principio, proporcional, ausente de rasgos discriminatorios, lo que establece una determinada racionalización del régimen de autorización.

El legislador de la Unión Europea diseña la autorización como un mecanismo administrativo, indicando que los poderes públicos "solo podrán supeditar el acceso a una actividad de servicios y su ejercicio a un régimen de autorización cuando se reúnan las siguientes condiciones (…)".[134]

Siguiendo lo dispuesto en el Considerando 39, el régimen de autorización debe abarcar los procedimientos administrativos mediante los cuales se conceden autorizaciones, licencias, homologaciones o concesiones, así como la obligación para el ejercicio de una actividad de estar inscrito en un colegio profesional, registro, lista oficial o base de datos, de estar concertado con un organismo o de obtener un carné profesional. Así,

> "la concesión de una autorización puede ser resultado no solo de una decisión formal, sino también de una decisión implícita derivada, por ejemplo, del silencio administrativo de la autoridad competente o del hecho de que el interesado deba esperar el acuse de recibo".

De esta manera, cuando la Directiva de Servicios utiliza la expresión "autorización" o "régimen de autorización", según el artículo 4.6 se refiere a

---

nistraciones Públicas: aspectos generales y sectoriales, Atelier, Barcelona, 2012, pág. 76. MUÑOZ MACHADO, S., "Ilusiones y conflictos derivados de la Directiva de Servicios", en VV. AA., *Retos y oportunidades para la transposición de la Directiva de Servicios. Libro Marrón*, Círculo de Empresarios, Madrid, 2009, págs. 297-326.

[134] Art. 9 de la Directiva de Servicios.

> "cualquier procedimiento en virtud del cual el prestador o el destinatario están obligados a hacer un trámite ante la autoridad competente para obtener un documento oficial o una decisión implícita sobre el acceso a una actividad de servicios o su ejercicio".

Por tanto, la Directiva de Servicios no prohíbe la técnica autorizatoria, sino que la limita a los casos imprescindibles, por lo que se ha calificado como procedimiento residual[135] o, como lo expresa parte de la doctrina, la somete a una presunción de culpabilidad que obliga a los Estados miembros a probar su inocencia.[136]

---

135 HERNÁNDEZ LÓPEZ, J., "La Directiva de Servicios y su incidencia en el ámbito municipal. Apuntes de urgencia", en *El Consultor de los Ayuntamientos y de los Juzgados,* núm. 19, (2009), pág. 2772 y ss.

136 *Vid.* VILLAREJO GALENDE, H., "Licencias comerciales: su persistencia tras la Directiva de servicios", en *Información Comercial Española, ICE: Revista de economía,* núm. 868, (2012), págs. 91-112. Según PAREJO la Directiva de Servicios situa "bajo sospecha de restricción indebida a cualquier regulación jurídica-pública del acceso al mercado", *vid.* PAREJO ALFONSO, L. J., "La desregulación de los servicios con motivo de la directiva Bolkestein: la interiorización, con paraguas y en ómnibus, de su impacto en nuestro sistema", en *El Cronista del Estado Social y Democrático de Derecho,* núm. 6, (2009), pág. 34.
Vid. SALVADOR ARMENDÁRIZ, M. A. y VILLAREJO GALENDE, H., "La Directiva de servicios y la regulación de los grandes establecimientos comerciales en Navarra", en *Revista jurídica de Navarra,* núm. 44, (2007), pág. 59; MARTÍN PÉREZ DE NANCLARES, J. M., "El derecho de establecimiento", en LÓPEZ ESCUDERO, M. y MARTÍN PÉREZ DE NANCLARES, J. M., *Derecho Comunitario Material,* McGrawHill, Madrid, 2000, pág. 117; DE LA QUADRA-SALCEDO Y FERNÁNDEZ DEL CASTILLO, T., "Libertad de establecimiento y de servicios: ¿reconocimiento mutuo o país de origen?", en *Revista española de derecho administrativo,* núm. 146, (2010), pág. 222. FORTES MARTÍN, A., "La libertad de establecimiento de los prestadores de servicios en el mercado interior bajo el nuevo régimen de la Directiva 2006/123, de 12 de diciembre", en DE

Se condiciona la utilización de la autorización a lo que denominan como "triple test", de acuerdo con la formulación contemplada en el artículo 9.1 de la Directiva de Servicios. Este "triple test"[137] es:

a) que el régimen establecido no sea discriminatorio para el prestador;

b) que la necesidad de establecer un régimen de autorización esté justificada por una razón imperiosa de interés general;

c) que el objetivo perseguido no pueda conseguirse mediante una medida menos restrictiva, en concreto, para un control a posteriori se produciría demasiado tarde para ser eficaz.[138]

Sin embargo, hay que tener en cuenta que, en nuestro ordenamiento jurídico, la actividad de limitación ya se sometía a los principios de legalidad, igualdad, proporcionalidad, favor *libertatis,* buena fe, confianza legítima e interés público.[139]

A pesar de que la doctrina hace referencia al "triple test" siguiendo la redacción de la Directiva de Servicios, la jurispru-

---

LA QUADRA-SALCEDO Y FERNÁNDEZ DEL CASTILLO, T., (Dir.), *El mercado interior..., op. cit.* pág. 129.

137 *Vid.* SALVADOR ARMENDÁRIZ, M. A. y VILLAREJO GALENDE, H., "La Directiva de servicios y la regulación de los grandes establecimientos comerciales en Navarra", en *Revista jurídica de Navarra,* núm. 44, (2007), pág. 59.

138 HERNÁNDEZ LÓPEZ considera que este requisito no es claro y puede ocasionar graves problemas ya que no todos los prestadores actúan de forma responsable. Por consiguiente, buena parte de los controles a *posteriori* que se efectúan por las Administraciones demostraran que han resultado ineficaces las medidas propuestas por el prestador. *Vid.* HERNÁNDEZ LÓPEZ, J., "La Directiva de Servicios..., *op. cit.* pág. 2780.

139 *Vid.* PARADA VÁZQUEZ, R., *Derecho Administrativo..., op. cit.* pág. 375; FUERTES LÓPEZ, M., "Luces y sombras...", op. cit. p. 61

dencia del TJCE habla de cuatro requisitos, porque a diferencia de la Directiva de Servicios, la proporcionalidad y la elección del medio menos restrictivo quedan diferenciados.

Así, el legislador materializa en un documento normativo la interpretación del artículo 43 del TCE de la jurisprudencia del TJCE, que considera las autorizaciones, licencias y homologaciones como restricciones a las libertades básicas comunitarias, por lo que, se impone un filtro de condiciones, que ahora se recogen en el artículo 9.1 de la Directiva de Servicios.

Sin embargo, parte de la doctrina no comparte el nuevo sentir de excepción que la Directiva otorga a la autorización y disiente de la idea de que la autorización "es culpable y ha de probar su inocencia".[140]

El artículo 10.1 de la Directiva de Servicios exige que la facultad de autorizar no se ejerza de manera arbitraria, por lo que, se contempla una serie de condiciones para la concesión de la autorización. Esta exigencia está en sintonía con nuestro principio constitucional de interdicción de la arbitrariedad de los poderes públicos contemplado en el artículo 9.3 de la CE. Autores como LINDE PANIAGUA manifiestan que la exclusión de la arbitrariedad está vinculada "con el diseño de regímenes de autorización en los que se reduzcan las facultades discrecionales de los poderes públicos".[141] Así, la doctrina interpreta que la Directiva de Servicios está pensando en

---

140 *Vid.* FUERTES LÓPEZ, M., "Luces y sombras en la incorporación de la directiva de servicios", en *Revista catalana de dret públic,* núm. 42, (2011), pág. 62. VILLAREJO GALENDE, H., "La reforma de la Ley 16/2002, de 19 de diciembre, de comercio de Castilla y León", en VICENTE BLANCO, F. J. y RIVERO ORTEGA, R. (Coords.) *Impacto de la transposición de la Directiva de servicios en Castilla y León,* Valladolid, 2010, pág. 332.

141 LINDE PANIGUA E., "Libertad de establecimiento de los prestadores de servicios en la Directiva relativa a los servicios en el mercado interior", en *Revista de derecho de la Unión Europea,* (Ejemplar dedicado a: La directiva

autorizaciones regladas, tendiendo a eliminar los elementos discrecionales de las autorizaciones, aunque esto se desprende de otras exigencias y no tanto del principio general de no arbitrariedad del artículo 10.1.[142]

El precepto citado, en el apartado segundo, enumera las características que deberán reunir los criterios que podrán utilizar los poderes públicos para decidir una autorización, y son los siguientes: a) no discriminatorios; b) estar justificados por una razón imperiosa de interés general; c) ser proporcionales al objetivo que se pretende de interés general; d) ser claros e inequívocos, e) ser objetivos; f) ser hechos públicos con antelación; g) transparentes y accesibles.

El principio del país de origen se incorpora a la Directiva de Servicios cuando se limitan los requisitos que supongan un solapamiento o controles equiparables en su finalidad a los que ya esté sometido el prestador en otro Estado miembro, como indica el artículo 10.3. Este principio provoca muchos problemas en la práctica, aunque la doctrina apoya su inclusión.

Así, la Directiva de Servicios establece que las autorizaciones permiten ejercer la actividad en la totalidad del territorio nacional, aunque se puede limitar esta autorización cuando exista una razón imperiosa de interés general que justifique una autorización singular para cada sucursal o limitada a una parte específica del territorio (art. 10.4). Pero, una vez más, queda visible que esto no es una idea innovadora del legislador de la Unión Europea, sino que, en cierta manera, deriva de la doctrina jurisprudencial del TJCE.

---

relativa a los servicios en el mercado interior (la directiva Bolkestein), núm. 14, (2008), pág. 92.

[142] En este sentido se pronuncian, SALVADOR ARMENDÁRIZ, M. A. y VILLAREJO GALENDE, H., "La Directiva de servicios y..., *op. cit.* pág. 60.

También se hace referencia a elementos formales, muchos de ellos incorporados con anterioridad al ordenamiento jurídico interno del Estado español, como por ejemplo la obligación que se contempla en el artículo 10.6, por parte de los poderes públicos, de motivar la denegación o retirada de una autorización, así como la exigencia de que existan vías de impugnación.[143]

Mayor repercusión provoca el artículo 11.1 que expresa que las autorizaciones tienen una duración indefinida, excepto en una serie de supuestos. En concreto, cuando: a) se trate de autorizaciones que se renueven automáticamente o que estén sujetas al cumplimiento continuo de los requisitos; b) el número de autorizaciones disponibles sea limitado por una razón imperiosa de interés general; c) la duración limitada esté justificada por una razón imperiosa de interés general.

A pesar de esta indefinición temporal, es posible la revocación de la autorización cuando "dejen de cumplirse las condiciones para la concesión de la autorización".[144]

El artículo 13 de la Directiva de Servicios recoge los elementos que configuran el procedimiento administrativo para el otorgamiento de las autorizaciones para el establecimiento de los prestadores. En el primer apartado del precepto citado se expresa que los procedimientos deberán "ser claros, darse a conocer con antelación y ser adecuados para garantizar a los solicitantes que su solicitud reciba un trato objetivo e imparcial". De ello se desprende el principio de legalidad, objetividad y de imparcialidad, todos ellos contemplados en la Constitución española y en las normas administrativas del Estado español.[145]

---

143 Arts. 34 y 112 de la Ley 39/2015, de 1 de octubre, del Procedimiento Administrativo Común de las Administraciones Públicas.

144 Art. 11.4 de la Directiva de Servicios.

145 *Vid.* LINDE PANIGUA E., "Libertad de establecimiento de…, *op. cit.* pág. 96.

El artículo 13.2 no contempla un principio nuevo por nuestro ordenamiento jurídico, cuando expresa que los procedimientos y trámites

> "(...) no deberán tener carácter disuasorio ni complicar o retrasar indebidamente la prestación del servicio. Se deberá poder acceder fácilmente a ellos y los gastos que ocasionen a los solicitantes deberán ser razonables y proporcionales a los costes de los procedimientos de autorización y no exceder el coste de los mismos".

No es novedad, en cuanto a las medidas concretas que propone, pero sí en el cambio de perspectiva o punto de vista que implica, ya que su transposición supone un cambio importante de mentalidad del papel de los poderes públicos frente a los ciudadanos, es decir, el solicitante, el prestador de servicios. En este sentido, la doctrina apuesta por un cambio dirigido a una actitud prosolicitante.[146]

Este cambio también se ve reflejado en el artículo 13.3 donde se exige que los procedimientos de autorización "deberán ser adecuados para garantizar a los interesados que se dé curso a su solicitud lo antes posible y, en cualquier caso, dentro de un plazo de respuesta razonable, fijado y hecho público con antelación".

La regla del silencio administrativo previsto en el artículo 13.4 cuando expresa que "a falta de respuesta en el plazo fijado o ampliado (...), se considerará que la autorización está concedida. No obstante, se podrá prever un régimen distinto cuando dicho régimen esté justificado por una razón imperiosa de interés general, incluidos los legítimos intereses de terceros". En España, desde la reforma de la Ley 4/1999 en la

---

[146] FERNÁNDEZ RODRÍGUEZ, T., "Un nuevo derecho administrativo para el mercado interior europeo", *en Foro de Córdoba: publicación de doctrina y jurisprudencia*, núm. 119, noviembre-diciembre, (2007), pág. 45-56.

Ley 30/1992, de 26 de noviembre, de Régimen Jurídico de las Administraciones Públicas y del Procedimiento Administrativo Común (en adelante, LRJPAC), el silencio administrativo tiene un sentido positivo, salvo en determinados supuestos (art. 24.1 de la Ley 39/2015, de 1 de octubre, del Procedimiento Administrativo Común de las Administraciones Públicas (en adelante, LPAC o Ley 39/2015). Así, el cambio que introduce la Directiva de Servicios es que las normas con rango de Ley que establezcan un sentido negativo al silencio tienen la obligación de fundamentar esta solución en la concurrencia de una razón imperiosa de interés general[147].

Otro aspecto estrictamente procedimental de las autorizaciones es el derecho del solicitante de obtener un acuse de recibo que se prevé en el artículo 13.5, en concreto, que se informe del plazo establecido para resolver, las vías de recurso existentes y, cuando proceda, la indicación de que, a falta de respuesta en plazo, podrá considerarse concedida la autorización. Esto ya se prevé en el artículo 21.4 de la Ley 39/2015, de 1 de octubre, del Procedimiento Administrativo Común de las Administraciones Públicas, estableciendo el deber de los poderes públicos de informar a los interesados del plazo máximo para resolver y notificar los procedimientos y de los efectos que pueden derivarse de su incumplimiento, así como de la fecha en que la solicitud ha sido recibida por el órgano competente. Sin embargo, la LRJPAC no hace referencia a la información sobre los recursos existentes, obligación que no existe hasta el momento en que se notifica la resolución (previsto, actualmente en el art. 40.2 de la LPAC).

---

147 Para un análisis exhaustivo del silencio, puede consultarse, CASADO CASADO, L., "El silencio en los recursos administrativos: el alcance del efecto positivo del doble silencio en el recurso de alzada", en *Revista española de derecho administrativo,* núm. 172, 2015, págs. 271-316.

Lo que no se contempla en el ordenamiento jurídico español es el derecho de los solicitantes a ser informados lo antes posible en caso de que se desestime su solicitud (art. 13.7 de la Directiva de Servicios). Aunque autores como LINDE PANIAGUA expresan que esta previsión sí está contemplada en nuestro ordenamiento, en concreto en el artículo 40.1 y 2 de la Ley 39/2015, que establece un plazo de 10 días para notificar las resoluciones, pero esto es solo formalmente, ya que no considera que responda al mismo espíritu que la Directiva de Servicios.

Por tanto, el contenido de la Directiva de Servicios obliga a los poderes públicos a una transformación de mentalidad sobre la relación con el ciudadano, el solicitante, ya que las regulaciones sustantivas y los procedimientos no quedan afectados.

2.4.3. Posibilidades de establecer límites al ejercicio de una actividad

Respecto a las condiciones mínimas para garantizar la libertad de establecimiento de los/las prestadores/as, se puede afirmar que, antes de la transposición de esta Directiva a nuestro ordenamiento jurídico, ya se contemplaban, porque la CE garantiza estos principios. En concreto, la condición referida a que el procedimiento no sea discriminatorio está garantizada a través del artículo 9.3 de la CE, que prohíbe la arbitrariedad de los poderes públicos, o a través del artículo 14 de la CE, que habla de la igualdad de los españoles ante la ley. Sobre la segunda condición, podemos decir más o menos lo mismo con base en el precepto citado anteriormente, el cual consagra el principio de seguridad jurídica, y a la vez se relaciona con el artículo 103.3 de la CE, es decir, los principios de eficacia y coordinación sobre los que actúa la Administración Pública.

La necesidad de que el régimen de autorización se fundamente en una razón imperiosa de interés general, tiene reflejo en nuestro ordenamiento jurídico, ya que la Norma Suprema española reiteradamente cita el interés general, un concepto similar y problemático, aun teniendo el último un contenido sustancialmente distinto.

Las razones imperiosas de interés general tienen una gran importancia, pero es la jurisprudencia del TJCE quien ha construido su contenido. En concreto, siguiendo la doctrina jurisprudencial, es la misma Directiva de Servicios quien establece un listado de materias en el artículo 4.8, que incluye

> "el orden público, la seguridad pública, la protección civil, la salud pública, la preservación del equilibrio financiero, del régimen de seguridad social, la protección de los consumidores, de los destinatarios de servicios y de los trabajadores, las exigencias de la buena fe en las transacciones comerciales, la lucha contra el fraude, la protección del medio ambiente y del entorno urbano, la sanidad animal, la propiedad intelectual e industrial, la conservación del patrimonio histórico y artístico nacional y los objetivos de la política social y cultural".

Sin embargo, esta no es una enumeración *numerus clausus* ya que, debido a su origen jurisprudencial, la actuación futura del TJCE puede ampliar estas razones. En este sentido SALVADOR ARMENDÁRIZ y VILLAREJO GALENDE afirman que:

> "no parece que el Tribunal de Justicia haya agotado las posibles razones imperiosas de interés general, por lo que cabe especular con la posibilidad de que en un futuro los supuestos puedan ampliarse. El análisis llegará, como no puede ser de otro modo, caso por caso. Se trata, a mi juicio, de un concepto abierto, al menos desde esta perspectiva jurisprudencial. Otra cosa es que el criterio jurisprudencial para ampliarlo sea más o menos restrictivo".[148]

---

148 SALVADOR ARMENDÁRIZ, M. A. y VILLAREJO GALENDE, H., "La Directiva de servicios y..., *op. cit.* pág. 60.

Sobre este asunto, consideramos necesario poner de relieve que, analizando la jurisprudencia del Tribunal de Justicia de las Comunidades Europeas se puede comprobar que la aplicación de estas razones es restrictiva y a ello hay que añadir que resulta complicado dar una definición sobre el carácter y contenido concreto de estas razones, debido a la naturaleza excesivamente casuística de las sentencias del TJCE. No podemos olvidar que las sentencias del del Tribunal de Justicia de las Comunidades Europeas, siguiendo el modelo francés, carecen de argumentación, por lo que, en el caso de las razones imperiosas de interés general, la jurisprudencia se limita a señalar, si ha sido apropiada y luego determina si concurre, pero sin una gran reflexión jurídica, sobre su aplicación o no, examinando únicamente si se dan las condiciones que fundamentan el régimen de autorización. En esta línea, el autor LÓPEZ PÉREZ encuentra el punto de conexión con los llamados, en nuestro ordenamiento jurídico, conceptos jurídicos indeterminados, manifestando que,

> "[...] salvando las distancias, podría encuadrarse dentro de los conceptos jurídicos indeterminados de nuestro Derecho, en los cuales, en contraposición con la discrecionalidad, el intérprete, ya sea jurisdiccional o la propia administración, escoge la única solución querida por el derecho".[149]

---

149 *Vid.* LÓPEZ PÉREZ, F., *El impacto de la directiva de servicios sobre el urbanismo comercial*, Atelier, Barcelona, 2009, pág. 39. En este sentido, BELTRÁN DE FELIPE, citando a GARCÍA DE ENTERRÍA y FERNÁNDEZ RODRÍGUEZ expresa sobre los conceptos jurídicos indeterminados que "es claro que esta aplicación o la calificación de circunstancias concretas no admite más que una solución: o se da o no se da el concepto; o hay buena fe o no la hay; o el precio es justo o no lo es", *vid.* BELTRAN DE FELIPE, M., *Discrecionalidad administrativa i constitución*, Tecnos, Madrid, 1995, pág. 241.

A continuación, realizamos un breve análisis de aquellas razones imperiosas de interés general que afectan al tema objeto de este trabajo.

En primer lugar, es importante subrayar que en el listado del artículo 4.8 de la Directiva de Servicios y en el Considerando 40[150] de la misma no se encuentra ninguna razón que tenga conexión con motivaciones de carácter económico o comercial. Con la intención de reforzar esta idea citamos la Sentencia del Tribunal de Justicia de las Comunidades Europeas (Sala Pleno), de 28 de abril de 1998, C-15 8/96, Raymond Kohll y Union des caisses de maladie, que declara que "hay que señalar que objetivos de carácter meramente económico no pueden

150 Considerando 40: "El concepto de «razones imperiosas de interés general» al que se hace referencia en determinadas prescripciones de la presente Directiva ha sido desarrollado por el Tribunal de Justicia en su jurisprudencia relativa a los artículos 43 y 49 del Tratado y puede seguir evolucionando. La noción reconocida en la jurisprudencia del Tribunal de Justicia abarca al menos los ámbitos siguientes: orden público, seguridad pública y salud pública, en el sentido de los artículos 46 y 55 del Tratado, mantenimiento del orden en la sociedad, objetivos de política social, protección de los destinatarios de los servicios, protección del consumidor, protección de los trabajadores, incluida su protección social, bienestar animal, preservación del equilibrio financiero de los regímenes de seguridad social, prevención de fraudes, prevención de la competencia desleal, protección del medio ambiente y del entorno urbano, incluida la planificación urbana y rural, protección de los acreedores, garantía de una buena administración de justicia, seguridad vial, protección de la propiedad intelectual e industrial, objetivos de política cultural, incluida la salvaguardia de la libertad de expresión de los diversos componentes (en especial, los valores sociales, culturales, religiosos y filosóficos de la sociedad), la necesidad de garantizar un alto nivel de educación, mantenimiento de la diversidad de prensa, fomento de la lengua nacional, conservación del patrimonio nacional histórico y artístico y política veterinaria".

justificar un obstáculo al principio fundamental de libre circulación de servicios".[151]

La Comisión, también se pronunció sobre ello en el Informe sobre el Estado del Mercado Interior de Servicios, manifestando que:

> "a pesar de la jurisprudencia constante del Tribunal de Justicia, según la cual no cabe justificar medidas que constituyan una limitación de la libre prestación de servicios en aras de objetivos de carácter económico, como la protección de empresas nacionales, [...]. Es preciso constatar, especialmente en lo que respecta a determinados trabajos parlamentarios preparatorios, que algunas de las dificultades señaladas demuestran que la defensa de intereses económicos puramente nacionales todavía tiene un fuerte arraigo en ciertos Estados miembros".[152]

---

151 FJ 39.

152 Bruselas, 30 de diciembre de 2002, Comisión 2002 (COM(2002), 441 final, p.59)

Capítulo III.

LA ORDENACIÓN DE LAS PROFESIONES: ACCESO Y EJERCICIO

1. INTRODUCCIÓN

En relación con el tratamiento jurídico de las profesiones, hay diferentes opciones regulatorias. Estas se contemplan en cuatro situaciones o conceptos diferentes de las profesiones: libre, regulada, titulada y colegiada.

El primer concepto es el de profesión libre. Su ejercicio no está sujeto a ninguna regulación específica y, por consiguiente, no requiere título alguno, ya sea académico o profesional.[153] El segundo es el de profesión regulada, como oposición a la libre. La profesión regulada es aquella que está delimitada por el ordenamiento jurídico, es decir, que se somete a una regulación jurídica específica, que alcanza, como mínimo, sus condiciones de acceso y de ejercicio. Una tercera es titulada cuando para

---

153 Como destaca CALVO SÁNCHEZ este concepto se presta a confusión y "(...) debe diferenciarse del concepto metajurídico, característico de otros campos de conocimiento como la sociología o la economía, de "profesión liberal", que se caracteriza por determinados rasgos inherentes a la prestación profesional (como, por ej., alta cualificación, autonomía facultativa, o una más intensa responsabilidad) y verificarse en el marco de una relación especial de confianza". CALVO SÁNCHEZ, L., "El derecho y las profesiones", en *Revista española de educación física y deportes,* núm. 425, 2 trimestre, (2019), pág. 67

su ejercicio se requiere contar con títulos académicos oficiales. Como destaca CALVO SÁNCHEZ, este tipo constituye, en realidad, una variante o tipo específico de profesión regulada, que se caracteriza porque su acceso y ejercicio se condiciona a la obtención previa de un título.[154] Y, por último, una profesión es colegiada cuando el ejercicio de la profesión se condiciona a la pertenencia o adscripción al respectivo Colegio Profesional.

Estas cuatro situaciones se pueden presentar como una secuencia cuya progresión corresponde determinar al legislador según los intereses públicos[155]. Sin embargo, aquí los analizamos como diferentes enfoques del tratamiento jurídico de la profesión.

Las categorías de regulada, titulada y colegiada no son excluyentes ni incompatibles entre sí, ya que una profesión, por ejemplo, puede ser regulada y no necesariamente titulada o colegiada, o bien puede ser simultáneamente regulada, titulada y colegiada. No obstante, la primera categoría, la profesión libre, queda excluida al ser incompatible con cualquiera de las tres restantes.

---

154 *Ibídem.*

155 SOUVIRON MORENILLA, J.M., *La configuración jurídica de las profesiones tituladas*, Consejo de Universidades, Madrid, 1988. CARRILLO DONAIRE, J. A., "La diferenciación jurídica entre títulos académicos y profesionales", en VV.AA., *La autonomía municipal. Administración y regulación económica. Títulos académicos y profesionales*, Aranzadi, Cizur Menor, 2007, pág. 228 y ss.

2. LA PROFESIÓN REGULADA

2.1. Evolución histórica del marco normativo

La libre prestación de servicios y la libertad de establecimiento, en el ámbito del ejercicio de las profesiones en la Unión Europea, se han instrumentado a través de dos vías. La primera vía, de carácter sectorial, consiste en la armonización de las legislaciones de los Estados miembros relativas a la formación académica para el ejercicio de determinadas profesiones tituladas y el consiguiente reconocimiento mutuo de las titulaciones. Y la segunda vía se fundamenta en el reconocimiento mutuo de titulaciones sin la previa armonización de las legislaciones sobre formación conducentes a su obtención.

2.1.1. Primera etapa del proceso evolutivo

Tras la constitución de la Comunidad Económica Europea[156] y durante la década de los años sesenta, se aprobó un grupo de Directivas que contenían una serie de medidas de liberalización relativas fundamentalmente al ejercicio de actividades comerciales, industriales y artesanales, que supeditaban el reconocimiento de cualificaciones profesionales a la acreditación de un periodo de experiencia profesional previa en el Estado de origen. Desde su origen, estas medidas fueron concebidas con un cierto carácter de provisionalidad, pues estaba prevista su sustitución por otros mecanismos más perfeccionados de reconocimiento, antes de la finalización del primer período transitorio.

---

156 Tratado de 25 de marzo de 1957, constitutivo de la Comunidad Económica Europea.

Algunas de las susodichas normas fueron refundidas y otras derogadas, por la Directiva 1999/42/CE, del Parlamento Europeo y del Consejo, de 7 de junio de 1999. Esta Directiva establece un mecanismo de reconocimiento de títulos de las actividades profesionales a que se refieren las Directivas de liberalización y de medidas transitorias[157] y fue incorporada al ordenamiento español por el Real Decreto 253/2003, de 28 de febrero.

2.1.2. Segunda etapa del proceso evolutivo

La segunda etapa del proceso evolutivo, más ambiciosa que la anterior, tuvo su desarrollo durante los años setenta y ochenta y estuvo caracterizada por un nuevo enfoque de armonización y coordinación de las condiciones de formación de los títulos conducentes al ejercicio de determinadas profesiones, en su mayor parte pertenecientes al ámbito de la salud. De este modo, los títulos de cada Estado miembro que cumpliesen unas condiciones se agrupaban en listas que, a la postre, habrían de conducir a su reconocimiento automático entre los diferentes Estados miembros.

En un primer momento, esta armonización se realizó con carácter sectorial, a través de una serie de Directivas relativas a determinadas profesiones relevantes desde el punto de vista

---

157 Esta Directiva constituye la consecuencia ineludible de las libertades básicas del sistema comunitario, la libertad de establecimientos y la libre prestación de servicios, con relación a aquellas actividades profesionales que no entran dentro del ámbito de aplicación de las Directivas precedentes siguientes: la Directiva 89/48/CEE del Consejo, de 21 de diciembre de 1988, relativa a un sistema general de reconocimiento de los títulos de enseñanza superior que sancionan formaciones profesionales de una duración mínima de tres años; y la Directiva 92/51/CEE, del Consejo, de 18 de junio de 1992, relativa a un segundo sistema general de reconocimiento de formaciones profesionales.

del interés público en atención a los valores y bienes sobre los que incide directamente el desarrollo de las actividades profesionales que, además, están fundamentadas en conocimientos de alcance universal.[158] Por consiguiente, se aprobaron, de forma simultánea, dos Directivas. La primera para regular el reconocimiento mutuo de títulos, con la incorporación de medidas destinadas a facilitar el ejercicio efectivo y la libre prestación de servicios. Y la segunda, dirigida a regular un sistema armonizado para coordinar las disposiciones de los Estados miembros relativas a la formación requerida para la obtención de los títulos que eran objeto de reconocimiento en la primera, contemplando, a la vez, medidas de carácter cuantitativo y cualitativo.

Este sistema se aplicó, inicialmente, a la profesión médica mediante la aprobación de las Directiva 1975/362/CEE, de 16 de junio, y la 1975/363/CE, de 16 de junio, ambas modificadas por la Directiva 1983/76/CEE, de 26 de enero; la Directiva 1989/594/CEE, de 30 de octubre y la Directiva 1990/658/CEE, de 4 de diciembre. Posteriormente, se extendió a las profesiones de enfermero (Directivas 1977/452/CEE, de 27 de junio, y 1977/453/CEE, de 27 de junio, modificadas por las Directivas 1989/595/CEE, de 10 de octubre, y la Directiva 1989/594/CEE, de 30 de octubre); odontólogo/a (Directivas 1978/686/CEE, de 25 de julio, y 1978/687/CEE, de 25 de julio, modificadas por las Directivas 1981/1057/CEE, de 14 de diciembre; 1989/594/CEE, de 30 de octubre y 1990/658/CEE, de 4 de diciembre); veterinario/a (Directivas 1978/1026/CEE, de 18 de diciembre y 1978/1027/CEE, de 18 de diciembre, modificadas por las Directivas 1981/1057/CEE, de 14 de diciembre; 1989/594/CEE, de 30 de octubre y 1990/658/CEE, de 4 de diciembre); matrón/a (Directivas 1980/154/CEE, de

---

158 Estas son las profesiones de médico, médico especialista, enfermero responsable de cuidados generales, odontólogo, odontólogo especialista, veterinario, matrona, farmacéutico y arquitecto.

21 de enero y 1980/155/CEE, de 21 de enero, modificadas por las Directivas 1980/1273/CEE, de 22 de diciembre; 1989/594/CEE, de 30 de octubre, y 1990/658/CEE, de 4 de diciembre, farmacéutico (Directivas 1985/432/CEE, de 16 de septiembre y 1985/433/CEE, de 16 de septiembre) y arquitecto (Directiva 1985/384/CEE, de 10 de junio, modificada por la Directiva 1990/658/CEE, de 4 de diciembre.[159]

Sin embargo, las dificultades para armonizar las condiciones mínimas de formación de la totalidad de profesiones reguladas por los Estados miembros hicieron inviable esta vía sectorial y propiciaron un giro de estrategia de las instituciones comunitarias hacia otro enfoque, ahora horizontal. Por esta razón, se adoptó la vía de establecer un sistema general de reconocimiento de diplomas, títulos y cualificaciones que fuera aplicable a las profesiones sin Directiva sectorial. Surgieron así las Directivas del llamado sistema general, adoptado, a partir de 1989.

Así, la primera Directiva fue la 1989/48/CEE, del Consejo, de 21 de diciembre que ordenaba un reconocimiento general de los títulos de enseñanza superior que refrendaban formaciones de una duración mínima de tres años en una universidad o centro de enseñanza superior. Pero esta fue completada por la Directiva 1992/51/CEE, de 18 de junio que estableció un segundo sistema general de reconocimiento de formaciones profesionales mediante tres niveles de calificación denominado "títulos" (formación postsecundaria de uno o dos años

---

[159] La profesión de abogado se reguló en la Directiva 1977/249/CEE, de 22 de marzo, pero con la particularidad de referirse sólo a la prestación de servicios no al derecho de establecimiento y no haber sido acompañada de un sistema de reconocimiento mutuo de títulos para el ejercicio de la profesión. No obstante, posteriormente, se aprobó la Directiva 1998/5/CE, de 16 de febrero, del Parlamento Europeo y del Consejo, de 16 de febrero, destinada a facilitar el ejercicio permanente de la profesión en un Estado miembro distinto de aquel en el que se hubiera obtenido el título.

de formación); "certificados" (formaciones postsecundarias o secundarias que no alcanzan la categoría de título y "certificado de competencia" (resto de acreditaciones que posibilitan el acceso a determinadas actividades reguladas).

Estas dos Directivas fueron transpuestas al ordenamiento jurídico español por el Real Decreto 1665/1991, de 25 de octubre, cuyas previsiones afectaban únicamente, al reconocimiento de los títulos de enseñanza superior acreditados de una formación de, al menos, tres años de duración, y el Real Decreto 1396/1995, de 4 de agosto. Las disposiciones que conforman el segundo sistema estaban principalmente encaminadas a posibilitar, en orden al ejercicio de las profesiones reguladas, el reconocimiento de los niveles de formación no cubiertos por el primero, es decir, el correspondiente a las restantes formaciones postsecundarias de duración inferior a tres años, así como las formaciones asimiladas a estas, y el correspondiente a la enseñanza secundaria de corta o larga duración complementada, en su caso, por una formación o ejercicio profesional.

Este sistema general se basaba en el principio de confianza mutua, conforme al cual se supone que la persona cualificada para ejercer su profesión en el Estado miembro de origen también debe estarlo en el Estado miembro de acogida. Por tanto, este sistema no operaba sobre una armonización de las condiciones de formación ni un reconocimiento automático, sino que recaía sobre la presunción general de equivalencia de las formaciones y de los títulos para cada sector profesional. Por tanto, se podía acceder al ejercicio profesional en igualdad de condiciones para los ciudadanos que estaban en posesión de diplomas, títulos académicos o profesionales o cualificaciones obtenidas en algún Estado miembro que fueran análogas a las exigidas en otro Estado miembro[160]. No obstante, se admitía

---

[160] Art. 3 de la Directiva 1992/51/CE; art. 4 del Real Decreto 1665/1991; art. 11 del Real Decreto 1396/1995 y arts. 2 y 3 de la Directiva 1989/48/

la posibilidad de que el Estado miembro de destino impusiera medidas compensatorias cuando la formación adquirida en otro Estado miembro no se correspondiera con la exigida por las disposiciones de otro Estado para ejercer la profesión. Sin embargo, las diferencias entre las formaciones exigidas debían ser "sustanciales" entre la formación acreditada en el Estado miembro de origen y la exigida en el Estado miembro de acogida para el ejercicio de la actividad profesional de que se trate.[161]

Pero este sistema de reconocimiento de cualificaciones profesionales, concretado en un considerable número de Directivas y modificaciones,[162] aunque supuso un gran avance en garantizar las libertades de establecimiento y prestación de servicios aparte de suprimir progresivamente las barreras a la libre circulación, originó, sin embargo, una gran dispersión normativa que dificultaba la aplicación de los diferentes mecanismos de reconocimiento.

Esta situación provocó la adopción de la Directiva 2005/36/CE, del Parlamento Europeo y del Consejo, de 7 de septiembre de 2005, relativa al reconocimiento de cualificaciones profesionales. Esta Directiva venía a refundir casi toda la legislación comunitaria sobre reconocimiento de cualificaciones profe-

---

CEE.

161 Art. 5 del Real Decreto 1665/1991 y art. 12 del Real Decreto 1396/1995.

162 Entre las diversas modificaciones puntuales experimentadas, hay que destacar la Directiva 2001/19/CE del Parlamento Europeo y del Consejo, de 14 de mayo de 2001. En el sistema general, incorporó a la Directiva 1989/48/CEE el concepto de "formación regulada", que se había introducido en la Directiva 1992/51/CEE. En el sistema sectorial se actualizaron las listas de títulos y diplomas, se estableció la validez de otros títulos y diplomas sobre la base de certificaciones de las autoridades competentes y como novedad, se introdujo la obligación de considerar los títulos y diplomas obtenidos en terceros países, pero reconocidos en algún Estado miembro.

sionales, acabando con la dispersión anterior y agrupándola en un único cuerpo normativo.[163] Por otro lado, aunque se mantienen los fundamentos esenciales del sistema anterior, incluyendo la distinción entre un régimen general de reconocimiento y otro basado en la coordinación de las condiciones mínimas de formación, se recoge la doctrina del Tribunal de Justicia de la Unión Europea sobre la aplicación del sistema general para todos los supuestos de las profesiones "sectoriales" en los que no se cumplan los requisitos para el reconocimiento automático. Así, cuando no se cumplan los requisitos para un reconocimiento automático, nunca podrá denegarse, sin más, el reconocimiento, sino que deberá considerarse de acuerdo con el régimen general.[164]

---

163 Consolidó un sistema de reconocimiento mutuo inicialmente basado en 15 directivas siguientes: Directivas 1989/48/CEE (modificada en último lugar por la Directiva 2001/19/CE, de 31 de julio); 1992/51/CEE (modificada en último lugar por la Decisión 2004/108/CE, de 5 de febrero); 1999/41/CE del Parlamento europeo y del Consejo, de 31 de julio; 77/452/CEE (modificada en último lugar por la Decisión 2004/108/CE de la Comisión de 5 de febrero); 77/453/CEE (modificada en último lugar por la Directiva 2001/19/CE); 78/686/CEE (modificad en último lugar por el Acta de adhesión de 2003); 78/687/CEE (modificada en último lugar por el Acta de adhesión de 2003); 78/1026/CEE (modificada en último lugar por la Directiva 2001/19/CE); 78/1027/CEE (modificada en último lugar por la Directiva 2001/19/CE); 80/154/CEE (modificada en último lugar por el Acta de adhesión de 2003); 80/155/CEE (modificada en último lugar por la Directiva 2001/19/CE); 85/384/CEE (modificada en último lugar por el Acta de adhesión de 2003); 85/432/CEE (modificada en último lugar por la Directiva 2001/19/CE); 85/433/CEE (modificada en último lugar por el Acta de adhesión de 2003) y 93/16/CEE (modificada en último lugar por el Reglamento (CE) 1882/2003, del Parlamento Europeo y del Consejo, de 31 de octubre).

164 Una de las principales novedades que introduce la Directiva 2005/36/CE recae en la configuración de la libre prestación de servicios, referida a una prestación temporal u ocasional realizada en un Estado miembro

Por tanto, esta Directiva dispuso el reconocimiento automático de un número limitado de profesiones, sobre la base de requisitos de formación mínimos armonizados (profesiones sectoriales), un sistema general de reconocimiento de títulos de formación y un reconocimiento automático de la experiencia profesional.[165]

La citada Directiva se incorporó al ordenamiento jurídico español a través del Real Decreto 1837/2008, de 8 de noviembre, así como la Directiva 2006/100/CE, del Consejo, de 20 de noviembre de 2006, relativa al reconocimiento de cualificaciones profesionales y determinados aspectos de la profesión de abogado.

2.1.3. Tercera etapa del proceso evolutivo

En el proceso evolutivo del marco normativo, la tercera etapa se inicia con la aprobación de la Directiva 2013/55/UE, de

---

por un prestador establecido legalmente en otro Estado miembro, puesto que, en el sistema anterior solo se regulaba la prestación de servicios para los profesionales "sectoriales". En la citada Directiva la extiende a todo el sistema, y se basa en una declaración previa a la autoridad competente, acompañada de determinados documentos, sin que deba existir ningún reconocimiento de cualificaciones profesionales. Únicamente cuando se trate de profesiones relacionadas con la salud o la seguridad, que no se beneficien del reconocimiento automático en virtud de la previa armonización de las formaciones, se realizara una verificación previa de las cualificaciones en supuestos y plazos tasados. Además, la Directiva 2005/36/CE consagra como principio general la cooperación administrativa entre los Estados miembros y entre las autoridades competentes, garantizándolo mediante tres figuras: el coordinador de las actividades de las autoridades competentes; establecer un punto de contacto con el fin de informar y ayudar a los ciudadanos para el reconocimiento de sus cualificaciones profesionales; y un Comité para el Reconocimiento de Cualificaciones Profesionales.

165 Art. 21 de la Directiva 2005/36/CE.

20 de noviembre, por la que se modifica la Directiva 2005/36/CE relativa al reconocimiento de cualificaciones profesionales y el Reglamento (UE) 1024/2012 relativo a la cooperación administrativa a través del Sistema de Información del Mercado Interior. Esta Directiva introduce modificaciones relevantes con la finalidad de seguir progresando en la eliminación de los obstáculos al ejercicio de los derechos de los ciudadanos de la Unión Europea y aligerar la carga administrativa vinculada al reconocimiento de las cualificaciones profesionales, pero no altera la estructuración del sistema de reconocimiento de cualificaciones. Asimismo, sirve para mejorar la competitividad de los Estados miembros, apoyar el crecimiento sostenible y reducir el desempleo en el marco de las iniciativas europeas de promoción de la movilidad de los trabajadores dentro de la Unión Europea.

Entre las medidas que incorpora la citada Directiva se destaca el establecimiento de una "Tarjeta Profesional Europea", destinada a facilitar la movilidad temporal a través de la aplicación, según los casos, del sistema de reconocimiento automático o de un procedimiento simplificado en el marco del sistema general.[166] Esta tarjeta se expide a petición de un profesional previa presentación de los documentos necesarios y habiéndose cumplido los procedimientos correspondientes de comprobación por las autoridades competentes.[167]

---

166 El objeto de la tarjeta profesional es "simplificar el procedimiento de reconocimiento y ganar en eficiencia económica y operativa con el fin de beneficiar a profesionales y a autoridades competentes [...]". Parte Expositiva, apartado 4 de la Directiva 2013/55/UE.

167 De acuerdo con lo establecido en el Reglamento de Ejecución (UE) 2015/983 de la Comisión de 24 de junio de 2015, este procedimiento resulta de aplicación para las profesiones de enfermería, farmacia, fisioterapeuta, guía de montaña y agente de la propiedad inmobiliaria.

Por otra parte, también introduce un concepto nuevo, el de "Acceso Parcial", como mecanismo en que el Estado miembro de acogida las actividades cuyo ejercicio se pretende son parte de una profesión cuyo ámbito de actividad es mayor que en el Estado miembro de origen. Así, si las diferencias entre los ámbitos de actividad son tan relevantes, si el profesional lo solicita, el Estado miembro de acogida debe, en estas circunstancias particulares, concederle un acceso parcial.

También se incorporan novedades respecto a las condiciones mínimas de formación establecidas para determinadas profesiones.

Asimismo, se introducen principios comunes de formación, los cuales deben adoptar la forma de "Marcos Comunes de Formación", basados en un conjunto común de pruebas de formación normalizadas sobre conocimientos, aptitudes y competencias.

En cuanto a la obligación para los profesionales de disponer de los conocimientos lingüísticos necesarios, se prevé la posibilidad de que, como novedad, las autoridades competentes procedan a su verificación efectiva tras el reconocimiento de sus cualificaciones profesionales posibilitando, en particular, en el caso de las profesiones con implicaciones para la seguridad de los pacientes que dicha comprobación de competencias lingüísticas se efectúe antes de que el profesional empiece a ejercer la profesión en el Estado miembro de acogida.[168]

También cabe destacar la creación de los "Centros de Asistencia", cuya actividad principal es proporcionar asesoramiento y asistencia a los ciudadanos a fin de garantizar que la aplicación cotidiana de las normas del mercado interior en los casos particulares complejos sea objeto de un seguimiento a escala nacional. Estos centros actúan de enlace con las autoridades

---

[168] Art. 53 de la Directiva 2005/36/UE.

competentes y de los centros de asistencia de otros Estados miembros.[169]

Constituye también una novedad importante el establecimiento de un "Mecanismo de Alerta", mediante el cual se recoge la obligación de alertar por propia iniciativa a las autoridades competentes de los demás Estados miembros sobre los profesionales que ya no están autorizados a ejercer su profesión.[170]

Esta Directiva se incorpora a nuestro ordenamiento jurídico mediante el Real Decreto 581/2017, de 9 de junio, el cual deroga el anterior Real Decreto 1837/2008, de 8 de noviembre, y, en consecuencia, consolida en un único cuerpo la normativa comunitaria vigente en materia de reconocimiento de cualificaciones.

A pesar de las disposiciones dictadas y las medidas adoptadas, la Comisión Europea constató la disparidad existente entre las regulaciones vigentes y la necesidad de profundizar en la armonización, ya que los profesionales todavía se encontraban con demasiados obstáculos legislativos innecesarios para la movilidad, provocando esto un descenso de la productividad. Así, la Comisión lo puso de manifiesto en la Comunicación de 28 de octubre de 2015, al Parlamento Europeo, al Consejo, al Comité Económico y Social Europeo y al Comité de las Regiones, titulada "Mejorar el mercado único: más oportunidades para los ciudadanos y las empresas". De este modo, la Comisión propuso adoptar un marco analítico con una metodología para evaluar de manera exhaustiva la proporcionalidad de la regulación de los profesionales, para uso de los Estados miembros cuando revisen la regulación vigente de los profesionales o propongan otra nueva.

---

169 Ar. 57 *ter* de la Directiva 2005/36/UE.

170 Art. 56 *bis* de la Directiva 2013/55/UE.

Así, con el fin de evitar la fragmentación del mercado interior y eliminar las barreras al acceso y al ejercicio de determinadas actividades, la Comisión apuesta por un planteamiento común a escala de la Unión Europea que evite la adopción de medidas desproporcionadas.

Siguiendo esta línea, se adoptó la Directiva (UE) 2018/958 del Parlamento Europeo y del Consejo, de 28 de junio de 2018, relativa al test de proporcionalidad antes de adoptar nuevas regulaciones de profesiones, que complementa lo dispuesto en la Directiva 2005/36/CE.

Esta Directiva cubre la necesidad detectada por la Comisión de establecer un marco común para efectuar las evaluaciones de proporcionalidad antes de introducir nuevas disposiciones legales, reglamentarias o administrativas que restrinjan el acceso a las profesiones reguladas o su ejercicio, o de modificar las existentes, de forma que todos los Estados miembros utilicen el mismo test al realizar la evaluación a que les obliga la normativa europea sobre reconocimiento de cualificaciones profesionales, para garantizar el buen funcionamiento de mercado interior, la transparencia y la protección de los consumidores y consumidoras.

Sin embargo, ello "no afecta a la competencia de los Estados miembros, de no existir armonización, ni a su margen de apreciación para decidir si regular una profesión y de qué manera, dentro de los límites de los principios de no discriminación y proporcionalidad" (art. 1).

Esta Directiva se ha incorporado al ordenamiento jurídico español mediante el Real Decreto 472/2021, de 29 de junio de 2021.[171] Este Real Decreto se aplica a las evaluaciones de pro-

---

171 Transposición literal, de manera que reproduce, con las modificaciones estrictamente necesarias, los preceptos de la Directiva. Esto ha sido criticado durante su tramitación, siendo varios informes como el de la

porcionalidad que se deben realizar durante el proceso de elaboración de disposiciones legales o reglamentarias que introduzcan o modifiquen requisitos para el acceso a las profesiones reguladas. Sin embargo, no se aplica a las disposiciones cuyos requisitos no restrinjan el acceso a las profesiones reguladas o su ejercicio, ni tampoco a las disposiciones que supongan la transposición de requisitos concretos establecidos en un acto

---

CNMC y el de la Agencia de la Competencia y la Regulación Económica de Andalucía, los que han destacado la falta de ambición de la normativa, que se ha limitado a "cubrir el expediente" y ha dejado pasar una buena oportunidad para desarrollar aquellos aspectos en los que la Directiva dejaba margen a los Estados para que establecieran previsiones tendentes a favorecer el pleno ejercicio de las libertades fundamentales de la Unión Europea y a dotar a las evaluaciones de proporcionalidad de un mayor alcance y eficacia. En este sentido, el Consejo de Estado determinó que el Proyecto de Real Decreto no concretaba aspectos de la Directiva. Sobre esto cita como ejemplo el artículo 4 del Proyecto –que transpone el artículo 4 de la Directiva–, "que no aclara qué significa que el alcance de la evaluación sea proporcionado respecto de la naturaleza, el contenido y los efectos de la disposición; ni en qué consiste una explicación suficientemente detallada que permita valorar el cumplimiento del principio de proporcionalidad, ni qué tipo de datos deben utilizarse para realizar las evaluaciones; ni en qué se concreta la exigencia de que la evaluación se debe realizar de manera objetiva e independiente; ni en qué consiste el seguimiento que se refiere el último apartado. El órgano proponente, debería haber realizado un esfuerzo adicional para concretar todos estos aspectos y otros que serían necesarios para tener una regulación más completa de las evaluaciones de proporcionalidad (como, por ejemplo, el momento en que deberán ser realizadas y si estarán, o no, integradas en la memoria correspondiente cómo se documentarán)". Véase el Dictamen del Consejo de Estado 234/2021, sobre el Proyecto de Real Decreto por el que se incorpora al ordenamiento jurídico español la Directiva (UE) 2018/958 del Parlamento y del Consejo, de 28 de junio de 2018, relativa al test de proporcionalidad antes de adoptar nuevas regulaciones de profesiones, de 3 de junio de 2021, Consideración 4.

de la Unión Europea que no deje elección en cuanto al modo exacto de transponerlos (art. 1 y 2).[172]

Este Real Decreto recoge la necesidad, que coincide con la Directiva 2018/958, de que las autoridades competentes para la regulación lleven a cabo la evaluación de la proporcionalidad conforme a las normas que se establecen. Así, la norma citada, reproduce los preceptos de la Directiva y solo incorpora las siguientes novedades con respecto al contenido de la norma europea: incluye la definición de "autoridad competente para la regulación"; amplía la enumeración de las razones imperiosas de interés general que se mencionan en la Directiva que justifican la regulación de las profesiones reguladas; introduce mayores garantías en cuanto al proceso de consulta pública; y prevé un mecanismo de cooperación entre el Estado y las comunidades autónomas. En este sentido, el Consejo de Estado determina que el Gobierno debería haber realizado un esfuerzo adicional para concretar "todos los aspectos y otros que serían necesarios para tener una regulación más completa de las evaluaciones de proporcionalidad (como, por ejemplo, el momento en que deberán ser realizadas y si estarán o no, integras en la memoria correspondiente o cómo se documentaran).[173]

Queda por señalar la Directiva Delegada (UE) 2024/782 de la Comisión, de 4 de marzo de 2024, por la que se modifica la Directiva 2005/36/CE del Parlamento Europeo y del Consejo en lo relativo a los requisitos mínimos de formación para las profesiones de enfermero responsable de cuidados generales,

---

[172] Este Real Decreto se encuentra incluido en el Plan Anual Normativo de la Administración General del Estado para 2020.

[173] Véase el Dictamen del Consejo de Estado 234/2021, sobre el Proyecto de Real Decreto por el que se incorpora al ordenamiento jurídico español la Directiva (UE) 2018/958 del Parlamento y del Consejo, de 28 de junio de 2018, relativa al test de proporcionalidad antes de adoptar nuevas regulaciones de profesiones, de 3 de junio de 2021, Consideración 4.

odontólogo y farmacéutico (Directiva Delegada o Directiva 2024/782, en adelante). Ya en el 2011, en el Libro Verde,[174] fue indicada la necesidad de modernización de la Directiva 2005/36/CE, señalada en varias ocasiones a lo largo del presente apartado. Los cambios realizados por la Directiva Derivada afectan los criterios de valoración de formación para tres profesiones fronterizas y actualizan los requisitos mínimos de formación para dichas profesiones.[175]

2.2. *El Real Decreto 581/2017, de 9 de junio, por el que se incorpora al ordenamiento jurídico español la Directiva 2013/55/UE del Parlamento Europeo y del Consejo*

El Real Decreto 581/2017 mantiene un notable paralelismo con la Directiva 2013/55/UE, en su estructura y contenido, e incorpora al ordenamiento jurídico español una serie de novedades. De forma específica, incorpora nuevas previsiones en relación con el número mínimo de años de la formación básica de médico; la posibilidad de dispensas relativas a ciertas partes de la formación de médico especialista, cuando se cuente con una especialidad médica anterior en un Estado miembro; el establecimiento de que los programas de formación de enfermería ofrezcan una garantía más sólida y más orientada hacia la obtención de resultados, de que el profesional ha adquirido determinados conocimientos y capacidades durante la formación; los requisitos de admisión a la formación de matrona, que deben aumentarse a doce años de enseñanza general o exigir la superación de un examen de nivel equivalente, excepto en el caso

---

174 Libro Verde "Modernizar la Directiva sobre las cualificaciones profesionales", COM(2011) 367 final.

175 C/2024/1319. Documento 32024L0782 https://eur-lex.europa.eu/legal-content/ES/TXT/?uri=OJ%3AL_202400782 [<última consulta 25 de agosto de 2024>].

de los profesionales que ya posean un título de enfermero/a responsable de cuidados generales; las especialidades médicas y odontológicas, que gozarán de reconocimiento automático cuando estas sean comunes para, al menos, dos quintos de los Estados miembros, y las condiciones mínimas de formación de los arquitectos, mediante la inclusión de la necesidad de completar la formación universitaria con una experiencia profesional, bajo la supervisión de arquitectos cualificados.

Este Real Decreto no se limita a incorporar al Derecho interno la Directiva 2013/55/UE; pues esta no es una nueva Directiva que regula de manera novedosa y completa el reconocimiento de cualificaciones, sino una norma de modificación de la Directiva 2005/36/CE. Por ello, el Real Decreto 581/2017 es una disposición en la que se combinan los preceptos del Real Decreto 1837/2008 con los de la Directiva 2005/36/CE, en la redacción dada por la Directiva 2013/55/UE.[176] De este modo, se produce una situación peculiar por mantener transitoriamente la vigencia de los anexos VIII y X del Real Decreto, que ahora se deroga, hasta tanto finalicen los trabajos de revisión

---

[176] Como se destaca en el Dictamen del Consejo de Estado la solución técnica inicialmente adoptada fue la de "[...] proceder a la modificación del Real Decreto 1837/2008 a través de un nuevo proyecto de real decreto que incorporase a su texto las novedades derivadas de la Directiva 2013/55/UE, pero ante la amplitud de la reforma llevada a cabo por esta en la Directiva 2005/36/CE, que alcanzaba en consecuencia a la práctica totalidad del Real Decreto 1837/2008, se decidió finalmente que se procedería a la adopción de un nuevo real decreto que derogase el vigente de 2008 e incorporase las novedades derivadas de la Directiva 2013/55/UE y los contenidos del Real Decreto 1837/2008 que no se han visto afectados por dicha novedad normativa". Véase Dictamen del Consejo de Estado 87/2017, de 25 de mayo, sobre el Proyecto de real decreto por el que se establecen la regulación y los procedimientos, para el reconocimiento de las cualificaciones profesionales, adquiridas en otros Estados miembros de la Unión Europea, a los efectos de acceder y ejercer una profesión regulada en España, núm. de expediente 87/2017, pág. 46.

de estos por parte de la Comisión interministerial creada al efecto en el artículo 81. El Consejo de Estado entiende que no se han ofrecido en el expediente respuestas lo suficientemente sólidas como para justificar la falta de la exigida y exigible revisión de dichos anexos.[177]

No obstante, la Comisión Europea, puso en conocimiento de las autoridades españolas la existencia de ciertas deficiencias en la transposición de la Directiva 2013/55/UE.[178] Entre

---

177 Esta decisión fue objeto de numerosas críticas, sin que se hayan atendido las alegaciones de otros departamentos, comunidades autónomas y organizaciones representativas. En este sentido, el Consejo de Estado lo pone de manifiesto: "Tampoco parece haberse atendido a los requerimientos derivados del procedimiento EU Pilot 7415/15/GROW al que alude la Secretaría de Estado para la Unión Europea -antecedente segundo del dictamen-, en lo relativo a la inclusión en el anexo VIII de las profesiones de ingenieros en informática y de ingenieros técnicos en informática, o a la eliminación de la figura del "Técnico de Empresas y Actividades Turísticas" (TEAT), que propuso el Ministerio de Industria, Energía y Turismo. Ni tampoco se han tenido en cuenta las observaciones efectuadas, entre otras entidades, por el Consejo General de Colegios Oficiales de Ingenieros Técnicos Agrícolas de España acerca de la necesidad de eliminar en el apartado 1 del Anexo VIII el inciso "en la correspondiente especialidad" que se incluye en él tras la mención de todas las profesiones de Ingeniería Técnica (salvo la de Topografía, que constituye una excepción); esta sugerencia se funda en las Sentencias del Tribunal Supremo de 13 de julio y 22 de octubre de 2010, que sostuvieron la legalidad de dicho inciso porque las titulaciones que habilitaban para el ejercicio de las profesiones de Ingeniería Técnica ciertamente incluían especialidades, en los cambios habidos desde 2008 en las normas reguladoras de los estudios conducentes a las ingenierías técnicas, articulados en Grados, y en las Sentencias del Tribunal Supremo (28 de febrero de 2008, 21 de diciembre de 2010, 17 de octubre de 2012 y 11 de octubre de 2013, entre otras) que han afirmado el principio de concurrencia competencial entre profesiones, admitiendo que los ingenieros técnicos puedan actuar extramuros de la especialidad cursada".

178 En el Dictamen motivado del Expediente de infracción 2018/2306 de la Comisión Europea, de 24 de enero de 2019, considera que no han sido

ellas, destacamos la referente al plazo de subsanación. La Comisión Europea considera que las reglas generales de la Ley 39/2015, de 1 de octubre, del Procedimiento administrativo común de las Administraciones públicas, que son las aplicables por remisión, son insuficientes si la documentación a subsanar debe proporcionarla la autoridad competente de otro Estado miembro. En consecuencia, se procedió a modificar el Real Decreto 581/2017 para perfeccionar la transposición del derecho de la Unión europea al ordenamiento jurídico español, pero además se añaden cuatro objetivos más: modernizar las relaciones entre la Administración y los interesados; actualizar la composición y regular el funcionamiento de la comisión interministerial a la que hace referencia el artículo 81 del Real Decreto 581/2017; introducir medidas adicionales para disponer de una oferta de profesionales sanitarios que permita la cobertura de plazas, especialmente en zonas menos accesibles o en momentos puntuales como los ocasionados por la pandemia provocada por la Covid-19; y actualizar las referencias a la normativa de la Unión Europea derogada así como adaptar la regulación actual en materia de protección de datos.[179]

---

objeto de transposición, en todo o en parte, o que han sido incorporados al ordenamiento interno de forma defectuosa los siguientes preceptos: 10, letra d) a f); 13.2; 23.5 b); 30.2; 23; 37; 51.1 y 53 de la Directiva 2005/36/CE.

179 *Vid.* Real Decreto 1129/2021, de 21 de diciembre, por el que se modifica el Real Decreto 581/2017, de 9 de junio, por el que se incorpora al ordenamiento jurídico español la Directiva 2013/55/UE del Parlamento Europeo y del Consejo, de 20 de noviembre de 2013, por la que se modifica la Directiva 2005/36/CE relativa al reconocimiento de cualificaciones profesionales y el Reglamento (UE) 1024/2012 relativo a la cooperación administrativa a través del Sistema de Información del Mercado Interior (Reglamento IMI), en relación con el procedimiento de reconocimiento de cualificaciones profesionales.

2.2.1. Delimitación conceptual

Al amparo del marco normativo descrito, el concepto de profesión regulada constituye el elemento central del sistema de la Unión Europea de reconocimiento de cualificaciones profesionales.

La Directiva 2005/36/CEE define la profesión regulada como "la actividad o conjunto de actividades profesionales cuyo acceso, ejercicio o una de las modalidades de ejercicio están subordinados de manera directa o indirecta, en virtud de disposiciones legales, reglamentarias o administrativas, a la posesión de determinadas cualificaciones profesionales [...]". A su vez, el concepto de "cualificaciones profesionales", se define como "las cualificaciones acreditadas por un título de formación, un certificado de competencia, tal como se define en el artículo 11, letra a), inciso i), y/o una experiencia profesional".

Este concepto se transpuso al derecho interno, "a los exclusivos efectos de la aplicación del sistema de reconocimiento de cualificaciones regulado", a través del artículo 4.1 a) el Real Decreto 1837/2008. De este modo, se define como "la actividad o conjunto de actividades profesionales para cuyo acceso, ejercicio o modalidad de ejercicio se exija, de manera directa o indirecta, estar en posesión de determinadas cualificaciones profesionales, en virtud de disposiciones legales, reglamentarias o administrativas".[180] Pero, más allá de esta definición, cabe destacar que la propia disposición reglamentaria formula un listado de las profesiones y las actividades que entran dentro del ámbito de aplicación del sistema de reconocimiento de cualificaciones. Además, incorpora una tabla de las profesiones reguladas con su correspondencia a alguno de los niveles de formación descritos en el artículo 19. Esto se completa con la relación de las autoridades españolas competentes para el

---

[180] Definición idéntica en el art. 4.9 del Real Decreto 581/2017.

reconocimiento de las cualificaciones profesionales obtenidas en otros Estados miembros para el ejercicio de las profesiones reguladas en España, así como para regular el período de prácticas o la prueba de aptitud cuando no coincida con la anterior.

El vigente Real Decreto 581/2017 continúa definiendo el concepto de profesión regulada en los mismos términos que lo hacía su predecesor.

2.2.2. Tarjeta profesional europea

La tarjeta profesional europea es un procedimiento electrónico por el que se solicita el reconocimiento de las cualificaciones profesionales en otro país de la Unión Europea. La regulación de esta tarjeta constituye una de las principales novedades de la Directiva 2013/55/UE y, por consiguiente, del Real Decreto 581/2017.[181]

La finalidad de esta tarjeta, como indica el Considerando 4 de la Directiva 2013/55/UE, recae en

> "[…] reforzar el mercado interior y favorecer la libre circulación de los profesionales, al tiempo que se garantiza un reconocimiento más eficaz y transparente de las cualificaciones profesionales, una tarjeta profesional europea aportaría un valor añadido. En particular, esta tarjeta sería útil para facilitar la movilidad temporal y el reconocimiento en virtud del sistema de reconocimiento automático, así como para promover un procedimiento simplificado de reconocimiento en el marco del sistema general. El objetivo de la tarjeta profesional europea es simplificar el procedimiento de reconocimiento y ganar en eficiencia económica y operativa con el fin de beneficiar a profesionales y a autoridades competentes".

De acuerdo con el artículo 5 del Real Decreto 581/2017, la tarjeta profesional europea podrá ser solicitada por aque-

---

181 Arts. 5 a 10.

llas personas que se encuentren en posesión de un título que acredite la correspondiente cualificación profesional para el acceso o ejercicio de alguna de las profesiones incluidas en el anexo I del Reglamento de Ejecución (UE) 2015/983, de la Comisión, de 24 de junio de 2015.[182]

El procedimiento para la solicitud de una mencionada tarjeta se regula en el artículo 7 del Real Decreto 581/2017. Este precepto lleva a cabo la transposición de los apartados 2, 3 y 4 del artículo 4 ter de la Directiva 2005/36/CE, introducido por la Directiva 2013/55/UE. El artículo 7.1 establece que "en el plazo de una semana a partir de la recepción de la solicitud establecida en el artículo 6, la autoridad española competente prevista en el artículo 5, apartado 7, acusará recibo de la solicitud del interesado y, en su caso, le requerirá la aportación de los documentos necesarios para su tramitación".

Sobre el procedimiento, una de las cuestiones que motivó un mayor número de alegaciones durante la tramitación de aprobación del Real Decreto ha sido la relativa al sentido del silencio administrativo. No obstante, el Consejo de Estado afirma en su Dictamen que el sentido positivo es conforme a lo

---

182 Sobre la remisión a este Reglamento, el Consejo de Estado destacó su ausencia en el Proyecto de Real Decreto, afirmando que: "Es cierto que esta puede no ser la única herramienta de ejecución de la Directiva en esta materia que la Comisión adopte, pero ello no es óbice para que se cite su existencia en el Proyecto, máxime cuando fue aprobada hace ya casi dos años, e incluso para que se introduzcan en el Proyecto las necesarias modificaciones para proceder a la ubicación de estas menciones a la Comisión y sus poderes normativos en una o varias disposiciones de la parte final del Proyecto, como posteriormente se expondrá. No se estima correcto que guarde silencio el Proyecto acerca de la existencia del mencionado reglamento de ejecución, teniendo en cuenta que el artículo 5.1 del Proyecto hace depender la expedición de la TPE de la existencia de los eventuales actos de ejecución que adopte la Comisión, a los que se refiere el artículo 5.8 [...]".

previsto en el artículo 4 quinquies de la Directiva 2005/36/CE, introducido por la Directiva 2013/55/UE:

> "5. Si el Estado miembro de acogida no adopta una decisión dentro de los plazos establecidos en los apartados 2 y 3 del presente artículo o no organiza una prueba de aptitud de conformidad con el artículo 7, apartado 4, la tarjeta profesional europea se considerará expedida y se enviará automáticamente, a través del/MI, a la persona en posesión de un título que acredite su cualificación profesional".

Por ello, esta regla del silencio administrativo positivo no puede ser alterada por los Estados miembros.

2.2.3. Acceso parcial a una profesión

El artículo 11 del Real Decreto 581/2017 regula la posibilidad para los interesados de acceder, de forma parcial, al ejercicio de una actividad profesional que forma parte del haz de actividades propias y características, en el Estado miembro de destino, de una concreta profesión regulada.[183]

Esta figura fue reconocida por el Tribunal de Justicia de la Unión Europea en la Sentencia de 19 de enero de 2006, asunto C-330/03, al resolver una cuestión prejudicial planteada por nuestro Tribunal Supremo. Sobre esto, el Tribunal de Justicia admite, en su Considerando 32, que:

> "[...] la consagración normativa del reconocimiento parcial "podría tener como efecto, en principio, escindir en diferentes actividades las profesiones reguladas en un Estado miembro", pues "ello —se añade— implicaría en lo sustancial el riesgo de confusión por parte de los destinatarios de los servicios, que podrían verse inducidos a error sobre la amplitud de las mencionadas cualificaciones".

---

[183] Esta es una novedad introducida por la Directiva 2013/55/UE en la Directiva 2005/36/CE y que se regula en su artículo 4 septies.

No obstante, el Consejo de Estado, en el Dictamen 87/2017, haciendo referencia a estas consideraciones del Tribunal de Justicia de la Unión Europea, no considera conveniente incluir expresamente el reconocimiento parcial en el Real Decreto, sin perjuicio de que "el contenido de la sentencia mencionada deba ser tenido en cuenta por las autoridades competentes en relación con cada procedimiento de reconocimiento".

Sobre esta cuestión, la Directiva 2013/55/UE, en su Considerando 7, afirma que:

> "La Directiva 2005/36/CE se aplica únicamente a aquellos profesionales que desean ejercer la misma profesión en otro Estado miembro. En algunos casos, en el Estado miembro de acogida, las actividades consideradas son parte de una profesión cuyo ámbito de actividad es mayor que en el Estado miembro de origen. Si las diferencias entre los ámbitos de actividad son tan importantes que en realidad es necesario exigir al profesional que realice un programa completo de enseñanza y de formación para paliar sus lagunas y si este profesional lo solicita, el Estado miembro de acogida debe, en estas circunstancias particulares, concederle un acceso parcial. Sin embargo, por razones imperiosas de interés general, tal como las define el Tribunal de Justicia de la Unión Europea en su jurisprudencia relativa a los artículos 49 y 56 del Tratado de Funcionamiento de la Unión Europea (TFUE) y que puede seguir evolucionando, un Estado miembro debe poder denegar el acceso parcial. Este puede ser el caso, en particular, de las profesiones sanitarias con implicaciones en materia de salud pública y de seguridad de los pacientes. La concesión de un acceso parcial no debe afectar al derecho de los interlocutores sociales a organizarse".

Por consiguiente, la regulación de la figura del acceso parcial que se introduce en 2013 y se incorporó al ordenamiento jurídico español por el artículo 11 del Real Decreto 581/2017, es considerada adecuada por el Consejo de Estado.[184]

---

184 Dictamen del Consejo de Estado 87/2017, de 25 de mayo…, *op. cit.* pág. 65.

No obstante, la transposición de esta figura al Real Decreto 581/2017 ha sido criticada porque no atribuye intervención alguna a los Colegios profesionales cuando, por medio de este régimen se concede por la autoridad competente –condición con la que no cuentan en este ámbito los Colegios Profesionales–, el acceso parcial a una actividad profesional. Sin embargo, el Consejo de Estado considera que no existe ningún obstáculo jurídico para que no se incluya

> "la participación de los colegios profesionales en el proceso de valoración del otorgamiento de acceso parcial (así, en el artículo 11.1), ni que se pongan en su conocimiento las resoluciones de acceso parcial, en la medida en que afectan al ámbito profesional cuyos intereses defienden por imperativo legal. Es más, la especial configuración constitucional y legal de esas corporaciones les dota de un específico interés en la materia que merece ser tutelado por los poderes públicos".[185]

En relación con la necesidad de publicar las resoluciones de acceso parcial en el Registro Estatal de Profesionales Sanitarios, el Real Decreto 581/2017 sí contempla una previsión en la disposición adicional tercera dedicada a los "Registros de Profesionales Sanitarios".[186] Así, a través de los Registros de Profesionales Sanitarios se permite esa publicidad, por cuanto dichas resoluciones, a efectos de establecimiento, como indica el artículo 11.3 "serán examinadas con arreglo a lo dispuesto en el título III, capítulo I y V".

---

185 *Ibidem.*

186 La Disposición adicional tercera dispone: "Las disposiciones de desarrollo a que se refiere la disposición final segunda establecerán los mecanismos necesarios para la inclusión, en el Registro de Profesionales Sanitarios del Sistema Nacional de Salud y en los Registros de Profesionales Sanitarios de las Comunidades Autónomas, de los datos correspondientes a los reconocimientos concedidos para el ejercicio de profesiones sanitarias".

2.2.4. Libre prestación de servicios

En el artículo 12 del Real Decreto 581/2017 se contempla el principio de libre prestación de servicios y se incorpora así al ordenamiento jurídico interno el artículo 5 de la Directiva 2005/36/CE, que ha sido modificado por la Directiva 2013/55/UE en concreto, en su tercer apartado.

El apartado tercero del citado precepto, dispone que los profesionales de Estados miembros de la Unión Europea podrán prestar libremente sus servicios en España, sin que dicha prestación pueda impedirse o restringirse por razones de cualificación profesional, siempre que cumplan los siguientes requisitos: a) Que se encuentren establecidos legalmente en otro Estado miembro, para ejercer en él la misma profesión que pretendan ejercer en España; b) En caso de desplazamiento del prestador, si ha ejercido dicha profesión en uno o varios Estados miembros durante al menos un año en el transcurso de los diez años anteriores a la prestación de los servicios, cuando la profesión no esté regulada en el Estado miembro de establecimiento. La condición que exige el ejercicio de la profesión durante un año no se aplicará cuando la profesión o la formación que conduce a la profesión esté regulada.

Sobre este último inciso b), el Consejo de Estado determinó que era necesario aclarar la expresión "esté regulada", a fin de determinar si se refiere a que la profesión "esté regulada" en el Estado en que se haya ejercido la profesión que pretende hacerse valer en el desplazamiento.[187]

---

[187] Dictamen del Consejo de Estado 87/2017, de 25 de mayo..., *op. cit.* pág. 67.

2.2.5. Régimen general de reconocimiento de títulos de formación

El artículo 19 del Real Decreto 581/2017 regula los denominados "niveles de cualificación profesional", las cuales se agrupan en los niveles que se exponen a continuación: a) certificado de competencia; b) certificado expedido por la autoridad competente de un Estado miembro que acredite la superación de un ciclo de estudios secundarios; c) título expedido por una autoridad competente de un Estado miembro; d) un título que acredita que el titular ha cursado con éxito una formación del nivel de la enseñanza postsecundaria de una duración mínima de tres años y no superior a cuatro, o de una duración equivalente a tiempo parcial, que podrá expresarse además en un número equivalente de créditos ECTS, dispensada en una universidad o un centro de enseñanza superior o en otro centro de nivel equivalente, y, en su caso, que ha completado con éxito la formación profesional exigida además del ciclo de estudios postsecundarios; e) un título que acredita que el titular ha cursado con éxito un ciclo de estudios postsecundarios de una duración mínima de cuatro años, o de una duración equivalente a tiempo parcial, que podrá expresarse además en un número equivalente de créditos ECTS, en una universidad o un centro de enseñanza superior o en otro centro de nivel equivalente, y, en su caso, que ha completado con éxito la formación profesional exigida además del ciclo de estudios postsecundarios.

Esto ya se preveía en el artículo 19 del Real Decreto 1837/2008 y en el artículo 11 de la Directiva 2005/36/CE, modificada por la Directiva 2013/55/UE, de la que se deriva la derogación de los anexos II y III del Real Decreto 1837/2008.

Sobre las condiciones para el reconocimiento, el artículo 21 del Real Decreto 581/2017 transpone el artículo 13 de la Directiva 2005/36/CE, en la redacción dada por la Directiva 2013/55/UE. El citado precepto dispone que:

> "En los supuestos de las profesiones reguladas en España, cuyo acceso y ejercicio estén supeditados a la posesión de determinadas cualificaciones profesionales, la autoridad competente española concederá el acceso a esa profesión y su ejercicio, en las mismas condiciones que a los españoles, a los solicitantes que posean el certificado de competencia o título de formación contemplado en el artículo 19 exigidos por otro Estado miembro para acceder a esa misma profesión en su territorio o ejercerla en el mismo. Dichos certificados de competencia o títulos de formación deberán haber sido expedidos por una autoridad competente de un Estado miembro, designada con arreglo a las disposiciones legales, reglamentarias o administrativas de dicho Estado".[188]

No obstante, la Directiva, por consiguiente, diferencia dos supuestos, según que en el Estado miembro de origen la profesión que pretenda ejercerse en España se encuentre o no regulada (apartados 1 y 2, respectivamente). Sin embargo, el Real Decreto 581/2017 introduce las exigencias que para los certificados y títulos contiene el artículo 13.2 de la Directiva en el artículo 21.2, por referencia al artículo 21.1, lo cual no se corresponde con la Directiva.

Sobre esta diferencia, el Tribunal Supremo, en su Sentencia de 3 de octubre de 2014, constató que, en el supuesto enjuiciado, se había mezclado el régimen de la autorización de las profesiones reguladas con el de las no reguladas. Como destaca la citada sentencia:

> "Para las primeras, el artículo 13.1.a) y b) de la Directiva exige solo que los certificados o títulos se expidan por una autoridad competente —apartado a)— y según el apartado b), que acrediten una cualificación profesional equivalente al menos al nivel inmediatamente anterior al exigido en el Estado de acogida, según unas reglas que no son del caso. En el caso de

---

188 El Consejo de Estado considera que la transposición es correcta. *Vid.* Dictamen del Consejo de Estado 87/2017, de 25 de mayo…, *op. cit.* pág. 71 y ss.

> las no reguladas —artículo 13. 2—, aparte de lo anterior, se añade en un apartado e) la exigencia de que los certificados de competencia y los títulos de formación acrediten «la preparación del titular para el ejercicio de la profesión ...» [Artículo 13.2.c)]. En cambio, el artículo 21.1.2.a) y b) del Real Decreto 183712008, referido a las profesiones reguladas, ha añadido como apartado e) el antes trascrito [artículo 13.2.c)] que en la Directiva se reserva a las no reguladas, con lo que para las profesiones reguladas exige algo que solo es exigible para las no reguladas en la Directiva".[189]

Esta apreciación del Tribunal Supremo también se refleja en el Real Decreto 581/2017, el cual, además, sigue incluyendo una letra b) —"Acreditar un nivel de cualificación profesional equivalente, como mínimo, al nivel inmediatamente anterior al exigido en España, de acuerdo con los niveles de cualificación establecidos en el artículo 19"—, que fue eliminado en la Directiva. Pero finalmente, siguiendo la sugerencia del Consejo de Estado, se revisó la redacción del artículo 21, apartados 1 a 3, para acomodarla a la redacción del artículo 13 de la Directiva 2005/36/CE, en la redacción dada por la Directiva 20 13/55/UE, teniendo en cuenta, además, las sugerencias de modificación de la redacción de su apartado 1 anteriormente efectuadas.[190]

2.2.6. Modalidades de ejercicio de la profesión

En los artículos 72 a 74 del Real Decreto 581/2017 se regula el nuevo régimen de conocimientos lingüísticos que contiene la Directiva en su nuevo artículo 53.

---

189 FJ 7.

190 Dictamen del Consejo de Estado 87/2017, de 25 de mayo..., *op. cit.* págs. 71-72.

El sistema que establece es similar al que prevé, en materia de homologaciones, el Real Decreto 967/2014 y su orden de desarrollo (Orden ECD/2654/2015, de 3 de diciembre, por la que se dictan normas de desarrollo y aplicación del Real Decreto 967/2014, de 21 de noviembre, en lo que respecta a los procedimientos para la homologación y declaración de equivalencia de títulos extranjeros de educación superior).

2.2.7. Competencias de ejecución y cooperación administrativa

En el artículo 77 del Real Decreto 581/2017 se regula el mecanismo de alerta, contemplado en el nuevo artículo 56 *bis* de la Directiva. Este consiste en la obligatoriedad, por parte de la autoridad competente designada por el Ministerio de Justicia y en el caso de las profesiones sanitarias,[191] el responsable del Registro Estatal de Profesionales Sanitarios, de informar a las autoridades competentes de los demás Estados miembros y al coordinador nacional acerca de los profesionales a los que los órganos jurisdiccionales nacionales hayan restringido o prohibido total o parcialmente, incluso con carácter temporal, el ejercicio de las actividades profesionales determinadas en el territorio de dicho Estado miembro.

En el apartado 5 se transpone el artículo 56 *bis* de la Directiva 2005/36, introducido en 2013, el cual dispone:

> "Asimismo, las autoridades españolas señaladas en los apartados anteriores informarán a través de una alerta del IMI a los demás Estados miembros, en un plazo de tres días desde la fecha en que se notifique la resolución judicial firme que así lo declare, sobre la identidad de los profesionales que hayan solicitado el reconocimiento de una cualificación con arreglo al presente real decreto y respecto de los cuales un órgano jurisdiccional haya declarado posteriormente que han presentado títulos falsificados en ese contexto".

---

191 Las que se citan en las letras a) a k).

Por tanto, se establece que se informe a través de IMI en un plazo de tres días desde la fecha en que se notifica la resolución judicial firme que declara la falsedad de los títulos presentados para el reconocimiento de la cualificación.[192]

En cuanto a la "Relación de profesiones reguladas en España", el artículo 81 del Real Decreto 581/2017,[193] transpone a nuestro Derecho el artículo 59 de la Directiva 2005/36/CE, al que da nueva redacción la Directiva 2013/55/UE. De este modo, se establece que cada una de las diferentes autoridades competentes españolas elaborará un informe respecto de las profesiones reguladas existentes en su respectivo ámbito de competencia, especificando la siguiente información para cada una de ellas:

> "a) Las actividades profesionales que, en su caso, pudiera comprender cada profesión. b) La forma de acreditación de la cualificación profesional requerida y, en particular, la formación regulada y la formación de estructura particular a que se refiere el artículo 19.3 b); y c) En su caso, el sometimiento de su ejercicio en España a la verificación previa en los casos de desplazamiento, de conformidad con el artículo 13.4, aportando la justificación de esta exigencia".

Además, este informe contemplará específicamente la valoración de la compatibilidad[194] de los requisitos que limitan el

---

[192] Esta redacción es fruto de la consideración efectuada por el Consejo de Estado. En la redacción originaria del proyecto de Real Decreto se previa que se debía comunicar desde la fecha de la adopción del acto y no desde su notificación. Pero el Consejo de Estado, argumento la necesidad de modificar este precepto ya que "Una decisión judicial de ese género podría fundar la interposición de un recurso extraordinario de revisión para combatir los actos firmes de reconocimiento de cualificaciones (artículo 125.1 .c) de la Ley 39/2015)".

[193] Modificado por el art. 10 del Real Decreto 1129/2021, de 21 de diciembre.

[194] De acuerdo con el apartado 2 del art. 81 la valoración de compatibilidad considerará especialmente: "1. Que los requisitos no sean directa ni

acceso a la profesión o su ejercicio a los titulares de un título de formación específica, con la libertad de establecimiento y prestación de servicios.[195]

Estos informes serán enviados al Ministerio de Universidades que, a su vez, los remitirá a la Comisión interministerial integrada por los Subsecretarios de todos los ministerios, así como por un representante de la Secretaría General de Asuntos Económicos con rango al menos, de director general, y será copresidida por las personas titulares de la Secretaría de Estado de Economía y Apoyo a la Empresa y a la Secretaría General de Universidades. Y será la Comisión Interministerial de Profesiones Reguladas quien, en el marco de las disposiciones nacionales y de Derecho europeo aplicables, elaborará la lista de profesiones reguladas.[196]

Durante la tramitación de Real Decreto 581/2017 se formularon numerosas alegaciones sobre la creación de una Comisión interministerial conforme a cuyas directrices se elabora la lista o relación de profesiones reguladas. Sobre esto, el Consejo de Estado afirma que: "la instauración de dicha comisión no es objetable, pues entra dentro de las facultades de autoorganización administrativa"; pero debe repararse en que a esta comisión se atribuye en el inciso final del artículo 59.2 la "facultad de excluir o incorporar profesiones a la lista propuesta". En cualquier caso, y por lo que se refiere a la facultad que se confiere a la Comisión interministerial, consistente en la posibilidad de "excluir o incorporar a profesiones de la lista

---

indirectamente discriminatorios por razón de nacionalidad o de lugar de residencia; 2. Que los requisitos estén justificados por una razón imperiosa de interés general; 3. Que los requisitos sean adecuados para garantizar la consecución de los objetivos perseguidos y no exceder de lo necesario para alcanzar el objetivo".

195 Art. 81.2.

196 *Vid.* Otras funciones en el art. 81.4.

propuesta", el Consejo de Estado considera que dicha facultad, como es obvio, solo puede desplegarse conforme a lo previsto en el ordenamiento.

Por tanto, la facultad que se atribuye a la Comisión interministerial no puede alterar lo establecido en las disposiciones que regulan una determinada profesión, es decir,

> "que no puede tener el efecto de alterar la calificación de una profesión como regulada, por lo que en tanto siga siéndolo conforme al correspondiente marco normativo, la profesión en cuestión deberá estar incluida en la lista del artículo 82; del mismo modo, no puede dicha comisión disponer, por medio de esa facultad, del listado de profesiones reguladas que contiene el anexo VIII, cuya reforma solo es posible por los medios previstos en la disposición final tercera, sobre la que ya se han hecho observaciones con anterioridad en cuanto al rango normativo exigible a tal efecto".[197]

En definitiva, esa facultad solo podrá reflejar el listado de profesiones reguladas que resulte del ordenamiento en general y, en particular, del listado del anexo VIII.

3. LA PROFESIÓN TITULADA

3.1. La noción de profesión titulada

El concepto de profesión titulada nos conduce a la previsión constitucional del artículo 36, conforme al cual "La ley regulará las peculiaridades propias del régimen jurídico de los Colegios Profesionales y el ejercicio de las profesiones tituladas". Confrontando esto con el artículo 35, donde se consagra el de-

---

[197] Dictamen del Consejo de Estado 87/2017, de 25 de mayo..., *op. cit.* pág. 79.

recho a la libre elección de profesión u oficio, las profesiones no tituladas se remiten al ejercicio de una actividad profesional libre, amparada por la libertad de empresa. Otra referencia constitucional la encontramos en el artículo 149.1.30, donde se atribuye la competencia exclusiva del estado para regular las "condiciones de obtención, expedición y homologación de títulos académicos y profesionales".[198]

La jurisprudencia constitucional ha destacado el carácter condicionado y limitado del ejercicio de las profesiones tituladas del artículo 36 CE, en el que existe una amplia habilitación conformadora al legislador. A estos efectos, configura el concepto de profesión titulada bajo un criterio restrictivo, afirmando en su reiterada doctrina que:

> "[...] la competencia que los órganos centrales del Estado tienen para regular las condiciones de obtención, expedición y homologación de los títulos profesionales se vincula directamente a la existencia de las llamadas profesiones tituladas, concepto éste que la propia Constitución utiliza en el art. 36, y que implícitamente admite, como parece obvio, que no todas las actividades laborales, los oficios o las profesiones en sentido lato son o constituyen profesiones tituladas. Como ha declarado este Tribunal en la STC 83/1984, tales profesiones tituladas existen cuando se condicionan determinadas actividades "a la posesión de concretos títulos académicos".[199]

En un sentido todavía más preciso, la STC 42/1986 define las profesiones tituladas como aquellas "para cuyo ejercicio se requieren títulos, entendiendo por tales la posesión de estudios superiores y la ratificación de dichos estudios mediante la consecución del oportuno certificado o licencia".[200]

---

198 CALVO SÁNCHEZ, L., "El derecho y las profesiones..., *op. cit.* pág. 73 y ss.

199 STC 122/1989, de 6 de julio, FJ 3.

200 STC 42/1986, de 10 de abril, FJ 1.

Pero la misma doctrina jurisprudencial reitera que una actividad laboral o profesional no se convierte en profesión titulada por el simple hecho de estar sujeta a determinadas condiciones o requisitos. En este sentido, la STC 330/1994, de 15 de diciembre, afirma que "[...] el cumplimiento de ciertos requisitos para poder ejercer una determinada actividad profesional es cosa distinta de la creación y ejercicio de una profesión titulada".[201]

Por tanto, a la vista de esta doctrina se distingue entre "título académico oficial", "capacitación oficial" y la identificación de las profesiones tituladas con aquellas para cuyo ejercicio se requiere poseer estudios universitarios acreditados por la obtención del correspondiente "título" oficial. Pero no solo se avala esta distinción

> "sino que dado el reconocimiento constitucional a la libre elección de profesión u oficio (art. 35 C.E.), se perfila la posibilidad de diversos grados de control estatal de las actividades profesionales, según sea la mayor o menor importancia constitucional de los intereses que con su ejercicio se ponen en juego. De manera que cuanta más relevancia social tuvieran dichos intereses, mayor sería el nivel de conocimientos requeridos para el desempeño de la actividad profesional que sobre ellos incidiera [...]".[202]

3.2. Contenido constitucional

Sobre el contenido esencial que la CE protege del derecho a la libre profesión u oficio, el Tribunal Constitucional ha sostenido que este se localiza en el puro acto de elegir la actividad profesional. Sin embargo, sobre el ejercicio profesional constitucionalmente protegido, ha determinado que no hay un con-

---

[201] FJ 2.

[202] STC 111/2015, de 24 de mayo, FJ 5.

tenido esencial, lo que implica que el artículo 36 de la CE no sanciona una reserva genérica del artículo 53.1 de la CE. Por ello, afirma que

> "[...] La regulación de las distintas profesiones, oficios o actividades empresariales, en concreto, no es, por tanto, una regulación del ejercicio de los derechos constitucionalmente garantizados en los arts. 35.1 o 38. No significa ello, en modo alguno, que las regulaciones limitativas queden entregadas al arbitrio de los reglamentos, pues el principio general de libertad que la Constitución (artículo 1.1) consagra autoriza a los ciudadanos a llevar a cabo todas aquellas actividades que la Ley no prohíba, o cuyo ejercicio no subordine a requisitos o condiciones determinadas y el principio de legalidad (arts. 9.3 y 103.1) impide que la Administración dicte normas sin la suficiente habilitación legal. En unos casos, bastarán para ello las cláusulas generales; en otros, en cambio, las normas reguladoras o limitativas deberán tener, en cuanto tales, rango legal, pero ello no por exigencia de los arts. 35.1 y 38 de la Constitución, sino en razón de otros artículos de la Constitución, que configuran reservas específicas de Ley. Este es el caso, y con ello pasamos al último de los puntos antes señalados, del ejercicio de las profesiones tituladas, a las que se refiere el art. 36 de la C.E., y cuya simple existencia (esto es, el condicionamiento de determinadas actividades a la posesión de concretos títulos académicos, protegido incluso penalmente contra el intrusismo) es impensable sin la existencia de una Ley que las discipline y regule su ejercicio. Es claro que la regulación de estas profesiones, en virtud de ese mandato legal, está expresamente reservada a la Ley. También es claro, sin embargo, que dada la naturaleza del precepto, esta reserva específica es bien distinta de la general que respecto de los derechos y libertades se contiene en el art. 53.1 de la C.E. y que, en consecuencia, no puede oponerse aquí al legislador la necesidad de preservar ningún contenido esencial de derechos y libertades que en ese precepto no se proclaman, y que la regulación del ejercicio profesional, en cuanto no choque con otros preceptos constitucionales, puede ser hecha por el legislador en los términos que tenga por conveniente".[203]

---

[203] STC 83/1984, de 24 de julio, FJ 3.

Pues bien, conforme a esta doctrina, al no existir un contenido esencial, la libertad profesional; no puede identificarse con el contenido o perfil de las profesiones existentes.[204] Esto es, como describe CALVO SÁNCHEZ, "la libertad profesional no se identifica con una garantía jurídica de permanencia de las profesiones, sino con el principio de que las profesiones se definen y configuren en libertad".[205] De este modo, la profesión titulada no es un derecho subjetivo ni existe contenido esencial objeto de protección.

En cuanto a la regulación del ejercicio de las profesiones tituladas, conforme al artículo 36 de la CE, le corresponde exclusivamente al legislador determinar los presupuestos y condiciones exigibles para cada profesión, entre los que debe encontrarse la exigencia de un título.

Sobre esta reserva de Ley, la doctrina jurisprudencial reconoce un papel subordinado a la potestad reglamentaria en el ámbito no cubierto por la ley, lo que significa que no puede introducir limitaciones o restricciones no contempladas en la ley, excluyéndose, por tanto, remisiones en blanco al reglamento. En consecuencia, el Tribunal Constitucional considera que el principio de reserva de ley del artículo 36 de la CE tienen unas consecuencias:

> "[…] entraña, en efecto, una garantía esencial de nuestro Estado de Derecho, y como tal ha de ser preservado. Su significado último es el de asegurar que la regulación de los ámbitos de libertad que corresponden a los ciudadanos dependa exclusivamente de la voluntad de sus representantes, por lo que tales ámbitos han de quedar exentos de la acción del ejecutivo y, en consecuencia, de sus productos normativos propios, que son los reglamentos. El principio no excluye, ciertamente, la posibilidad de que las Leyes contengan remisiones a normas reglamentarias, pero sí que tales remisiones hagan posible una

---

[204] Véase STC 103/2018, de 4 de octubre, FJ 7.

[205] CALVO SÁNCHEZ, L., "El derecho y las profesiones…, *op. cit.* pág. 76.

> regulación independiente y no subordinada a la Ley, lo que supondría una degradación de la reserva formulada por la Constitución en favor del legislador.

Esto se traduce en ciertas exigencias en cuanto al alcance de las remisiones o habilitaciones legales a la potestad reglamentaria, que pueden resumirse en el criterio de que las mismas sean tales que restrinjan efectivamente el ejercicio de esa potestad a un complemento de la regulación legal que sea indispensable por motivos técnicos o para optimizar el cumplimiento de las finalidades propuestas por la Constitución o por la propia Ley".[206]

En cuanto al contenido mínimo de esta reserva, se destacan tres elementos esenciales: la existencia misma de la profesión titulada, los requisitos y títulos necesarios para su ejercicio y el conjunto de competencias que se atribuyen.[207] No obstante, esto contrasta con una realidad jurídica en la que existen numerosas normas con rango reglamentario que regulan extensamente la materia.[208]

---

206 STC 83/1984, de 24 de julio, FJ 4. En este sentido, véase, entre otras, SSTC 42/1986, de 10 de abril; 93/1992, de 11 de junio; 111/1993, de 25 de marzo; 112/2006, de 5 de abril; 292/2000, de 30 de noviembre; 201/2013, de 5 de diciembre; 76/2003, de 23 de abril.

207 CALVO SÁNCHEZ, L., "El derecho y las profesiones..., *op. cit.* pág. 77.

208 En este sentido CALVO SÁNCHEZ destaca que son contadas las leyes que específicamente han regulado el ejercicio de profesiones tituladas, y pone como ejemplo la Ley 44/2003, de 21 de noviembre, de ordenación de las profesiones sanitarias. *Cfr.* CALVO SÁNCHEZ, L., "El derecho y las profesiones..., *op. cit.* pág. 78 y ss.

3.3. La ordenación de las profesiones tituladas

La CE se refiere a la "profesión",[209] además de en el artículo 35, en donde, como hemos visto, configura a la profesión como expresión o forma de "trabajo", diferente al "oficio", en el artículo 36, al referirse al "ejercicio de las profesiones tituladas" y, a través del calificativo de organizaciones "profesionales", en los artículos 26, 40.2, 52 y 131.2. La CE menciona la "profesión" en diversos preceptos, añadiendo al concepto unos matices distintos referentes a la formulación terminológica. En el artículo 35 de la Norma Suprema la "profesión" se configura como expresión o forma de "trabajo" diferenciada al "oficio"; en el artículo 36 se refiere al "ejercicio de las profesiones tituladas"; en los artículos 26, 40.2, 52 y 131.2 se señala como el calificativo de organizaciones "profesionales".

VALLE PASCUAL nos introduce en el tema estableciendo el nexo entre "profesión" y "titulación académica":

> "[...] hay acuerdo en la doctrina sobre la tradicional existencia de una 'estable relación convencional entre formación universitaria y profesiones', desde que la Universidad suplantó a los gremios en la tarea,[210] lo cual parece que aconteció en el lejano tránsito entre la Baja y la Alta Edad Media, y que antes de la Constitución española parece que entró en crisis, hasta cuyo momento el título académico implicaba paralelamente, y con el mero cumplimiento de unos requisitos casi burocráticos,[211] la habilitación profesional para el desarrollo de las funciones

---

[209] El *Diccionario de la Real Academia de la Lengua Española* define la "profesión" como el "(...) empleo, facultad u oficio que cada uno tiene y ejerce públicamente".

[210] Véase, VILLAR PALASÍ, J. L.; VILLAR EZCURRA, J. L., "La libertad constitucional del ejercicio profesional ", *Libro homenaje al Profesor García de Enterría, Estudios sobre la Constitución Española, Tomo II, De los Derechos Fundamentales,* Madrid, 1991, p.1376.

[211] BAENA DEL ALCÁZAR, M., *Los Colegios profesionales en el derecho administrativo español,* Montecorvo, Madrid, 1968.

> propias de la técnica correspondiente.[212] La profesión titulada sin otros añadidos era el resultado de la formación académica recibida".[213]

La Constitución, siguiendo los precedentes histórico-jurídicos, ha conectado entitativamente la institución colegial con las profesiones tituladas y su ejercicio. Si bien la regulación de la profesión no es ni puede ser objeto de la potestad normativa de los Colegios profesionales, ya que se trata de una materia que es competencia estrictamente estatal, y respecto de la que los Colegios profesionales únicamente ostentan funciones informadoras en el correspondiente procedimiento de elaboración.[214] En este sentido,

> "El detonante jurídico fundamental del umbral de este cambio habremos de cifrarlo en la declaración que efectúa la Constitución española, cuando señala como competencia exclusiva del Estado la "regulación de las condiciones de obtención, expedición y homologación de títulos académicos y profesionales", en su artículo 149.1.30, apoyándose, además, en dos campos de actuación diferenciables: el académico en la Universidad (artículo 27.10) y el de las profesiones en los Colegios (artículo 36). Obsérvese la trascendencia de la doble adjetivación de los títulos y la utilización de la conjunción copulativa "y" para adicionar sus efectos[215] o, como veremos qué ha ocurrido,

---

212 Según señaló MUÑOZ MACHADO, S., *at al.* en *La libertad de ejercicio de la profesión y el problema de las atribuciones de los Técnicos Titulados*, Madrid, 1983, p. 59.

213 VALLE PASCUAL, J. M., "Las atribuciones profesionales de los técnicos titulados hoy: en el camino a ninguna parte", *La Ley: Revista jurídica española de doctrina, jurisprudencia y bibliografía*, núm. 3, 1995, p. 815 y ss.

214 *Vid.* SOUVIRON MORENILLA, J. M., *La configuración jurídica de las profesiones tituladas en España y en la Comunidad Económica Europea*, Consejo de Universidades, Madrid, 1988. SOUVIRON MORENILLA, J. M., *La Universidad española, claves de su definición y régimen jurídico institucional*, Universidad, Secretariado de Publicaciones, Valladolid, 1988.

215 VALLE PASCUAL afirma "(...) no tiene que ser inexorablemente un único su sentido. Uno y otro título podrían, o no, ser cosa diferente.

> para distanciar unos títulos —los académicos— de otros —los profesionales—, permitiendo atisbar dos formaciones diferenciadas y complementarias".[216]

Sin embargo, como aprecia CALVO SÁNCHEZ, es cierto que en ocasiones no se ha sabido percibir la diferencia que existe entre ordenar el ejercicio de una profesión, como competencia colegial, y regular la profesión, como cometido básico del poder público estatal.[217]

3.3.1. Distinción entre titulación académica y titulación profesional

Esta construcción jurídica ha llevado a que sean consideradas "profesiones tituladas" aquellas cuyo ejercicio exige la previa posesión de un "título académico" o un "título profesional". Ello se desprende del artículo 149.1.30 de nuestra Constitución al referirse a la competencia exclusiva estatal para la: "regulación de las condiciones de obtención, expedición y homologación de títulos académicos y profesionales y normas básicas para el desarrollo del artículo 27 de la Constitución, a fin de garantizar el cumplimiento de las obligaciones de los poderes públicos en esta materia".

El Tribunal Constitucional define la profesión titulada como la "[...] profesión para cuyo ejercicio se requieren títu-

---

El que la ulterior realidad legislativa se haya decantado por la primera posibilidad trae su causa de las anteriores razones doctrinales, lo que unido a otros problemas sociológicos y políticos ha provocado los efectos en cuyo análisis nos explayamos en este estudio". *Vid. VALLE PASCUAL, J. M.; "Las atribuciones profesionales..., op. cit.* pág. 617.

216 VALLE PASCUAL, J. M.; "Las atribuciones profesionales..., *op. cit.* pág. 620.

217 CALVO SÁNCHEZ, L., *Régimen jurídico de los Colegios profesionales,* Unión Profesional, Madrid, 1998, pág. 630.

los, entendiendo por tales la posesión de estudios superiores y la ratificación de dichos estudios mediante la consecución del oportuno certificado o licencia".[218]

A pesar de ello, como expondremos posteriormente, y solo a efectos expositivos, sin menoscabo alguno del concepto constitucional, la denominación de "titulación administrativa" podría ser más precisa que la de "profesional".

Así, por "titulación académica" podemos entender la acreditación de haber superado un ciclo de estudios, un programa de formación de un nivel determinado (primario, secundario o superior; de carácter general o especializado). Podríamos decir, pues, que confirma o avala una formación académica adquirida en un centro educativo, público o privado, de una duración variable. Acredita que el titular posee un conocimiento sobre unas materias determinadas, que son las que forman parte del programa de estudios correspondiente.

La "titulación profesional" o "administrativa" —para nosotros—, en cambio, es un concepto más amplio, por cuanto puede englobar no solo uno o varios títulos o diplomas académicos, sino también otros elementos —como períodos de prácticas o exámenes de Estado— que acreditan tener una cualificación suficiente para ejercer una profesión. De tal manera que el reconocimiento con fines profesionales toma como referencia el título profesional, no solamente el académico.

VALLE PASCUAL propone la diferenciación entre ambas titulaciones sobre la base de la categoría de la norma reguladora. Esta es una opinión que, sin dejar de ser interesante, a nuestro parecer no puede ser básica para extraer consecuencias jurídicas de ella:

> "[...] hemos de fijar con claridad la idea de que el contenido de los títulos profesionales los señala el Parlamento mediante

---

[218] STC 42/1986, de 10 de abril, FJ 1.

> Ley, mientras que el de los títulos académicos los determina el Gobierno mediante Real Decreto, de cuya diferenciación subjetiva y objetiva, aderezada con ciertas gotas de coyuntura política, se derivan los inconvenientes que nos harán comprender la razón de encontrarnos en el camino a ninguna parte".[219]

3.3.2. Tipología de los "títulos" o "titulaciones"

De acuerdo con TOLIVAR ALAS, en nuestro ordenamiento jurídico, podemos distinguir las siguientes cinco clases de "títulos" o "titulaciones", algunos de ellos ligados a la condición de "colegiación", a la que nos referiremos ampliamente con posterioridad:[220]

a) Los "títulos académicos" que conducen directamente a una profesión, incluso sin necesidad de colegiación, como es el caso de los economistas o los periodistas.

b) Los "títulos académicos" que permiten el ejercicio de una o varias profesiones previo acceso al correspondiente Colegio Profesional, tal y como sucede con los licenciados en Derecho, que pueden acceder, entre otras, a las profesiones de abogado y procurador de los Tribunales.

c) Los "títulos académicos" que capacitan para acceder a pruebas de ingreso para el ejercicio de determinadas

---

219 VALLE PASCUAL, J. M.; "Las atribuciones profesionales..., *op. cit.* pág. 820.

220 TOLIVAR ALAS, L., "La configuración constitucional del derecho a la libre elección de profesión u oficio", en MARTÍN-RETORTILLO, S. (Coord.), Estudios sobre la Constitución española: homenaje al profesor Eduardo García de Enterría, vol. 2, Civitas, Madrid, 1991, pág. 1359 y ss.

profesiones públicas como los notarios, registradores o antiguamente los ingenieros de obras públicas.[221]

d) Los "títulos profesionales" que agrupan "títulos académicos" heterogéneos, tal y como sucede con los antiguos agentes de la propiedad inmobiliaria, gestores administrativos o administradores de fincas.

e) Los "títulos profesionales" que no requieren ningún tipo de "título académico" para la superación de las pruebas de aptitud, como es el caso de los agentes y corredores de seguros, directores de seguridad, investigadores privados o hasta hace poco los manipuladores de alimentos.

En este último supuesto, cabe precisar que no siempre es necesaria la superación de alguna prueba de aptitud o examen, sino que, en algunos casos, puede accederse al título profesional con la superación de un curso selectivo, como señalan las normas europeas. Este es el caso de los directores de seguridad que pueden optar por superar unas pruebas del Ministerio de Interior o superar unos cursos de formación continuada acreditados por el mismo ministerio.[222]

Ahora bien, a nuestro parecer, cabría añadir otro tipo, que cubre un número cada vez mayor de supuestos:

a) Los "títulos académicos" que requieren de un "título profesional" especializado para el ejercicio de determinadas actividades que, si bien se hallan en el mismo ámbito académico, precisan de una especial capacitación o de una formación técnica complementaria. Así, para los médi-

---

221 De alguna manera, en esta categoría podrían incluirse las pruebas MIR para los licenciados en medicina que quieren acceder al sector público.

222 Art. 29.1 b) de la Ley 5/2014, de 4 de abril de Seguridad Privada y art. 6.1 Orden INT/318/2011, de 1 de febrero, de Personal de seguridad privada.

cos que se dedican a la experimentación con animales[223] o que tienen que desempeñar sus funciones utilizando sustancias o técnicas radiactivas o nucleares,[224] o que se dedican a la cirugía estética.[225]

Para caracterizar más ampliamente el concepto de "título profesional", podemos acudir al contenido de las directivas europeas. Las directivas que establecen sistemas generales de reconocimiento profesional toman en consideración los títulos que acreditan que su titular ha cursado:[226]

b) Un ciclo de estudios de un nivel y duración determinados, que varían según la directiva, y

c) la formación profesional eventualmente requerida además de ese ciclo de estudios.

Observemos como la norma nos indica que la primera parte de contenido a) equivaldría al título académico según la definición que hemos dado *supra,* mientras que la segunda parte b) estaría integrada por esos otros elementos que complementan

---

223 Orden ECC 566/2015, de 20 de marzo, por la que se establecen los requisitos de capacitación que debe cumplir el personal que maneje animales utilizados, criados o suministrados con fines de experimentación y otros fines científicos, incluyendo la docencia.

224 Real Decreto 770/2014, de 12 de septiembre, por el que se establece el título de Técnico Superior en Imagen para el Diagnóstico y Medicina Nuclear y se fijan sus enseñanzas mínimas.

225 Real Decreto 881/2011, de 24 de junio, por el que se establece el título de Técnico Superior en Estética Integral y Bienestar y se fijan sus enseñanzas mínimas.

226 Directiva 2005/36/CE, de 7 de septiembre, de Reconocimiento de cualificaciones profesionales, modificada por la Directiva 2013/55/UE, de 20 de noviembre. Se incorpora al ordenamiento jurídico español mediante el Real Decreto 581/2017, de 9 de junio.

la formación académica con vistas a su aplicación en el nuevo campo profesional especializado.[227]

En definitiva, el "título" acredita que se han cursado y aprobado los estudios de aquellas materias cuyo conocimiento se exige para iniciar las actividades profesionales especializadas y normalmente de nueva creación. Así, en cualquiera de los dos casos, la "titulación" supone poseer las aptitudes y conocimientos suficientes para desempeñar una determinada actividad profesional.

Aun compartiendo la claridad expositiva de la distinción realizada sobre la base de las denominaciones establecidas por la CE, nos parece oportuno hacer algunas precisiones conceptuales a la categoría de "título profesional", que pueden hallar su soporte en la jurisprudencia constitucional.[228]

En primer lugar, podría señalarse la mayor exactitud del término "título administrativo", puesto que éste pone más el acento en el papel de la Administración pública en el control de la actividad que en la profesión misma. La intervención administrativa en el conjunto de actividades sometidas a "titulación profesional" debe ser más intensa por la propia ausencia de "titulación académica", que ya *per se* comporta una amplia y variada fiscalización administrativa a través de una plurali-

---

227 Véase arts. 19, 20, 21 y 22 del Real Decreto 581/2017, de 9 de junio.

228 La doctrina constitucional se reitera desde la Sentencia 42/1981, de 22 de diciembre afirmando que "no todas las actividades laborales, los oficios o las profesiones, en sentido lato son o constituyen profesiones tituladas". Como ha declarado en la STC 83/1984 "tales profesiones tituladas existen cuando se condicionan determinadas actividades a la posesión de concretos títulos académicos" y en un sentido todavía más preciso, la STC 42/1986 define las profesiones tituladas como "aquellas para cuyo ejercicio se requieren títulos, entendiendo por tales la posesión de estudios superiores y la ratificación de dichos estudios mediante la consecución del oportuno certificado o licencia".

dad de instrumentos: la acreditación del centro de estudio, la aprobación del plan de estudios, la cualificación profesional del profesorado, la superación de las disciplinas, etc. De tal suerte que la denominación de "titulación profesional" podría englobar tanto al "título académico" como al "título administrativo". En este sentido, parece pronunciarse el Alto Tribunal en la Sentencia 122/1989, de 6 de julio:[229]

> "(...) la sujeción a determinadas condiciones o el cumplimiento de ciertos requisitos para poder ejercer una determinada actividad laboral o profesional es cosa bien distinta y alejada de la creación de una profesión titulada en el sentido antes indicado. Es así posible que, dentro del respeto debido al derecho al trabajo y a la libre elección de profesión u oficio (artículo 35 CE) y como medio necesario para la protección de intereses generales, los poderes públicos intervengan el ejercicio de ciertas actividades profesionales, sometiéndolas a la licencia administrativa o a la sujeción de ciertas pruebas de aptitud".[230]

En segundo lugar, asimismo, podría distinguirse entre "profesiones tituladas académicas", es decir, aquellas que requieren estudios universitarios acreditados por la correspondiente titulación oficial –a las que llamamos, "profesiones tituladas *strictu sensu*", de otras cuyo ejercicio se halla sometido a la previa obtención de una autorización o licencia administrativa o a la superación de ciertas pruebas de aptitud, dotándolas de un "carné profesionalizador" que se puede obtener en algunos casos solo con la posesión de un título académico universitario o no y, en otros, sin titulación alguna previa – que denominamos, "profesiones tituladas administrativas" o "profesiones tituladas *lato sensu*".[231]

---

229 Se reitera en las SSTC 111/1993, de 25 de marzo; 225/1993, de 8 de julio; 118/1996, de 27 de junio; 154/2005, de 9 de junio; entre otras.

230 FJ 3.

231 Así se desprende de las SSTC 122/1989, de 6 de julio; 83/1984, de 24 de julio y 111/1993, de 25 de marzo.

En tercer lugar, en algunos supuestos de los englobados en la categoría, la denominación "carné profesionalizador" –a la que ya nos hemos referido-, para evidenciar que la correspondiente "titulación administrativa" se plasma en un documento identificativo que pone de manifiesto la capacitación de su titular para el ejercicio de una determinada actividad profesional. A pesar de ello, no nos parece demasiado precisa, pues se utiliza para enunciar la categoría jurídica, la denominación del documento acreditativo de la misma, que no tiene por qué ser en todos los casos un "carné".

3.3.3. La interrelación entre títulos académicos y profesionales. Perspectivas de reforma

La Ley de Colegios Profesionales –y sus modificaciones–,[232] en opinión de VALLE PASCUAL, por su coetaneidad a la CE, no pudieron estar alertas a la posible disimilitud apuntada entre títulos y denominaciones. Pero ni a una ni a otra ha de corresponder la determinación de las "condiciones generales de las funciones profesionales, entre las que figurarán [...] los títulos oficiales requeridos", sino a otras posteriores normas que

[232] Ley 2/1974, de 13 de febrero, modificada por la Ley 74/1978, de diciembre; el Real Decreto-ley 5/1996, de 7 de junio, de medidas liberalizadoras en materia de suelo y de Colegios profesionales; la Ley 7/1997, de 14 de abril, de medidas liberalizadoras en materia de suelo y de Colegios profesionales; el Real Decreto-ley 6/1999, de 16 de abril, de medidas urgentes de liberalización e incremento de la Competencia; Real Decreto-ley 6/2000, de 23 de junio, de medidas urgentes de intensificación de la competencia en los Mercados de bienes y servicios; Ley 25/2009, de 22 de diciembre, de modificación de diversas leyes para su adoptación a la Ley sobre el libre acceso a las actividades de servicios y su ejercicio; Ley 5/2012, de 6 de julio, de mediación en asuntos civiles y mercantiles; Ley 3/2020, de 18 septiembre, de medidas procesales y organizativas para hacer frente al COVID-19 en Justicia.

en su caso se dicten con tal fin. Desde esta perspectiva el legislador debería decantarse por una de estas tres alternativas:[233]

a) Vinculación rígida entre títulos académicos y profesionales, teniendo en cuenta que esta solución, sencilla y lineal, conduce a un talante más práctico de los estudios universitarios, pero a una relativa pérdida de personalidad de las profesiones.

b) Vinculación flexible que acoja el anterior sistema para las profesiones tradicionales y para las contempladas actualmente o en el futuro por Directivas, permitiendo, en los demás casos, una mayor flexibilidad.[234]

c) Desvinculación entre título y profesión, con lo que se evitaría el fraccionamiento al que se ha llegado a veces al expresar en el documento oficial el centro, la sección o subsección de que es tributario. Así, las directrices de los Planes de Estudio podrían elaborarse más atentas a su funcionalidad educativa global, pero sin un Colegio Profesional cuidador de las actividades.

En relación a esta última posibilidad, pero también en general, como señala BAENA DEL ALCÁZAR, como curiosamente, el sistema de títulos español y el de la Unión Europea se producen en direcciones inversas, pues "en el Derecho de las Comunidades, tanto en el tratado como en las directivas, la formación y los títulos están en función del ejercicio profesional y no a la

---

233 VALLE PASCUAL, J. M.; "Las atribuciones profesionales…, *op. cit.* pág. 822.

234 BAENA DEL ALCÁZAR estima que éste es el posicionamiento preferido por el Ministerio de Educación y Ciencia, decantado tras la organización reciente de estudios de nueva creación, e incluso recreación, como los de Odontología, por Ley 10/1986 de 17 de marzo y Real Decreto 970/1986, de 11 de abril, que meramente transcribirán la correspondiente directiva comunitaria. *Vid.* BAENA DEL ALCÁZAR, M., *Los Colegios profesionales…*, *op. cit.* pág. 96.

inversa" mientras que en el sistema español es el ejercicio profesional el que está en función de los títulos académicos, y de ahí que a cada titulación académica con trascendencia en el ámbito profesional liberal, acompañe la existencia de un Colegio profesional de igual denominación que la correspondiente carrera universitaria. De este ejemplo podremos deducir la dirección a la que parecen encaminarse los pasos del legislador español cuando pretenda seguir la línea dura, pues de acometer la blanda, emprendería la de la vinculación flexible.[235]

3.3.4. Caracterización, ejercicio y tipología de la "profesión"

Tomando como base lo expuesto con anterioridad y siguiendo a ARIÑO ORTIZ, podríamos caracterizar la "profesión" por las siguientes notas:[236]

a) Actividad principal y habitual de cada persona.

b) Se constituye como ocupación ejercida públicamente, es decir, expresamente afirmada, sea en la manifestación *de facto* que implica la dedicación habitual, sea formalmente a través de expresiones diversas (colegiación, inscripción en un registro, obtención de licencia o autorización, etc.).

c) Que determina un *estatus* social en tanto que "puesto de servicio" ocupado por un individuo en una sociedad con división del trabajo, lo que implicará una determinación de los perfiles y competencias profesionales.

d) Comporta una retribución por dicha actividad.

---

235 BAENA DEL ALCÁZAR, M., *Los Colegios profesionales…, op. cit.* pág. 96.

236 ARIÑO ORTIZ, G. y SOURIVON MORENILLA, J. M., *Constitución y Colegios profesionales. Una reflexión sobre las corporaciones representativas,* Unión Editorial, Madrid, 1984, pág. 100-101.

Podría añadirse, como nota esencial, la experiencia y pericia en la actividad que se deriva del carácter habitual de su realización, nota esta que ha llevado a algunos autores a estimar que no se adquiere la condición de profesional por la mera obtención de un título académico que acredita conocimientos teóricos ni por la inscripción en un registro o la incorporación a un colegio, sino por el transcurso del tiempo ejercitando esa actividad.[237] En muchos países, el poder público suele decidir que, para ejercer determinados oficios o profesiones, es requisito indispensable haber demostrado poseer conocimientos necesarios para desempeñar tal profesión. En este sentido, se pronuncia FANLO LORAS: "Hay que hablar también de 'inflación' en otro sentido. No debiera bastar para la colegiación la simple posesión del título académico correspondiente, sin contar con otras exigencias que justifiquen la competencia profesional del candidato".[238]

---

[237] Así, SAINZ MORENO, F., *La Constitución española de 1978,* Tomo III, Madrid, 1983, p. 513, critica el actual ordenamiento jurídico español, que no suele exigir una previa fase de formación profesional, y atribuye la condición profesional por el cumplimiento de los requisitos citados, aunque el interesado carezca de la menor formación y experiencia profesional. Y en este sentido afirma: "Esto es contrario a la noción misma de profesión y provoca el contrasentido de atribuir competencias y exigir responsabilidades típicamente profesionales a quien carece de las condiciones necesarias para que le sean atribuidas o exigidas".

[238] FANLO LORAS, A., *El debate sobre colegios profesionales y cámaras oficiales: la administración corporativa en la jurisprudencia constitucional,* Civitas, Zaragoza, 1992, pág. 148, manifiesta: "Así ocurre, por ejemplo, en España, con los Colegios de Abogados que, en buena medida se convierten en Colegios de Licenciados. Fenómeno, hay que decirlo, que es insólito en Europa. Un Abogado es un Licenciado con muy otras cualificaciones. Por ello la admisión de la figura del colegiado sin ejercicio no tiene sentido (ya lo señaló en su momento SAINZ MORENO). Por estas razones debe procederse a una profunda revisión del actual sistema de admisión de los colegiados e instaurar un sistema adecuado de admisión al ejercicio profesional que, en sus aspectos fundamentales, debe regularse por ley".

El Profesor MUÑOZ MACHADO *et al.*, nos exponen cómo, a su parecer, el "ejercicio libre" de las profesiones tituladas en España está sometido a un triple requisito:[239]

a) La culminación de los estudios académicos correspondientes, realizados en los centros especialmente dedicados a impartir estas enseñanzas.

b) La inscripción en el Colegio Oficial que agrupa a todos los profesionales de la misma titulación.

c) El desarrollo de la práctica profesional en un campo previamente delimitado por las normas, que asignan a cada grupo un conjunto de competencias más o menos específico y determinado.

Siguiendo a ARIÑO y SOUVIRON, podríamos distinguir las "profesiones" atendiendo a diferentes criterios.[240]

a) En cuanto a la "sujeción jurídica" de la profesión: Profesión libre. Esta es la no sometida, como tal, a una regulación jurídica, y profesión sujeta, como la opuesta. Normalmente, los requisitos jurídicamente condicionantes de la profesión sujeta son la posesión de un título académico o profesional, como requisito previo, y la exigencia de licencias, autorizaciones o permisos administrativos o fiscales, indistintamente o de modo superpuesto. La colegiación obligatoria para ejercer la profesión aparecería, pues, como requisito jurídico previo de una profesión para poder ser ejercida.

b) En cuanto a relación de dependencia del sujeto respecto a otro sujeto o entidad: Profesión dependiente. Esta es

---

239 MUÑOZ MACHADO, S., PAREJO ALFONSO, L. y RUILOBA SANTANA, E., *La libertad de ejercicio…*, *op. cit.* pág. 25.

240 ARIÑO ORTIZ, G. y SOURIVON MORENILLA, J. M., *Constitución y Colegios profesionales…*, *op. cit.* pág. 102-104.

aquella que implica la prestación por tiempo indefinido, normalmente en el seno de una organización o empresa, con un empleador permanente que puede controlar y exigir al profesional conforme a pautas jurídicas dadas (contractuales o estatutarias), y profesión independiente, aquella en que no se dan estas notas.

c) En cuanto al objeto de la profesión, de acuerdo con SAVATIER y HUSSON, podemos establecer una capital y clásica distinción arraigada en nociones muy lejanas: Profesión liberal es aquella que, de carácter fundamentalmente espiritual más que intelectual, se concreta en una actividad de medios y no de resultados, en un esfuerzo no mensurable en que lo definitivo es psicológicamente la relación de confianza existente entre el profesional (médico, jurista, notario, etc.) y el cliente (esa es la razón del secreto profesional). El profesional aparece como un iniciado, un sabio o un consejero íntimo. En el orden sociológico, lo determinante es que los miembros de una profesión liberal forman una aristocracia, casta o clase de orden espiritual e intelectual que se expresa en fórmulas rituales, autodisciplina y control de acceso al grupo. Profesión económica, como opuesta a la liberal, es aquella actividad –artesanal, comercial, industrial, manual, etc.- referida a la producción, cambio y consumo de riqueza y que, por tanto, no se desarrolla a través de un haz de relaciones personales, sino económicas, en las que lo definitivo es la obligación de resultados.[241]

Los términos de estas tres distinciones, –que podrían sin duda aumentarse de acuerdo con los criterios utilizados al respecto–, han cedido curiosamente ante la generalización de sólo uno de ellos, pudiendo afirmarse que la realidad nos lleva

---

241 SAVATIER, R., "L'origine et le développement du Droit des professions libérales", en *Archives de philosophie du droit,* (1953-1954), pág. 45 y ss.

hacia una preponderancia de las profesiones sujetas, mediante la progresiva juridificación de las mismas (a través de las técnicas para su protección, por la vía de la exigencia de un título académico o profesional, o por el intervencionismo administrativo con fines de garantía social o meramente fiscales); de las *profesiones dependientes*, mediante el desarrollo progresivo de las actividades profesionales en, o por cuenta de, organizaciones públicas o privadas, con carácter permanente –el ejemplo característico es la medicina socializada por vía de seguros públicos o privados–. Y, sobre todo, andamos con paso decidido hacia la concepción de las profesiones económicas en detrimento de la clásica que subyace en las profesiones liberales.

3.3.5. El interés público como fundamento del establecimiento de una determinada titulación

El objetivo de mejorar la calidad del servicio profesional prestado adquiere una importancia determinante en el cumplimiento de la cual concurre un interés público, puesto que tanto en las profesiones de titulación académica como las de titulación administrativa, la intervención administrativa no solo concuerda con los principios constitucionales, sino que es deseable por su concordancia con el interés público, que se manifiesta en un amplio conjunto de finalidades que la actividad debe perseguir: ordenación, garantía del servicio, preservación de los derechos fundamentales, calidad, eficiencia, eficacia, deontología, higiene, salud, seguridad, etc.

En este sentido, se ha pronunciado DEL SAZ al referirse a las nuevas profesiones sobre las que los poderes públicos extienden sus facultades de intervención:

> "Conviene, sin embargo, poner de manifiesto que la apreciación del interés público que subyace en el ejercicio de cada profesión ha ido alterándose con el tiempo, ya que cada día más el legislador tiende a extender la reserva de actividad a ti-

tulaciones académicas antes inexistentes en un intento de conseguir mejorar la calidad del servicio profesional prestado".[242]

Es preciso poner de manifiesto que es posible la intervención y el control en actividades en las que no exista una "reserva de actividad" para una profesión o actividad que, como la de "mediador",[243] puede ser ejercida por personas dotadas de diferentes títulos académicos (jurista, psicólogo, sociólogo, etc.)[244].

No existe tan solo reserva para las profesiones tituladas académicas, cada vez más se observa que los poderes públicos –

---

242 DEL SAZ CORDERO, S., *Los Colegios Profesionales,* Marcial Pons, Madrid, 1996, pág. 82.

243 El desarrollo de la mediación se arraiga en la directriz firme de la UE que indica la necesidad de utilización de métodos alternativos en la resolución de conflictos "MASC" y se basa en la Directiva 2008/52/CE, de 21 de mayo (Directiva sobre Mediación). El Informe-A8-0238/2017 de Parlamento Europeo, relativo a la aplicación de la Directiva sobre Mediación, en cuanto a la formación de mediadores señala que la mayoría de los Estados miembros regulan la formación inicial de esta profesión, además de su obligatoriedad. En España, tanto la figura como la profesión están reguladas en la Ley 5/2012, de 6 de julio, de mediación en asuntos civiles y mercantiles, desarrollado por el Real Decreto 980/2013, de 13 de diciembre y Orden JUS/746/2014, de 7 de mayo. Título III de la mencionada Ley regula el Estatuto del Mediador y en su art. 11 establece dos requisitos necesarios para el ejercicio de la "profesión": título oficial universitario o de formación profesional superior y formación específica que se concluye en superación "de uno o varios cursos específicos impartidos por instituciones debidamente acreditadas". El artículo no distingue ni dirección, ni la rama de estudios, lo que permite desarrollar esta profesión de forma prácticamente libre a cualquier persona que tenga el primer requisito "superado". Y, a pesar de que la figura de mediación es inicialmente del ámbito civil y/o mercantil, en relaciones del ámbito laboral hace tiempo también se estableció como obligatoria.

244 Sobre la mediación en el procedimiento contencioso-administrativo, *vid.* FUENTES I GASÓ, J. R., "La mediación intrajudicial en el procedimiento contencioso-administrativo", en GIFREU I FONT, J., (Dir.), *Litigación administrativa,* Tirant lo Blanch, Valencia, 2022, págs. 747-770.

central o autonómico– regulan profesiones o actividades para el ejercicio de las cuales se exige una autorización o titulación administrativa y, a pesar de que parezca que deba existir menor grado de intervención, esta se justifica, sin lugar a dudas, por el interés público subyacente a la actividad. El interés se basa en que, aun no exigiéndose titulación académica, esta actividad profesional requiere también una clarificación, una mejora de la calidad del servicio profesional, una especialización y unos principios deontológicos y profesionales.

Así, en estas profesiones con una titulación administrativa o de simple autorización (investigador privado, director de seguridad, etc.) la exigencia de una intervención pública que clarifique el estatuto profesional, los derechos del consumidor o de los destinatarios de la actividad del servicio, no solo tiene que existir, sino que debe ser más intensa que en aquellas profesiones o actividades profesionales que podríamos tildar de clásicas (abogado, médico, arquitecto, etc.).

En este sentido, el Tribunal Constitucional ha proclamado la constitucionalidad de la intervención en cualquier profesión como, por ejemplo, en los agentes y corredores de seguros al afirmar que:

> "en el caso de estas profesiones sometidas a intervención administrativa pero no tituladas, el título competencial de relevancia no es el art. 149.1.30 de la Constitución sino el que corresponda por razón de la actividad (...). La mediación en seguros no es una "profesión titulada", en el sentido del término a efectos del deslinde competencial, para ser mediador titulado no es preciso poseer estudios superiores o un título académico, basta con aprobar una prueba selectiva de aptitud organizada por el Consejo General de Colegios de Mediadores, e incluso, con superar un simple curso de formación".[245]

En la medida en que los poderes público, central o autonómico, han desarrollado una regulación con el objetivo de

---

245 STC 330/1994, de 15 de diciembre, FJ 2.

establecer una titulación administrativa –a pesar de que no sea académica–, se observa un indudable interés público en ordenar la profesión para que esta actividad se realice de manera eficaz y con las máximas garantías para los ciudadanos. Un ejemplo paradigmático de ello es, sin lugar a dudas, el mundo de la seguridad, en el que la Administración pública ha establecido que, por ejemplo, los responsables de una gran superficie, de un edificio o de determinadas áreas, deben poseer un título administrativo de "director de seguridad".[246]

El establecimiento de un título administrativo demuestra el interés público subyacente por la ordenación de una nueva profesión. El siguiente paso, que podría ser la creación de un Colegio Profesional, gozaría de una justificación congruente puesto que radicaría en la misma finalidad pública para la cual se creó la titulación administrativa. En ambas actuaciones, el objetivo inequívoco es la consecución del interés público, concretado en asegurar los derechos de los ciudadanos, asegurar la cualificación profesional, garantizar la calidad y la seguridad en el servicio, fomentar la innovación y la competencia en la actividad profesional. En este sentido, como veremos posteriormente, la colegiación voluntaria o, incluso, la obligatoria, pueden ser un instrumento muy efectivo para la ordenación de la profesión y de la propia actividad profesional con el objeto de cumplir las finalidades de interés público, a pesar de disponer de una titulación inferior o de no poseerla, estas actividades tienen un impacto y una relevancia ciudadana, a menudo superior a la de otras profesiones de alta titulación académica.

3.3.6. La exigencia de "titulación" como limitación de derechos

La exigencia de un título profesional o académico para el ejercicio de una actividad profesional que hasta ese momento

---

[246] Art. 36 de la Ley 5/2014, de 4 de abril, de Seguridad Privada.

era libre implica una limitación de la libertad personal que, a la luz de la CE, sólo puede establecerse por ley, *ex* artículos 53 y 36. En cualquier caso, el Tribunal Constitucional ha puntualizado que sólo puede producirse cuando lo exija el interés público y no afecte a la esencia de los derechos y libertades constitucionalmente reconocidos.[247]

En virtud de lo dispuesto en el artículo 149.1.30 de la CE, el Estado tiene competencia exclusiva para la "regulación de las condiciones de obtención, expedición y homologación de títulos académicos y profesionales [...] a fin de garantizar el cumplimiento de las obligaciones de los poderes públicos en esta materia". Sobre la interpretación que ha de darse a este precepto, el Tribunal Constitucional se ha pronunciado en reiteradas ocasiones. Así, en la Sentencia 42/1981, de 22 de diciembre, declaró que la competencia reservada al Estado por el artículo 149.1.30, incluye la habilitación para el ejercicio de las profesiones tituladas:

> "[...] comprende como tal la competencia para establecer los títulos correspondientes a cada nivel y ciclo educativo, en sus distintas modalidades, con valor habilitante tanto desde el punto de vista académico como para el ejercicio de profesiones tituladas, es decir, aquéllas cuyo ejercicio exige un título (ad. ex. Graduado Escolar; Bachiller; Diplomado; Arquitecto Técnico o Ingeniero Técnico en la especialidad correspondiente; Licenciado, Arquitecto, Ingeniero; Doctor), así como comprende también la competencia para expedir los títulos correspondientes y para homologar los que no sean expedidos por el Estado".[248]

Posteriormente, en la Sentencia 122/1989, de 6 de julio, el Alto Tribunal ha reiterado el ligamen entre el "título" y la "profesión titulada":

---

247 En este sentido, las SSTC 42/1986, de 10 de abril, FJ 1; 386/1993, de 23 de diciembre, FJ 3; 5 de junio de 2012, FJ 5.

248 FJ. 3. La misma doctrina se reitera en las SSTC 82/1986 y 122/1989, de 6 de julio; entre otras.

> "la competencia que los órganos centrales del Estado tienen para regular las condiciones de obtención, expedición y homologación de los títulos profesionales se vincula directamente a la existencia de las llamadas profesiones tituladas [...]".

Así, como consecuencia natural de lo anterior, la jurisprudencia constitucional establece que:

> "[...] la sujeción a determinadas condiciones o el cumplimiento de ciertos requisitos para poder ejercer una determinada actividad laboral o profesional es cosa bien distinta y alejada de la creación de una profesión titulada en el sentido constitucional. [...] Es así posible que, dentro del respeto debido al derecho al trabajo y a la libre elección de profesión u oficio (artículo 35 CE) y como medio necesario para la protección de intereses generales, los poderes públicos intervengan el ejercicio de ciertas actividades profesionales, sometiéndolas a la licencia administrativa o a la sujeción de ciertas pruebas de aptitud. Pero, como se acaba de señalar, la exigencia de tales requisitos, autorizaciones, habilitaciones o pruebas no es, en modo alguno, equiparable a la creación o regulación de los títulos profesionales, a que se refiere el artículo 149.1.30 de la CE, ni guarda relación con la competencia que este precepto constitucional reserva al Estado".[249]

Cuando, además se exige la incorporación a un Colegio profesional, las profesiones se convierten en "profesiones colegiadas".[250] El Tribunal Constitucional ha declarado que "las profesiones tituladas existen cuando se condicionan determinadas actividades a la posesión de concretos títulos académicos" y, en un sentido más preciso, la Sentencia 42/1986, de 10 de abril indica que:

---

249 STC 122/1989, de 6 de julio.

250 La exigencia de colegiación obligatoria para el ejercicio de una profesión titulada convierte a ésta en una "profesión colegiada", lo que implica una nueva limitación de libertad del ejercicio profesional que sólo puede ser impuesta por el legislador.

> "La reserva de ley prevista en el artículo 36 CE, en cuanto al establecimiento del régimen jurídico de los colegios profesionales y al ejercicio de las profesiones tituladas, constituye una garantía de las libertades y derechos de los ciudadanos, de modo que, corresponde al legislador, atendiendo a las exigencias del interés público y a los datos producidos por la vida social, considerar cuándo la profesión debe dejar de ser eternamente libre para pasar a ser profesión titulada, esto es, profesión para cuyo ejercicio se requieren títulos, entendiendo por tales la posesión de estudios superiores y la ratificación de dichos estudios mediante la consecución del oportuno certificado o licencia".

Quizá por ello, parte de la doctrina entiende que la noción constitucional de "profesión" es muy amplia. Así, el Profesor SAINZ MORENO interpreta que el artículo 35 se refiere con esa noción,

> "[...] no a determinados tipos de profesiones configuradas por la ley o por los usos, sino a cualquier actividad lícita que una persona elige actividad propia y duradera, tanto si constituye su medio de vida como si sólo es expresión de su personalidad".[251]

Por su parte, ARIÑO ORTIZ,[252] entiende que

> "[...] en el artículo 35.1, la inclusión del término 'profesión' en oposición a 'oficio' como explicitación del genérico derecho-deber al trabajo, en conexión directa con el 'derecho a una remuneración suficiente', y en íntima ligazón con la previsión constitucional de un Estatuto de los trabajadores, está trazando un concepto 'laboralista' de la profesión. Por tanto, de exigir una noción constitucional de profesión, no andaría lejos de la de Ihering: 'puesto de servicio ocupado por un individuo en una sociedad con división del trabajo".

---

251 SAINZ MORENO, F., *La Constitución...*, op. cit. p. 512.

252 ARIÑO ORTIZ, G. y SOURIVON MORENILLA, J. M., *Constitución y Colegios profesionales..., op. cit.* pág. 97 y ss.

Asimismo, la exigencia de titulación profesional puede representar, subjetivamente, una limitación al derecho de libertad de empresa –consagrado en el art. 38 de la CE– que, en principio, no requiere para su ejercicio más que la capacidad para contratar. Objetivamente, constituye una barrera que selecciona el acceso al ejercicio de aquella actividad restringiendo con ello el número de posibles oferentes del servicio. No obstante, esta restricción puede estar justificada en la medida en que la protección de los usuarios de los servicios profesionales aconseje prohibir su prestación a quien no tenga los conocimientos especializados pertinentes. La justificación se debilita cuando no son imprescindibles conocimientos especializados o cuando los exigidos no están en relación directa con la actividad a ejercer; pues recordemos que el precepto constitucional citado dispone que "[...] los poderes públicos garantizan y protegen su ejercicio [de la libertad de empresa] y la defensa de la productividad [...]".[253]

Cuando se compara España con otros países de nuestro entorno, se puede observar que en algunos países no se exige titulación para algunas profesiones –por ejemplo, los arquitectos en Irlanda– y sin embargo hay otras profesiones para las que, en esos mismos países, se exige titulación mientras que en España se pueden ejercer sin título. Cuestión distinta es cuando se crea un Colegio acotando un sector de actividad que no se corresponde con el contenido de ningún título académico determinado y se atribuye en exclusiva a quienes tengan alguno de una serie de títulos y, eventualmente, superen ciertas pruebas. Así, por ejemplo, los agentes de la propiedad inmobiliaria o los agentes de la propiedad intelectual, etc.[254]

---

253 *Vid.* Tribunal de Defensa de la Competencia. *Informe sobre el libre ejercicio de las profesiones. Propuesta para adecuar la normativa sobre profesiones colegiadas al régimen de libre competencia vigente en España,* 1992, pág. 22.

254 *Ibidem,* pág. 23.

Capítulo IV.

EL RÉGIMEN JURÍDICO DE LOS COLEGIOS PROFESIONALES

1. INTRODUCCIÓN

Los Colegios Profesionales se han configurado, históricamente, como una estructura capaz de conciliar los intereses profesionales con los derechos de sus destinatarios.

En la CE se encuentran diversas referencias a estas corporaciones. Así, el artículo 36 de la CE configura los grandes rasgos de estas corporaciones, estableciendo que: "la ley regulará las peculiaridades propias del régimen jurídico de los Colegios profesionales y el ejercicio de las profesiones tituladas. La estructura interna y el funcionamiento de los Colegios profesionales deberán ser democráticos". Pero de forma indirecta, la CE también se refiere a estas corporaciones en el artículo 22 relativo al derecho de asociación; en el artículo 139 sobre la libertad de circulación y establecimiento de las personas en todo el territorio español; y en el artículo 149.1.18 cuando regula las bases del régimen jurídico de las Administraciones Públicas y del procedimiento administrativo común; y el apartado 30 en cuanto a la condiciones de obtención, expedición y homologación de títulos académicos y profesionales.

Así, sobre esta base constitucional, los Colegios Profesionales se constituyen como entidades que satisfacen exigencias sociales de interés general, y que se definen por el apartado primero del artículo 1 de la Ley 2/1974, de 13 de febrero, sobre Colegios profesionales (en adelante, LCP) como "Corporaciones de Derecho público amparadas por la Ley y reconocidas por el Estado "con personalidad jurídica propia y plena capacidad de obrar para el cumplimiento de sus fines". Además, en el apartado tercero del citado precepto se prevén los fines esenciales que persiguen los Colegios Profesionales: "la ordenación del ejercicio de las profesiones, la representación institucional exclusiva de las mismas cuando estén sujetas a colegiación obligatoria, la defensa de los intereses profesionales de los colegiados y la protección de los intereses de los consumidores y usuarios de los servicios de sus colegiados [...]".[255] Pero para el cumplimiento de estos fines, los Colegios Profesionales, de acuerdo con el artículo 5 de la LCP, tienen atribuidas una serie de funciones, las cuales pueden ser agrupadas en dos grandes bloques: por un lado, funciones privadas o de interés particular para sus miembros, como es la representación de los intereses de la profesión, y, por otro lado, funciones públicas o de interés general, entre las que destacan las de información, consulta y colaboración con la Administración.

La entrada en vigor de la Directiva de Servicios y las leyes de transposición y la modificación de la Ley de Colegios Profesionales mediante la Ley Ómnibus (Ley 25/2009, de 22 de diciembre), ha provocado y así continúa un cambio en la posición jurídica de estas corporaciones en nuestro ordenamiento jurídico.

A pesar de que el estudio de las "titulaciones profesionales" es el objeto central de nuestro trabajo, ha sido preciso introducir, eso sí sin pretensión alguna de exhaustividad, en el diseño y algunos aspectos de los Colegios profesionales, debido a la indisoluble unión a que tanto la doctrina como la jurisprudencia ha sometido a ambas cuestiones. Una relación estrechísima

---

255 Modificado por el artículo 5 de la Ley 25/2009, de 22 de diciembre, de modificación de diversas leyes para su adaptación a la Ley sobre el libre acceso a las actividades de servicios y su ejercicio.

presidida por la bendición del Estado, tal como afirma HERRERO DE MIÑÓN,

> "El Estado no tiene medios para penetrar en estos millares y millares de relaciones que se establecen entre los clientes y los profesionales y, aunque los tuviera, no podría penetrar en ese recinto íntimo de la relación porque está vedado por el secreto profesional. Una experiencia de siglos nos demuestra que la única manera de asegurar eficazmente la vigencia, el respeto por parte del profesional de su deontología es a través de la vigilancia ejercida por sus propios compañeros en los Colegios Profesionales".[256]

Si bien, como ya hemos manifestado, la materia colegial no es central en este trabajo, parece oportuno que analicemos la situación anterior a la Directiva de Servicios y las leyes de transposición, la situación actual tras la entrada en vigor de esas normas y las perspectivas de futuro.

2. MARCO PREVIO A LA DIRECTIVA DE SERVICIOS Y LAS LEYES PARAGUAS Y ÓMNIBUS

2.1. Origen histórico y naturaleza jurídica

Para analizar el impacto de la nueva legislación en la estructura de los Colegios Profesionales es necesario hacer una breve reseña del origen histórico de estas instituciones. Los problemas actuales de estas son el resultado del origen y de la ambigüedad de la naturaleza jurídica.

---

256 HERRERO DE MIÑÓN, M., "Los colegios profesionales en la Constitución", en *Boletín de la Facultad de Derecho de la UNED,* núm. 6, (1995), pág. 85 y ss.

Nos remontamos al siglo XII en el renacimiento de la industria y el comercio, para encontrar uno de los precedentes de los actuales Colegios Profesionales.[257]

Los gremios[258] surgidos en la Edad Media como medida adoptada por artesanos de un mismo oficio y comerciantes para proteger sus intereses comerciales[259], pretendían equili-

---

257 El Profesor FANLO LORAS nos muestra los orígenes históricos de las instituciones corporativas: "Los gremios, guildas o corporaciones de artes, cofradías o congregaciones, asociaciones de socorros mutuos nacidos en la Edad Media como asociaciones voluntarias para protegerse de los señores feudales o de la adversidad, se convierten con el tiempo en poderosas organizaciones de adscripción forzosa que disciplinan toda la vida económica (regulación del acceso a los oficios a través de pruebas de ingreso, estructuración en categorías de la profesión, competencias entre los oficios, régimen de precios, distribución de materias primas, etc.) y terminan constituyendo verdaderos monopolios de los mercados al prohibir el ejercicio de la industria a quien no estuviera integrado en los gremios o corporaciones". *Vid.*, FANLO LORAS, A., "Encuadre histórico y constitucional. Naturaleza y fines. La autonomía colegial", en MARTÍN-RETORTILLO BAQUER, L. (Coord.), *Los Colegios profesionales a la luz de la Constitución*, Civitas, Madrid, 1996, pág. 68.

258 Denominación que recibían estas asociaciones en Francia, España, Italia mientras que en Alemania y el norte de Europa recibían el nombre de Guildas. Véase, SALOM, PARETS, A., *Los Colegios Profesionales,* Atelier, Barcelona, 2007, pág. 28.

259 En este sentido, BAENA DEL ALCÁZAR expone: "Por intereses de la profesión hemos de entender el amparo frente al poder del Estado a las personas incluidas en los grupos. Es decir, mediante la afiliación a un grupo profesional constituido de una forma válida de acuerdo con la legislación de la época, el individuo se insertaba en uno de aquellos entes que formaban auténticas constelaciones de grupos defendidos frente al poder estatal. De este modo se creaba, no una situación de privilegio como se entiende usualmente de forma errónea, sino más bien una vía, la conocida bajo la monarquía absoluta, para obtener una garantía jurídica, Y puesto que la mayoría de la población estaba encuadrada de una u otra forma en estos grupos, no es correcto hablar, salvo quizá en sentido etimológico, de privilegio, ya que los menos eran, quizá, los no

brar la demanda de obras y el número de talleres activos, garantizando el trabajo a sus asociados, su bienestar económico y los sistemas de aprendizaje.[260] Esta organización corporativa adquiere un verdadero auge, adueñándose incluso de intereses públicos en beneficio de sus propios intereses comerciales y profesionales, originando arbitrariedad y un rígido monopolio que forzosamente chocan con los principios de la Revolución francesa[261] y se convierten en enemigos del capitalismo y del progreso industrial, por lo que fueron prohibidos por las legislaciones de Francia e Inglaterra a finales del siglo XVII.[262]

FANLO LORAS establece que ciertas profesiones estaban también organizadas de manera corporativa, por ejemplo, las profesiones y oficios médicos, veterinarios y herradores

> "[...] La pujanza de estas organizaciones corporativas y gremiales encuentra su explicación en la inexistencia o en la falta de desarrollo de un poder público fuerte y centralizado, que se

---

privilegiados. *Vid.* BAENA DEL ALCÁZAR, M., *Los Colegios profesionales…, op. cit.* pág. 28.

260 Véase, TRAYTER JIMÉNEZ, J. M., "Presente y futuro de los colegios profesionales", en AGUADO I CUDOLÀ, V. y NOGUERA DE LA MUELA, B., (Coord.), *El impacto de la Directiva servicios en las administraciones públicas: aspectos generales y sectoriales,* Atelier, Barcelona, 2012, pág. 177.

261 FANLO LORAS señala como en la Revolución Francesa, tras declarar la libertad para ejercer cualquier oficio o profesión, suprimiría todos los cuerpos intermedios, mediante la Ley de Chapellier de 17 de marzo de 1791 y se prohíbe y se criminaliza la creación de asociaciones. *Vid.* FANLO LORAS, A., "Encuadre histórico y constitucional. Naturaleza y fines. La autonomía colegial", en MARTÍN-RETORTILLO BAQUER, L. (Coord.), *Los Colegios…, op. cit.* pág. 69. CHECA MARTÍNEZ, J., "La constitucionalización de los Colegios profesionales", en ARAGÓN REYES, M. y MARTÍNEZ-SIMANCAS, J., *La Constitución y la práctica del Derecho,* vol. 2, Sopec, Pamplona, 1998, págs.1819-1831.

262 TRAYTER JIMÉNEZ, J. M., "Presente y futuro de los colegios profesionales", en AGUADO I CUDOLÀ, V. y NOGUERA DE LA MUELA, B., (Coord.), *El impacto…, op. cit.* pág. 178 y ss.

apoya, se sirve o, simplemente, deja en manos de los propios interesados (fenómeno de autoorganización social) la ordenación de los intereses públicos y privados que confluyen en el ejercicio de las actividades profesionales. No es de extrañar que, a medida que se produzca el proceso de consolidación del Estado moderno (la centralización política y administrativa de la última etapa del Estado absoluto), se manifiesta la incompatibilidad o el difícil encaje de algunas de estas prácticas y sus consiguientes instituciones con las nuevas corrientes de pensamiento y con las nuevas estructuras administrativas capaces, de sustituir en su papel regulador a las fórmulas corporativas. No es de extrañar tampoco que la situación de monopolio y el excesivo reglamentarismo gremial choque de manera frontal con los nuevos postulados económicos y políticos que se consolidan desde finales del siglo XVIII y que impulsará decididamente la Revolución francesa".[263]

Continuando su exposición, el profesor FANLO LORAS expone el nacimiento de los Colegios:

"[...] una vez que se superan los recelos anticorporativistas que triunfan en los primeros años de la Revolución francesa, los Colegios profesionales aparecen como fórmula organizativa de ciertas profesiones con el perfil institucional y funciones que tienen en la actualidad (ordenación, defensa y representación de la profesión".[264]

No obstante, como indica el Profesor BAENA DEL ALCAZAR, cuando reaparecen, el significado que tendrá la integración en estos grupos será bastante distinto.[265] Por una parte, nos encontramos con que se habrá diversificado netamente

---

[263] FANLO LORAS, A., "Encuadre histórico y constitucional. Naturaleza y fines. La autonomía colegial", en MARTÍN-RETORTILLO BAQUER, L. (Coord.), *Los Colegios..., op. cit.* págs. 68-69.

[264] FANLO LORAS, A., "Encuadre histórico y constitucional. Naturaleza y fines. La autonomía colegial", en MARTÍN-RETORTILLO BAQUER, L. (Coord.), *Los Colegios..., op. cit.* págs. 67-68.

[265] BAENA DEL ALCÁZAR, M., *Los Colegios profesionales..., op. cit.* págs. 28-29.

la situación de los sindicatos, a cuya constitución se opondrá en un primer momento la burguesía detentadora del Poder, y de los Colegios Profesionales, que en principio no suscitarán esta oposición. Por otra parte, debe observarse que cuando reaparecen estos grupos, al hacerlo en unas circunstancias muy distintas, su organización supondrá ya de una forma estricta la preocupación por defender intereses profesionales y no por conseguir una garantía mediante la inserción en una colectividad dotada de un *estatus* específico.

La técnica corporativa hace innecesaria una organización propia de la Administración, en cuanto favorece, a través de la autoadministración, la colaboración y participación de los particulares interesados en la gestión de auténticas funciones públicas, encomendadas a la respectiva organización corporativa.[266]

Refiriéndose ya a los Colegios Profesionales en el Derecho español, el rechazo a las organizaciones gremiales y ciertas formas corporativas se inicia a finales del siglo XVIII, que se refleja en las Reales Órdenes de 26 de mayo de 1790 y de 10 de marzo de 1798.

En este sentido, se proclamó en la obra de Cádiz (Decreto de 3 de junio de 1813) la libertad de industria sin que fuera necesario para su ejercicio examen, título o incorporación a gremio alguno. No obstante, cuando se suavizaron los movimientos revolucionarios y liberales propios de la Revolución francesa volvieron a aparecer los Colegios Profesionales, a lo largo de los siglos XIX y XX. De este modo, se explica que el Real Decreto de 8 de junio de 1823 en relación con las profesiones liberales que estaban agrupadas en Colegios, establecie-

---

266 FANLO LORAS, A., "Encuadre histórico y constitucional. Naturaleza y fines. La autonomía colegial", en MARTÍN-RETORTILLO BAQUER, L. (Coord.), *Los Colegios…*, *op. cit.* pág. 70.

ra la no obligatoriedad de pertenencia, lo que suponía en la práctica su disolución. Debe observarse que la constitución de los primeros Colegios Profesionales comienza en las décadas octava y novena del siglo pasado –siglo XIX–, para ir progresando muy lentamente.[267] Así, los Colegios Profesionales ejercían una actividad de control y registro sobre las titulaciones académicas de sus miembros, amparándose en el ejercicio de sus profesiones, frente al intrusismo profesional.

Sin embargo, en ese momento histórico había un número reducido de profesiones que podían calificarse de "tradicionales" y que desempeñaban un papel importante en la sociedad.

Cabe destacar que durante el siglo XX se produce una proliferación y extensión de los Colegios Profesionales, especialmente en cuanto a las profesiones técnicas. Así, incluso durante la época franquista los Colegios Profesionales fueron importantes para la sociedad, aprobándose en este período la Ley 2/1974, de 13 de febrero de Colegios Profesionales. En este momento histórico, "se produce una potenciación de las fórmulas de organización corporativa, como consecuencia del auge de ideologías políticas autoritarias [...] que encuentran en dichas fórmulas el instrumento más adecuado y eficaz para sus propósitos de ordenación social y política".[268]

Desde entonces, los Colegios han sido la organización representativa típica de ciertas "profesiones tituladas", y han incorporando paulatinamente sus peculiaridades esenciales de corporaciones de derecho público, adscripción obligatoria y exclusividad territorial.

---

267 BAENA DEL ALCÁZAR, M., *Los Colegios profesionales…*, *op. cit.* pág. 29.

268 FANLO LORAS, A., "Encuadre histórico y constitucional. Naturaleza y fines. La autonomía colegial", en MARTÍN-RETORTILLO BAQUER, L. (Coord.), *Los Colegios…*, *op. cit.* pág. 70.

Pero junto a esta reseña de los orígenes históricos de estas estructuras, aparece uno de los principales problemas que, aún hoy en día, plantean estas corporaciones, y es la ambigüedad de su naturaleza jurídica.

Así, la diversidad de los intereses defendidos por los Colegios ha dado lugar a un amplio debate doctrinal sobre la naturaleza jurídica, y su régimen jurídico. En el seno de este debate, existen principales posturas defendidas. La primera, calificada como "dualista" entiende que a los Colegios Profesionales les resulta de aplicación el régimen jurídico público o el régimen jurídico privado según si se ejercen funciones de una u otra índole. No obstante, desde esta perspectiva, se considera que revisten de mayor importancia las funciones privadas. Así, solo cuando de manera excepcional ejerzan funciones públicas, les será de aplicación el derecho público.[269]

La segunda de las posturas es la que los define como corporaciones sectoriales de base privada, excluyéndose así de ser Administración.[270]

La última de las tesis plantea que los Colegios Profesionales se configuran como personas jurídico-públicas que actúan en virtud de la descentralización corporativa y por tanto, no se integran en la Administración del Estado.[271]

La jurisprudencia del Tribunal Constitucional ha evolucionado desde considerar, en un principio, los intereses particulares de las profesiones (STC 23/1984, de 20 de febrero) hasta

---

269 MARTÍNEZ LÓPEZ-MUÑIZ, J. I., "Naturaleza de las Corporaciones Públicas Profesionales", en *Revista Española de la Administración Pública*, núm. 39, (1983), págs. 603-608.

270 GARCÍA DE ENTERRÍA, E. y FERNÁNDEZ, T. R., *Curso de Derecho Administrativo I*, Civitas, Navarra, 2011.

271 ARIÑO ORTIZ, G. y SOURIVON MORENILLA, J. M., *Constitución y Colegios profesionales…*, *op. cit.* pág. 89.

pronunciamientos más recientes determinan que los Colegios Profesionales tienen una naturaleza mixta o bifronte. Se consideran como Corporaciones de Derecho público reconocidas por el Estado, con personalidad jurídica propia y plena capacidad para cumplir sus fines. Su función principal es garantizar que el ejercicio de la profesión se ajuste a las normas y reglas que aseguren la eficacia y responsabilidad en dicho ejercicio. Y, a pesar de que tienen una base asociativa privada, y realizan actividades en su mayoría privadas, también tienen funciones públicas delegadas por la ley. Se establece, que los Colegios Profesionales son personas jurídico-públicas o Corporaciones de Derecho público cuyo origen, organización y funciones no dependen únicamente de la voluntad de los asociados, sino también de las disposiciones obligatorias del legislador.[272] Y, aunque la Constitución no predetermina su naturaleza jurídi-

[272] STC 3/2013, de 17 de enero, F J 6: "[...] la doctrina de este Tribunal es ya reiterada en lo que se refiere a la calificación jurídica de los Colegios Profesionales a partir de la STC 23/1984, en la cual, partiendo del pluralismo, de la libertad asociativa y de la existencia de entes sociales (partidos, sindicatos, asociaciones empresariales), se alude a la de otros entes de base asociativa representativos de intereses profesionales y económicos (arts. 36 y 52 CE.), que pueden llegar a ser considerados como Corporaciones de derecho público en determinados supuestos. La STC 123/1987 se hace eco de esa doctrina y afirma su consideración de corporaciones sectoriales de base privada, esto es, corporaciones públicas por su composición y organización que, sin embargo, realizan una actividad en gran parte privada, aunque tengan delegadas por la ley funciones públicas [...]. Y, en fin, la STC 20/1988, de 18 de febrero, reitera esta calificación y configura los Colegios Profesionales como personas jurídico-públicas o Corporaciones de Derecho público cuyo origen, organización y funciones no dependen sólo de la voluntad de los asociados, sino también, y en primer término, de las determinaciones obligatorias del propio legislador [...]",

ca, la propia Norma Suprema reconoce su especialidad y remite a la legislación para regularlos.[273]

En resumen, los Colegios Profesionales son Corporaciones de Derecho público de base privada, que cumplen funciones públicas en interés general, como la regulación del ejercicio profesional y la defensa de los derechos de consumidores, entre otras[274]. La intervención estatal en estas corporaciones implica

---

273 STC 89/1989, de 11 de mayo, que se reitera en la STC 3/2013, de 17 de enero, F J 5: "Los Colegios Profesionales, en efecto, constituyen una típica especie de Corporación, reconocida por el Estado, dirigida no sólo a la consecución de fines estrictamente privados, que podría conseguirse con la simple asociación, sino esencialmente a garantizar que el ejercicio de la profesión -que constituye un servicio al común- se ajuste a las normas o reglas que aseguren tanto la eficacia como la eventual responsabilidad en tal ejercicio, que, en principio, por otra parte, ya ha garantizado el Estado con la expedición del título habilitante. [...] Así es como la legislación vigente configura a los Colegios Profesionales. Estos son, según el art. 1 de la Ley 2/1974, de 13 de febrero, «Corporaciones de derecho público, amparadas por la Ley y reconocidas por el Estado, con personalidad jurídica propia, y plena capacidad para el cumplimiento de sus fines». [...] Por consiguiente, cierto es que la CE, como antes se ha dicho, si bien constitucionaliza la existencia de los Colegios Profesionales no predetermina su naturaleza jurídica, ni se pronuncia al respecto, pero hay que convenir que con su referencia a las peculiaridades de aquéllos y a la reserva de Ley, remitiendo a ésta su regulación (art. 36), viene a consagrar su especialidad -«peculiaridad»- ya reconocida, de otro lado, por la legislación citada. [...]".

274 Según la STS de 7 de marzo de 2011 (Sala Tercera de lo Contencioso-Administrativo, rec. 2055/2008) F D 3: "Esta especial naturaleza de la Administración Corporativa también conlleva un específico régimen jurídico mixto, con normas reguladoras de Derecho Público y otras que necesariamente han de ser calificadas de privadas. La intervención del Estado sobre estos entes corporativos de base privada se inicia con su creación mediante un acto de imperio, por el que se publifica en cierto modo el ejercicio de una determinada profesión, acto que, a su vez, le atribuye a la corporación profesional personalidad jurídico-pública con el fin de desempeñar funciones de interés general con carácter

un régimen jurídico mixto que combina normas de Derecho público y privado, otorgándoles personalidad jurídico-pública para desempeñar funciones monopolísticas controladas por la Jurisdicción Contencioso-Administrativa[275].

2.2. Encuadre constitucional y marco legislativo

El marco jurídico en el que se desenvuelven en la actualidad el ejercicio de las profesiones tituladas y los colegios profesionales en nuestro sistema se halla definido por el artículo 36 de la CE. El precepto citado contiene un mandato al legislador para que regule las particularidades propias del régimen jurídico de estas corporaciones, así como el ejercicio de las profesiones tituladas. Sin embargo, esto no ha dado lugar a una nueva Ley sobre los Colegios Profesionales. Así, hoy en día, el núcleo básico de la regulación de los Colegios Profesionales, a nivel estatal, sigue encontrando su marco jurídico en una norma preconstitucional,[276] la Ley de Colegios Profesionales, de 13 de febrero de 1974.

---

monopolístico que se encarga de controlar la Jurisdicción Contencioso-Administrativa. Sin perjuicio de ello, su función principal no es pública, sino que tiene por fin esencial la gestión de aquellos intereses privativos de sus miembros que derivan del ejercicio de la profesión común, de suerte que, en este último caso, de suscitarse conflictos entre ellos, serán otras Jurisdicciones las encargadas de resolver sus controversias." STS, 7 de Marzo de 2011. Reiterado en múltiple pronunciamientos como en la STS 971/2024, 3 de Junio de 2024, STSJ País Vasco 202/2014, 5 de Mayo de 2014, entre otras.

275 Para un diagnóstico de la situación actúa de la Ley de la Jurisdicción Contencioso-Administrativa véase, MONTORO I CHINER, M. J., CASADO CASADO, L., FUENTES I GASÓ, J. R., *La jurisdicción contencioso-administrativa ante la encrucijada de su reforma,* Tirant lo Blanch, Valencia, 2023.

276 UREÑA SALCEDO, J. A., "Sobre las funciones y financiación de los Consejos Generales de los Colegios profesionales" en CLIMENT BARBERÁ, J. y BAÑO LEÓN, J. M. (Coord.), *Nuevas perspectivas del Régimen Local,*

El precepto constitucional citado podría considerase, de algún modo, desgajado del artículo 22, que regula la libertad de asociación[277] y, en cierta manera, contrapuesto al artículo 52 que se refiere expresamente a "[...] las organizaciones profesionales que contribuyen a la defensa de los intereses económicos que les sean propios [...]".

La inclusión de este precepto en nuestra Constitución es una novedad sin precedentes tanto en el Derecho comparado como en nuestra historia constitucional.[278] DEL SAZ expone su opinión sobre ello: "[...] la filosofía corporativa estaba frecuentemente enraizada en la sociedad española, de ahí que la Constitución de 1978, aun respondiendo a postulados diametralmente opuestos a los principios jurídicos del anterior régimen político, sea la única entre las de los países de nuestro entorno que contienen mención expresa a los Colegios Profesionales".[279]

La conveniencia de una nueva Ley estatal, acorde con los principios constitucionales, ha sido una aspiración reiteradamente planteada por los propios Colegios profesionales. Mientras tanto, en ejercicio de las competencias determinadas en sus respectivos Estatutos de Autonomía, algunas Comunidades

---

Estudios en Homenaje al profesor José María Boquera Oliver, Tirant lo Blanch, Valencia, 2002, págs.1549-1578.
"Los Consejos Generales de Colegios profesionales, en la Ley 2/1974, constituyen la cima de una organización colegial fuertemente centralizada, acorde con la realidad del sistema preconstitucional pero difícilmente compatible con el Estado Autonómico que se consagra en el Título VIII de la Constitución de 1978".

277 Derecho regulado por la Ley 191/1964, de 24 de diciembre (*BOE* de 28 de diciembre de 1964).

278 Así, SAINZ MORENO, F., *La Constitución...*, op. cit. p. 513 y MUÑOZ MACHADO, S., PAREJO ALFONSO, L. y RUILOBA SANTANA, E., *La libertad de ejercicio...*, *op. cit.* pág. 25.

279 DEL SAZ CORDERO, S., *Los Colegios...*, *op. cit.* pág. 34.

Autónomas han dictado sus propias leyes de Colegios profesionales.[280]

---

[280] Andalucía: Ley 10/2003, de 6 de noviembre, reguladora de los Colegios Profesionales de Andalucía (BOE núm. 301, de 17 de diciembre de 2003, págs. 44891 a 44900). Aragón: Ley 2/1998, de 12 de marzo, de Colegios Profesionales de Aragón; modificada por Ley 12/1998, de 22 de diciembre; (BOE núm. 84, de 8 de abril de 1998, págs. 11934 a 11942). Cantabria: Ley 1/2001, de 16 de marzo, de Colegios Profesionales de Cantabria (BOE núm. 92, de 17 de abril de 2001, págs. 13888 a 13893). Castilla y León: Ley 8/1997, de 8 de julio, de Colegios Profesionales de Castilla y León (BOE núm. 179, de 28 de julio de 1997, págs. 23016 a 23020). Cataluña: Ley 7/2006, de 31 de mayo, del ejercicio de profesiones tituladas y de los colegios profesionales (BOE núm. 160, de 6 de julio de 2006, págs. 25338 a 25352). Comunidad Valenciana: Ley 6/1997, de 4 de diciembre, de Consejos y Colegios Profesionales de la Comunidad Valenciana (BOE núm. 6, de 7 de enero de 1998, págs. 325 a 331). Canarias: Ley 10/1990, de 23 de mayo, de Colegios Profesionales (BOE núm. 144, de 16 de junio de 1990, págs. 16758 a 16761). Castilla-La Mancha: Ley 10/1999, de 26 de mayo, de Creación de Colegios Profesionales de Castilla-La Mancha (BOE núm. 179, de 28 de julio de 1999, págs. 28110 a 28116). Extremadura: Ley 11/2002, de 12 de diciembre, de Colegios y de Consejos de Colegios Profesionales de Extremadura (BOE núm. 25, de 29 de enero de 2003, págs. 3702 a 3710). Galicia: Ley 11/2001, de 18 de septiembre, de Colegios Profesionales de la Comunidad Autónoma de Galicia (BOE núm. 253, de 22 de octubre de 2001, págs. 38701 a 38707). Islas Baleares: Ley 10/1998, de 14 de diciembre, de Colegios Profesionales de las Illes Balears (BOE núm. 30, de 4 de febrero de 1999, págs. 5045 a 5050). La Rioja: Ley 4/1999, de 31 de marzo, de Colegios Profesionales de La Rioja (BOE núm. 94, de 20 de abril de 1999, págs. 14610 a 14614). Madrid: Ley 19/1997, de 11 de julio, de Colegios Profesionales de la Comunidad de Madrid; modificada por Ley 26/1998, de 28 de diciembre; (BOE núm. 109, de 7 de mayo de 1998, págs. 15213 a 15219). Murcia: Ley 6/1999, de 4 de noviembre, de los Colegios Profesionales de la Región de Murcia (BOE núm. 23, de 27 de enero de 2000, págs. 3581 a 3587). Navarra: Ley Foral 3/1998, de 6 de abril, de Colegios Profesionales de Navarra (BOE núm. 131, de 2 de junio de 1998, págs. 18084 a 18087). País Vasco: Ley 18/1997, de 21 de noviembre, que regula el ejercicio de profesiones

La referencia a los Colegios Profesionales en la CE genera la discusión doctrinal de si el artículo 36 establece una remisión en blanco al legislador ordinario para regular el régimen jurídico de los Colegios o, por el contrario, este artículo otorga una garantía constitucional a los Colegios que les protege de una posible supresión y frente a cualquier intento de desvirtuar su naturaleza corporativa a través de la modificación de sus características esenciales.

Según la primera tesis, la CE en nada prejuzga la naturaleza pública o privada de los Colegios ni la adscripción voluntaria u obligatoria a los mismos. Los únicos límites constitucionales dirigidos al legislador ordinario en el momento de regularlos son que su estructura y funcionamiento deben ser democráticos y el respeto esencial al contenido de la libertad profesional. Entre los autores partidarios de la primera tesis, cabe citar a SAINZ MORENO, para quien

> "[...] dada la redacción final del precepto y de su colocación en el sistema de la Constitución está claro que no se ha querido predeterminar el tipo de Colegio profesional al que la Constitución se refiere (corporación de Derecho Público o asociación privada, colegiación obligatoria o voluntaria, etc.), quedando a la responsabilidad del legislador optar por alguno de los sistemas posibles; opción que, sin embargo, tiene que ejercerse dentro de los límites que la Constitución traza de modo expreso ('estructura interna y funcionamiento democrático') y tácito ('respecto del contenido esencial de la libertad profesional')".[281]

También se muestra partidario de una interpretación similar, MUÑOZ MACHADO, que admite, sin lugar, a duda la cons-

---

tituladas y de Colegios y Consejos Profesionales (BOE núm.12, de 14 de enero de 2012 págs. 2162 a 2183).

281 SAINZ MORENO, F., *La Constitución...*, op. cit. p. 556. En el mismo sentido, ALZAGA VILLAAMIL, O., *Comentario sistemático a la Constitución española de 1978*, Ed. del Foro, Madrid, 1978, pág. 299.

titucionalidad de una futura ley de Colegios que estableciese la colegiación voluntaria:

> "[...] debe notarse que tan constitucional es que una ley establezca el principio de colegiación obligatoria como la que suprima este requisito. La Constitución no impone en este punto al legislador ningún criterio y, en consecuencia, puede seguir cualquiera de las opciones referidas".[282]

Para ARIÑO y SOUVIRÓN,[283] partidarios de la tesis contraria, la admisión de una ilimitada libertad de elección en manos del legislador a la hora de escoger una determinada naturaleza jurídica, o de optar por la adscripción voluntaria u obligatoria, supondría admitir que la CE permite que una *lex posterior* pueda hacer desaparecer la institución colegial, ya sea mediante su supresión directa o, de forma indirecta, transformando su naturaleza. Cualquiera de estos caminos conduciría a la inconstitucionalidad de la norma legal que los pudiera prever, al puesto que la Constitución consagra expresamente la existencia de la institución colegial, en el ya citado artículo 36. Ello no significa, por supuesto, aclaran estos autores, que el precepto fundamental haya impedido para siempre cualquier posibilidad de evolución o de cambio o mutación en el régimen jurídico de los Colegios puesto que no ha fijado de forma perenne todas y cada una de las peculiaridades que los Colegios tenían reguladas hasta el momento.[284]

---

282 MUÑOZ MACHADO, S., PAREJO ALFONSO, L. y RUILOBA SANTANA, E., *La libertad de ejercicio...*, *op. cit.* pág. 130.

283 ARIÑO ORTIZ, G. y SOURIVON MORENILLA, J. M., *Constitución y Colegios profesionales...*, *op. cit.* págs. 89 y 90.

284 DEL SAZ pone de relieve cuáles son, a su entender, esas características esenciales, señaladas por el senador Sainz de Varanda, que no serían otras que las de ser Corporaciones públicas constituidas para la defensa de los intereses de la profesión y el ejercicio de funciones públicas, así como la adscripción forzosa y el monopolio. *Vid.* DEL SAZ CORDERO, S., *Los Colegios...*, *op. cit.* pág. 57. Por su parte CASSESE, S., "La riforma

En una posición más extrema, PARADA VÁZQUEZ señala que existe una verdadera "garantía constitucional" del mantenimiento y características de los Colegios profesionales, que no duda en extender a las organizaciones de defensa de intereses económicos previstas en el artículo 52 de la Norma Fundamental.[285] Con mayor rotundidad, DEL SAZ trae a colación la institución germánica de la "garantía institucional" y afirma que es aplicable a los Colegios profesionales.[286]

En medio de este amplio debate doctrinal, el Tribunal Constitucional, en Sentencia 330/1994, de 15 de diciembre en relación con el modelo colegial y a su unicidad o pluralidad, afirma que

> "Interesa recordar que la Constitución no impone en su artículo 36 un único modelo de Colegio profesional. Bajo esta peculiar figura con rasgos asociativos y corporativos pueden englobarse por el legislador estatal, en el ejercicio de su competencia para formalizar normas básicas de las Administraciones públicas ex artículo 149.1.18 CE, situaciones bien distintas como

---

degli ordini professionali", en *Giornale di Diritto Amministrativo,* núm. 6, (2001), pág. 634, entiende que: "El mercado y el desarrollo de técnicas y conocimientos ponen en discusión algunas premisas de la disciplina de los Colegios. Éstos fueron instituidos porque se intentaba proteger un cuerpo de conocimientos y oficios reconocidos por una particular relevancia social, colegiados, normalmente con un alto nivel de formación. Pero los conocimientos y los oficios cambian, por lo que la defensa asegurada por los Estados acaba por proteger a los profesionales, más que a las profesiones, y éstos se convierten en un sindicato protegido por el Estado".

285 PARADA VÁZQUEZ, R., *Derecho administrativo. II. Organización y Empleo Público,* 22 ed., Marcial Pons, Madrid, 2012, págs. 294-295.

286 Como señala esta autora, la categoría fue acuñada por Carl SCHMITT en la Constitución de Weimar e importada a nuestro sistema jurídico por Luciano PAREJO ALFONSO en la ya clásica obra PAREJO ALFONSO, L., *Garantía institucional y autonomías locales,* Instituto de Estudios de Administración Local, Madrid, 1981. *Vid.* DEL SAZ CORDERO, S., *Los Colegios..., op. cit.* pág. 58.

> son las que corresponden al ejercicio de funciones públicas en régimen de monopolio o de libre concurrencia en el mercado como profesión liberal, y con colegiación forzosa o libre".[287]

Y con gran rotundidad, se continúa afirmando en la Sentencia que:

> "[...] no tiene por qué erigirse, en los supuestos legales de colegiación voluntaria, una inexistente obligación constitucional de colegiarse, en un requisito habilitante para el ejercicio profesional. Y es asimismo posible que los Colegios profesionales asuman la defensa de actividades profesionales que no configuren, en realidad, profesiones tituladas. Todos estos extremos pueden ser regulados libremente por el legislador estatal, desarrollando el art. 36, y con cobertura competencial en el art. 149.1.18 ambos de la Constitución (...)".[288]

En la misma dirección, la Sentencia 386/1993, de 23 de diciembre, nos recuerda que "[...] no hay en la Constitución ningún precepto que establezca, a favor de los Colegios profesionales una concreta reserva material indisponible para el legislador, ni tampoco materias consustanciales a los Colegios profesionales".[289]

En definitiva, parece que la Constitución se convierte en una garantía de la existencia de la institución con el fin de protegerla frente al legislador ordinario, si bien no se halle predeterminado el modelo bajo el cual deben regularse los Colegios. Debería determinarse en consecuencia cuál es el núcleo esencial de la institución para concretar, si cabe, los límites del legislador ordinario y, a su vez, la propia discrecionalidad de éste para definir los contornos no incluidos en el núcleo esencial.

---

287 FJ 9.

288 *Ibídem.*

289 FJ 3.

Por tanto, a nivel estatal, el marco normativo de los Colegios Profesionales continúa recayendo en la LCP, la cual ha sufrido diversas modificaciones. En primer lugar, se ha adaptado el nuevo marco jurídico constitucional, esencialmente, a través de la Ley 74/1978, de 26 de diciembre.[290] Y, en segundo lugar, se ha modificado para adaptarla al marco de la Unión Europea en pro de determinadas libertades europeas como la libertad de establecimiento o la libre prestación de servicios. Esto se ha realizado a través de las modificaciones operadas por la Ley 7/1997, de 14 de abril, de Medidas Liberalizadoras en Materia de Suelo y de Colegios Profesionales; y el Real Decreto-ley 6/2000, de 23 de junio, de Medidas Urgentes de Intensificación de la Competencia en Mercados de Bienes y Servicios. Pero este proceso, como analizamos más adelante, ha culminado con la Directiva de Servicios y su transposición a través de la Ley 17/2009, de 23 de noviembre, de modificación de diversas Leyes para su adaptación a la Ley sobre el libre acceso a las actividades de servicios y su ejercicio (Ley Paraguas) y la Ley 25/2009, de 22 de diciembre, de libre prestación de servicios (Ley Ómnibus).[291]

---

290 Como ejemplifica TRAYTER JIMENEZ, esta Ley derogó el apartado 5 del artículo 7 de la LCP, que exigía a los elegidos para ocupar cargos en la Junta de Gobierno que, antes de tomar posesión prestaran juramento de lealtad al Jefe de Estado y de desempeñar sus cargos con fidelidad a los Principios del Movimiento Nacional y demás Leyes Fundamentales del Reino, así como de obediencia al ordenamiento jurídico aplicable a su función. *Vid.* TRAYTER JIMÉNEZ, J. M., "Presente y futuro de los colegios profesionales", en AGUADO I CUDOLÀ, V. y NOGUERA DE LA MUELA, B., (Coord.), *El impacto..., op. cit.* pág. 180.

291 La Ley 12/1983, de 14 de octubre, del Proceso Autonómico (LOAPA) supuso también importantes novedades en cuanto a los Consejos Generales, pues se redujeron sus competencias de manera significativa y muchas de sus funciones pasaron a ser ejercidas por los Consejos autonómicos o los propios Colegios. En este sentido, el art. 15.3 de la LOAPA dispone: "Por Ley del Estado podrán constituirse Consejos Generales o Superiores de

La Ley 7/1997 introdujo importantes novedades en el ámbito de los Colegios Profesionales, que como resume su Exposición de Motivos:

> "[...] con carácter general, se reconoce la sujeción del ejercicio de las profesiones colegiadas al régimen de libre competencia. En segundo lugar, se establece que el indispensable requisito de colegiación deberá únicamente realizarse en el Colegio Territorial correspondiente al domicilio del profesional. Finalmente se elimina la potestad de los Colegios profesionales para fijar honorarios mínimos, si bien podrán establecer baremos de honorarios orientativos".

Además, la Ley 2/2007, de 15 de marzo, de Sociedades Profesionales atribuyó a los Colegios Profesionales una nueva función, que es: la de constituir sus respectivos Registros Profesionales, tarea de gran importancia para el cumplimiento de los fines de esta norma.[292]

A los Colegios Profesionales también les resulta de aplicación el Derecho administrativo en diferentes esferas de actuación como: el funcionamiento de los órganos del colegio; el ejercicio de potestades de colegiación, la potestad normativa, sancionadora o disciplinaria. También los actos del Colegio, provenientes de la Junta de Gobierno, la Asamblea General o los órganos unipersonales, son actos administrativos que deben ser notificados y motivados de acuerdo con las reglas de la Ley 39/2015, de 1 de octubre, del Procedimiento Administrativo Común de las Administraciones Públicas. Asimismo, se les aplica el sistema de recursos administrativos y es competente

---

las Corporaciones a las que se refiere el presente artículo para asumir la representación de los intereses corporativos en el ámbito nacional e internacional. Sin embargo, los acuerdos de los órganos de estas Corporaciones con competencias en ámbito inferior al nacional no serán susceptibles de ser recurridos en alzada ante los Consejos Generales o Superiores, salvo que sus Estatutos no dispusieran lo contrario".

292 Disposición Transitoria Segunda.

para su conocimiento e impugnación ante la Jurisdicción contenciosa (art. 1 y 2 de la LJCA)[293].

A este marco normativo disperso se añade el deficiente reparto competencial entre el Estado y las comunidades autónomas, que da como resultado un panorama confuso. Teniendo en cuenta que el Tribunal Constitucional no ha declarado de forma explícita que los Colegios Profesionales sean Administraciones Públicas y, por tanto, no corresponde al Estado la competencia exclusiva para establecer las bases de su régimen jurídico, muchas comunidades autónomas han asumido la competencia exclusiva en materia de Colegios Profesionales, aunque debiendo respetar las previsiones del artículo 139 de la CE, relativas a la igualdad en el ejercicio de derechos y obligaciones por parte de los españoles en todo el territorio del Estado y a la prohibición de adoptar medidas que, directa o indirectamente, obstaculicen la libertad de circulación y establecimiento de las personas y la libre circulación de bienes en todo el territorio español.[294]

Así, desde la STC 76/1983, de 5 de agosto, el Tribunal Constitucional afirmó que "corresponde a la legislación estatal fijar los principios y reglas básicas a que han de ajustar su organización y competencia las Corporaciones de Derecho Público representativas de intereses profesionales como son los Colegios Profesionales".[295] Este planteamiento fue reiterado en la STC

---

293 Sobre la extensión del Derecho administrativo y su necesaria proyección en la Jurisdicción Contencioso-Administrativa, véase CASADO CASADO, L., "Reflexiones sobre algunas debilidades de la Jurisdicción contencioso-administrativa", en MONTORO I CHINER, M. J., CASADO CASADO, L., FUENTES I GASÓ, J. R., *La jurisdicción contencioso-administrativa ante la encrucijada de su reforma,* Tirant lo Blanch, Valencia, 2023, págs. 128-131.

294 Véase, TRAYTER JIMÉNEZ, J. M., "Presente y futuro de los colegios profesionales", en AGUADO I CUDOLÀ, V. y NOGUERA DE LA MUELA, B., (Coord.), *El impacto..., op. cit.* pág. 183 y ss.

295 FJ 26.

20/1988, de 18 de febrero al señalar que la Ley del proceso autonómico tenía sin duda su sustento en el artículo 149.1.18 de la CE, ya que estas Corporaciones Públicas Profesionales participan inequívocamente de la naturaleza propia de las Administraciones Públicas. Esta doctrina ha sido reiterada por ejemplo en la STC 84/2014, de 29 de mayo, al afirmar que ejercen funciones públicas, aunque se constituyen para defender de manera primordial los intereses privados de sus miembros.[296] De todos modos, esta doctrina reitera que, establecida la condición de Administraciones Públicas de las distintas Corporaciones representativas de intereses tanto económicos como profesionales, se reconoce a la vez que: "la extensión e intensidad que pueden tener las bases estatales al regular las corporaciones camerales es mucho menor que cuando se refiere a Administraciones públicas en sentido estricto".[297]

3. LA CRISIS DE LA TEORÍA CLÁSICA DE LA PROFESIÓN Y DEL COLEGIO PROFESIONAL: EL MONOPOLIO PROFESIONAL

La concepción clásica reservaba un perímetro perfectamente delineado de actividad y de ejercicio profesional al Colegio Profesional que, era el Estado –o en la práctica preestatal, el gremio–. El Colegio se constituía, de este modo, como el garante, protector y defensor de este "espacio territorial" amurallado, que constituía un verdadero monopolio. Así lo ha expresado, con gran claridad, el Profesor Cassese:

---

296 FJ 3.

297 SSTC 20/1988, de 18 de febrero, FJ 3; 206/2001, de 22 de octubre, FJ 3 y 4; 31/2010, de 28 de junio, FJ 71; 3/2013, de 17 de enero, FJ 5; 69/2017, de 25 de mayo, FJ 3; 76/2003, de 23 de abril, FJ 9; 162/2003, de 15 de septiembre, FJ 2; entre otras.

> "La 'protección' estatal – al menos en los países de tradición *étatiste*, consiste en la determinación de un área reservada, en la cual los profesionales poseen el monopolio, en la fijación de los títulos y de los requisitos de acceso, en el diseño organizativo de los Colegios y en su control. De estos elementos, algunos los pierde el Estado y otros los Colegios: por ejemplo, aquellos relativos a los títulos y a los requisitos".[298]

Pues bien, la realidad, cada vez más, va eliminando estas barreras por diversas razones que podríamos resumir en las siguientes.

A lo largo de los últimos tiempos ha existido prácticamente siempre una competencia vertical entre dos profesiones o titulaciones, una superior y otra media, donde los espacios monopolistas han estado en permanente fricción. Baste citar: los ingenieros frente a los ingenieros técnicos, los arquitectos frente a los aparejadores, los abogados frente a los graduados sociales, gestores administrativos o fiscales, los médicos frente a técnicos sanitarios. Incluso habiendo mantenido este monopolio en gran parte, esta posesión no ha sido pacífica, pues ha situado a estas profesiones en estado de guerra permanente. Ello ha supuesto el impulso para que estos profesionales hayan tenido que mejorar en calidad y en servicio para hacer frente a la titulación o titulaciones invasoras.

Posteriormente ha aparecido una competencia horizontal, entre titulaciones del mismo nivel, debido a la proliferación y a la gran especialización que éstas han sufrido. Y por el hecho que la mayoría de las actividades precisa de unas técnicas que no pueden atribuirse en exclusiva una sola titulación. Existen un amplio conjunto de campos o ámbitos en los que distintas titulaciones se superponen y compiten por su espacio.

---

298 CASSESE, S., "La riforma degli ordini..., *op. cit.* pág. 634.

La innovación científica y tecnológica del saber ha generado también una cantidad ingente de conocimientos que ha provocado y cada vez provocará más la superespecialización dentro de una especialidad genérica. Y es que, en la actualidad, nos cabría en la cabeza que un Catedrático de Derecho Administrativo, como fue a mediados del siglo XIX, Manuel COLMEIRO, hubiera escrito un gran manual de Derecho Administrativo y otro igual de voluminoso y profundo de Economía política.[299] Precisamente, la supraespecialización sólo se da en las titulaciones y profesiones clásicas, y no en las nuevas profesiones, puesto que éstas nacen ya cada vez más especializadas.

El proceso liberalizador *ad intra* que se produce en cada profesión también contagia una liberalización *ad extra* entre profesiones que se superponen en el mismo campo de actividad. Todas estas disputas verticales y horizontales, con la liberalización, han conllevado que todas las profesiones se abran mucho más, y se conviertan en permeables.

Las profesiones hasta muy recientemente tan solo se podían enmarcar dentro de una autarquía tanto profesional como estatal, es decir, también había unas barreras con respecto a esa misma profesión, pero de otro país. Con lo cual esta concepción monopolista lo era también en la repartición del territorio. Aun siendo de la misma profesión se rompe la idea de monopolio profesional al romperse el monopolio territorial que había construido un mercado cautivo a merced de cada una de las profesiones. De ahí que, en el extranjero, los españoles solo podían ir a abogados españoles o a médicos o a centros españoles. Situación a la que se da solución con la creación de la Tarjeta Sanitaria Europea.[300]

---

299 COLMEIRO, M., *Derecho administrativo español,* Imp. y libr. de Eduardo Martínez, Madrid, 1876.

300 Es el documento personal e intransferible, de carácter gratuito, que acredita el derecho a recibir las prestaciones sanitarias que resulten ne-

Antiguamente, una profesión liberal estaba enmarcada dentro de una élite social burguesa, cuando no aristocrática. Ello hacía que, al provenir de este sector social no se precisaba de intervencionismo administrativo alguno, ni directo, ni a través de un colegio profesional. Así en el caso inglés, la profesión se organizaba a través de un *club* o una asociación profesional, compuesta de unos pocos, ya que el conjunto de la profesión también era muy reducido. Con la masificación del acceso a los conocimientos y, posteriormente, a la universidad, es cuando debe comenzarse a intervenir, tanto en las condiciones de la titulación, como del acceso o en el encuadramiento constitucional. Y es ahí donde se ha pasado de una visión elitista y gremial a una masificada y corporativa.

A pesar de lo que se pueda opinar a primera vista, este caos por ocupar nuevos espacios y disputarlos, en lugar de suponer una crisis, viene a ser un acicate que dinamiza las profesiones y la saca de la rutina y de la falta de innovación y de calidad imperantes en los remansos del solaz monopolista.

---

cesarias, desde un punto de vista médico, durante una estancia temporal en el territorio del Espacio Económico Europeo, Reino Unido o Suiza, teniendo en cuenta la naturaleza de las prestaciones y la duración de la estancia prevista, de acuerdo con la legislación del país de estancia, independientemente de que el objeto de la estancia sea el turismo, una actividad profesional o los estudios. La Tarjeta Sanitaria Europea no es válida cuando el desplazamiento tenga la finalidad de recibir tratamiento médico, en cuyo caso es necesario que el Instituto Nacional de la Seguridad Social (INSS), o el Instituto Social de la Marina (ISM), emita el formulario correspondiente, previo informe favorable del Servicio de Salud. Tampoco es el documento válido si usted traslada su residencia al territorio de otro Estado miembro. Véase, https://ec.europa.eu/social/main.jsp?catId=1021&langId=es

4. MARCO JURÍDICO VIGENTE

4.1. Las previsiones de la Directiva de Servicios

El mercado interior sobre el que se basa el Derecho europeo se construye sobre las cuatro grandes libertades, eliminando los obstáculos entre los distintos ordenamientos jurídicos y las respectivas economías de los diferentes Estados miembros. Entre estas libertades, destacamos la libertad de establecimiento y la libre prestación de servicios.[301]

En los artículos 14.2, 43 y 49 del TCE,[302] se plantea el objetivo de la creación de un mercado interior que implique "un espacio sin fronteras interiores, en el que la libre circulación de mercancías, personas, servicios y capitales estará garantizada de acuerdo con las disposiciones de los Tratados".[303] También se estipula que quedan "prohibidas las restricciones a la libertad de establecimiento de los nacionales de un Estado miembro en el territorio de otro Estado miembro",[304] determinando, por último, que quedan "prohibidas las restricciones a la libre prestación de servicios dentro de la Unión para los nacionales de los Estados miembros establecidos en un Estado miembro que no sea el del destinatario de la prestación".[305]

---

301 Arts. 49 a 55 TUE y arts. 56 a 62 TUE. Estos artículos se corresponden con los arts. 43 a 48 del TCE y los arts. 49 a 55 del TCE.

302 Las referencias que contempla este trabajo a diferentes preceptos de los sucesivos tratados constitutivos europeos deben entenderse en la actualidad al vigente TFUE que regula la libertad de establecimiento en el art. 49 y la libre prestación de servicios en el art. 56.

303 Art. 26 del TFUE, antiguo art. 14 del TCE.

304 Art. 49 del TFUE, antiguo art. 43 del TCE.

305 Art. 56 del TFUE, antiguo art. 49 del TCE.

Después de la aprobación del Tratado de Lisboa, la Comisión de les Comunidades europeas elaboró el Informe de la Comisión al Consejo y al Parlamento Europeo sobre el Estado del mercado interior de servicios.[306] En este informe se pone de manifiesto la

> "inseguridad jurídica que rodea a la libertad de establecimiento y a la libre prestación de servicios [...], identificando una gran variedad de servicios transfronterizos que se ven afectados por una fuerte inseguridad jurídica sobre su legalidad". También, se hace referencia a la existencia de "ciertas normas nacionales que supeditan la prestación de servicios o la libertad de establecimiento al respeto sistemático de un criterio o una prueba, evaluable caso por caso por las autoridades y cuyo resultado es difícilmente previsible".

Finalmente, el citado informe concluye expresamente que:

> "Diez años después de lo que debería haber sido la conclusión del mercado interior, es preciso constatar que existe todavía un gran desfase entre la visión de una economía integrada para la Unión Europea y la realidad vivida por los ciudadanos europeos y los prestadores de servicios. La complejidad y el rigor de las fronteras jurídicas que han sustituido a las fronteras físicas y técnicas en numerosos servicios tienen una amplitud mucho mayor que la que cabría esperar cuando se inició la nueva estrategia para los servicios".

Por tanto, aunque la libertad de establecimiento estaba recogida en los Tratados constitutivos y se reconoce su aplicabilidad directa, tanto por la doctrina[307] como por la jurisprudencia,[308]

---

306 Informe presentado en el marco de la primera fase de la estrategia para el mercado interior de servicios COM/2002/0441final.

307 ABELLÁN HONRUBIA, V., "Excepciones a la libertad de establecimiento en la CEE", en *Revista de Instituciones Europeas,* vol. 2, núm. 2, (1975), págs. 371-388.

308 *Vid.* SSTJCE de 28 de enero de 1986; 13 de julio de 1989, Caso Ambregts Transportbedrijf PVBA contra Estado Belga; 17 de julio de 2008, Caso

como destaca la propia Directiva de Servicios en el considerando 6 la supresión de los obstáculos

> "no puede hacerse únicamente mediante la aplicación directa de los arts. 43 y 49 del Tratado, ya que, por un lado, resolver caso por caso mediante procedimientos de infracción contra los correspondientes Estados miembros sería, especialmente a raíz de las ampliaciones, una forma de actuar extremadamente complicada para las instituciones nacionales y comunitarias y, por otro, la eliminación de números obstáculos requiere una coordinación previa de las legislaciones nacionales, coordinación que también es necesaria para instaurar un sistema de cooperación administrativa".

Pero viendo estos antecedentes podemos pensar que entre lo que prevé el Tratado sobre la libertad de establecimiento hasta el momento de la aprobación de la Directiva de Servicios no hubo ningún movimiento o debate en la práctica sobre la libertad de establecimiento o la libre circulación de servicios. Pero esto no es sí, ya que existe una constante jurisprudencia del TJCE que, desde hacía décadas, trataba estos temas.[309] Tan importante resulta esta jurisprudencia, que algunos autores han afirmado que "la verdadera justificación de esta norma hay que buscarla en las abundantes, reiteradas e incisivas soluciones jurídicas que se derivan de la jurisprudencia comunitaria".[310]

Comisión de las Comunidades Europeas contra España; entre otras.

309 SSTCE de 21 de junio de 1974, Reyners, sobre la libertad de establecimiento; 3 de diciembre de 1974, Van Binsbergen, sobre la libre prestación de servicios; 18 de enero de 1974, asunto 110 y 111/1978; 25 de julio de 1991, asunto 76/1990, sobre los límites que puede establecer la legislación interna bajo el interés general, véase también la de 4 de desembre de 1986, asunto 220/1986; 26 de febrero de 1991, asunto C-180/1989; entre otras.

310 SALVADOR ARMENDÁRIZ, M. A. y VILLAREJO GALENDE, H., "La Directiva de servicios y…, *op. cit.* pág. 45-86.

En consecuencia, la Directiva de Servicios no es fruto exclusivamente del impulso político de las Instituciones de la Unión Europea y de los propios Estados miembros, sino el verdadero motor o la justificación de esta Directiva se encuentra en la reiterada y constante jurisprudencia del TJCE, quien en su tarea interpretativa ha construido una sólida doctrina. Así, podemos afirmar que el contenido de la Directiva de Servicios recoge de forma sistemática el contenido de esta doctrina, aunque incluye otras cuestiones instrumentales.[311]

En este contexto, el 27 de diciembre de 2007, después de una tramitación de casi tres años y un proceso tortuoso de negociaciones, se publicó, en el Diario Oficial de la Unión Europea, el texto final de la Directiva 2006/123/CE, del Parlamento Europeo y del Consejo, de 12 de diciembre de 2006, relativa a los servicios en el mercado interior.[312] Esta Directiva

---

[311] En este sentido MUÑOZ MACHADO señala que la Directiva de servicios es un compendio de la jurisprudencia comunitaria, *vid.* MUÑOZ MACHADO, S., "Ilusiones y conflictos derivados de la Directiva de Servicios", en VV. AA., *Retos y..., op. cit.* pág. 305.

[312] La doctrina científica ha calificado la Directiva como confusa, imprecisa, contradictoria y ambigua. Entre otros, *vid.* DE LA QUADRA-SALCEDO Y FERNÁNDEZ DEL CASTILLO, T., (dir.), *El mercado interior de servicios en la Unión europea. Estudios sobre la Directiva 123/2006 relativa a los servicios en el mercado interior,* Marcial Pons, Madrid, 2009; RIVERO ORTEGA, R., (Dir.), *Mercado europeo y reformas administrativas. La transposición de la Directiva de servicios en España,* Thomson Reuters, Madrid, 2009; PAREJO ALFONSO, L., "La desregulación de los servicios con motivo de la directiva Bolkenstein: la interiorización, con paraguas y en ómnibus, de su impacto en nuestro sistema", en *El Cronista del Estado Social y Democrático de Derecho,* núm. 6, (2009), págs. 34-41; DE LA QUADRA-SALCEDO Y FERNÁNDEZ DEL CASTILLO, T., "Libertad y establecimiento y de servicios: ¿reconocimiento o país de origen?", en *Revista española de derecho administrativo,* núm. 146, (2010), págs. 221-263.
En este sentido es significativa la petición de claridad y precisión que formuló el Comité Económico y Social Europeo en su dictamen a la propuesta (COM 2004, 2 final).

se enmarca en el contexto de la "Estrategia de Lisboa", impulsada por el Consejo Europeo a partir del año 2000, cuando en las conclusiones de la reunión de marzo de aquel año se propuso "convertir la economía europea en la economía más competitiva del mundo".

El objetivo principal de la Directiva de Servicios se expone en su Considerando 1 y no es otro que "la eliminación de las barreras que obstaculizan el desarrollo de las actividades de servicios entre Estados miembros", dado que se trata "de un medio esencial de reforzar la integración entre los pueblos de Europa y de fomentar el progreso económico y social, equilibrado y sostenible".

Para conseguir este objetivo, la Directiva de Servicios, como se expone en el Considerando 12, tiene por finalidad crear un marco jurídico que garantice la libertad de establecimiento y de circulación de servicios entre Estados miembros. Así, la Directiva de Servicios diseña un ámbito normativo general para suprimir los obstáculos que impiden ejercer la libertad de establecimiento de los prestadores de servicios y la libre circulación de servicios (art. 1.1).

Esta Directiva afecta únicamente a aquellos servicios que se realizan por una contrapartida económica.[313] Según el artículo

---

[313] Considerando 17: "[...] incluye únicamente aquellos servicios que se realizan por una contrapartida económica. Los servicios de interés general no están cubiertos por la definición del artículo 50 del Tratado, por lo que no están incluidos en el ámbito de aplicación de la presente Directiva. Los servicios de interés económico general son servicios que se realizan por una contrapartida económica, por lo que entran dentro del ámbito de aplicación de la presente Directiva. Sin embargo, determinados servicios de interés económico general, como los que pueden existir en el sector del transporte, están excluidos del ámbito de aplicación de la presente Directiva, y algunos otros servicios de interés económico general, como, por ejemplo, los que puedan existir en el ámbito de los servicios postales, están exceptuados de la disposición sobre la libre prestación

2.1 de la Directiva de Servicios "[...] se aplicará a los servicios prestados por prestadores establecidos en un Estado miembro".

La Directiva de Servicios hace una interpretación amplia del concepto servicios y lo define en el artículo 4.1 como "cualquier actividad económica por cuenta propia, prestada normalmente a cambio de retribución, contemplada en el artículo 50 del Tratado". El artículo 50 contempla que se consideran servicios "las prestaciones realizadas normalmente a cambio de retribución, en la medida en que no se rijan por las disposiciones relativas a la libre circulación de mercancías, capitales y personas". Como especifica el Considerando 33 de la Directiva de Servicios, el concepto de servicios incluye actividades variadas y en constante evolución. Esta definición no es ninguna novedad, ya que el TJCE así lo había recogido en numerosas sentencias al interpretar el artículo 50 del TCE.[314]

La inclusión de los servicios profesionales en la Directiva de Servicios ha provocado que las leyes de desarrollo y transposición de la norma europea afecten directamente a la regulación de los Colegios Profesionales, dado que estos restringen esas libertades.

---

de servicios establecida en la presente Directiva. La presente Directiva no trata la financiación de servicios de interés económico general ni es aplicable a los sistemas de ayuda concedidos por los Estados miembros, en particular en el ámbito social, de conformidad con las normas comunitarias de competencia. La presente Directiva no trata las medidas de seguimiento del Libro Blanco de la Comisión sobre servicios de interés general".

314 *Vid.* SSTJCE de 12 de julio de 2001, Smits y Peerbooms, C-157/99; de 27 de septiembre de 1988, Humbel y Edel, C-263/86, ap. 17; de 7 de diciembre de 1993, Wirth, C-109/92, ap. 15; de 22 de mayo de 2003, Freskot, C-355/00, ap. 54 y 55; de 12 de julio de 2001, Vanbraekel y otros, C-368/98; de 13 de mayo de 2003, Müller-Fauré y Van Riet, C-385/99; entre otros.

Ahora bien, la Directiva de Servicios, como se afirma en el Considerando 8, excluye la libre prestación de servicios cuando los Estados miembros exigen una determinada cualificación profesional para el ejercicio de una actividad.[315] Este es el concepto de actividad regulada, más amplio que el de profesión titulada que el artículo 36 de la CE reserva para las profesiones cuyo ejercicio requiere un título universitario.

En este sentido, la Directiva de Servicios establece la primacía de la Directiva 2005/36/CE del Parlamento Europeo y del Consejo sobre el reconocimiento de cualificaciones profesionales y permite, como excepción a la libre prestación de servicios y a la libertad de establecimiento que los Estados miembros reserven al ejercicio de determinadas actividades a la posesión de una cualificación profesional que en ocasiones puede comportar la exigencia de un título universitario.

No obstante, el problema surge cuando esa actividad provoca una reserva de actividad, impidiendo que otros profesionales puedan ejercerla. Ante esta situación, el Derecho europeo únicamente interviene para exigir que esa reserva de actividad cumpla ciertos requisitos: se aplique de manera no discriminatoria; que esté justificada por razones imperiosas de interés general, que sea adecuada para la realización del objetivo que persigue y no vaya más allá de lo necesario para alcanzar dicho objetivo (art. 9.1 de la Directiva de Servicios).[316]

---

315 Considerando 31 de la Directiva de Servicios.

316 DEL SAZ CORDERO, S., "La modificación de la Ley estatal 2/1974, de colegios profesionales, como consecuencia de la transposición de la Directiva de servicios", en *Revista Catalana de Dret Públic*, núm. 42, (2011), pág. 188 y ss.

4.1.1. La transposición de la Directiva de Servicios y su impacto en los Colegios Profesionales

El plazo de transposición de la Directiva de Servicios finalizó el 28 de diciembre de 2009, el cual se cumplió, como mínimo, desde un ámbito formal, tanto por parte del Estado como de la mayor parte de las comunidades autónomas.

Al contrario que en el resto de los Estados miembros de la Unión Europea, en España, la transposición de la Directiva de Servicios generó una "gran psicosis",[317] especialmente cuando se acercó el plazo límite del periodo de transposición. Así, en general, la adaptación administrativa de la Directiva de Servicios no es una cuestión pacífica, ya que ha creado una gran controversia en el Derecho administrativo. La doctrina administrativista hace referencia a este hecho con expresiones como "revolución administrativa",[318] "hito de la historia europea que generará el advenimiento de un nuevo derecho administrativo para el siglo XXI",[319] "mutación constitucional"[320] o "cataclismo en el núcleo central del Derecho administrativo".[321]

---

317 VILLAREJO GALENDE, H., "El nuevo régimen de las autorizaciones comerciales en España. Una lectura hitchcockiana de los efectos de la Directiva de servicios: ¿De Psicosis a Sabotaje?", en *Revista catalana de dret públic*, núm. 42, (2011), págs. 217-256.

318 *Vid.* MUÑOZ MACHADO, S., "Ilusiones y conflictos derivados de la Directiva de Servicios", en VV. AA., *Retos y…, op. cit.* pág. 297; JIMÉNEZ ASENSIO R., La incorporación de la directiva de servicios al derecho interno: primeros pasos de un largo proceso, Instituto Vasco de Administración Pública, Guipúzcoa, 2010, pág. 96.

319 *Vid.* FERNÁNDEZ RODRÍGUEZ, T. R., "Un nuevo Derecho Administrativo para el mercado interior europeo", en *Revista española de derecho europeo*, núm. 22, (2007), págs. 197.

320 *Vid.* PAREJO ALFONSO, L., "La desregulación de los servicios…, *op. cit.* pág. 38.

321 LINDE PANIAGUA, E., "Libertad de establecimiento de los prestadores de servicios en la Directiva relativa a los servicios en el mercado interior",

Para dar cumplimiento a la obligación de transponer la Directiva de Servicios, se inició una intensa labor legislativa, que resumimos a continuación.

En primer lugar, se procedió, en el ámbito competencial del Estado, a efectuar una transposición formal,[322] a través de la Ley 17/2009, de 23 de noviembre, sobre el libre acceso a las actividades y su ejercicio (conocida como Ley Paraguas). En segundo lugar, se inició la llamada transposición material, es decir, la adaptación de las normas sectoriales a las disposiciones de la Directiva. En este sentido, se aprobó la Ley 25/2009, de 22 de diciembre, de modificación de diversas leyes para su adaptación a la Ley sobre el libre acceso a las actividades de servicios y su ejercicio (conocida como Ley Ómnibus), que modifica diferentes leyes sectoriales. En concreto, el Capítulo III (servicios profesionales) modifica la Ley 2/1974, de 13 de febrero, sobre Colegios Profesionales. En esa línea, modifica també la Ley 2/2007, de 15 de marzo, de Sociedades profesionales. Esta normativa, como analizamos a continuación, ha ido más allá de las exigencias de la Directiva de Servicios.

---

en *Revista de derecho de la Unión Europea*, núm.14, (2008), pág. 87.
Sin embargo, también hay una parte de la doctrina especializada que relativiza la importancia de la Directiva de Servicios. *Vid.* LAGUNA DE PAZ, J. C., "Directiva de servicios: el estruendo del parto de los montes", en *El Cronista del Estado Social y Democrático de Derecho*, núm. 6, 2009, pp. 42-51; SALVADOR ARMENDÁRIZ, M. A., "Directiva de Servicios y Administración Local: cuestiones generales de su transposición en Navarra", en *Revista jurídica de Navarra*, núm. 52, (2011), págs. 107-162; RIVERO ORTEGA, R., (Dir.), *Mercado europeo y reformas administrativas. La transposición de la Directiva de servicios en España*, Thomson Reuters, Madrid, 2009.

322 La doctrina hace referencia a una transposición formal porque tiene un contenido muy similar a la Directiva y vincula a todas las Administraciones públicas.

4.2. La normativa autonómica

Muchas comunidades autónomas han asumido competencias exclusivas en materia de Colegios Profesionales, como por ejemplo Cataluña. Esta competencia exclusiva catalana se prevé en el artículo 125 del Estatuto de autonomía de Cataluña,[323] la cual abarca: a) la regulación de la organización interna, del funcionamiento y del régimen económico, presupuestario y contable, así como el régimen de colegiación y adscripción, de los deberes y derechos de sus miembros y del régimen disciplinario; b) la creación y atribución de funciones; c) la tutela administrativa; d) el sistema y procedimiento electorales aplicables a la elección de los miembros de las corporaciones; e) la determinación del ámbito territorial y la posible agrupación dentro de Cataluña.

Como examinó el Tribunal Constitucional, el citado precepto estatutario no vulnera la competencia estatal, desplazando a las normas básicas que corresponde dictar al Estado en la materia. En este sentido, afirma que: "[...] las atribuciones de competencias que efectúan las letras a) («[l]a regulación de la organización interna, del funcionamiento y del régimen económico, presupuestario y contable, así como el régimen de colegiación y adscripción, de los derechos y deberes de sus miembros y del régimen disciplinario») y b) («[l]a creación y la atribución de funciones») tienen un contenido, derivado de su propio tenor literal, que conlleva el sometimiento a la regulación básica estatal que disciplina la existencia misma de estas Corporaciones y los requisitos que han de satisfacer en el orden organizativo y financiero. Debe tenerse en cuenta, además, que el encabezamiento del propio art. 125.1 somete las competencias autonómicas al art. 36 CE, lo que ha de significar, necesariamente, a la ley estatal (STC 20/1988, FJ 3) de lo

---

[323] Ley orgánica 6/2006, de 19 de julio.

que se concluye que el art. 125.1 EAC no cierra el paso a las competencias legislativas estatales".[324]

Así, al amparo de los distintos preceptos estatutarios,[325] las diversas comunidades autónomas han dictado diferentes normas autonómicas en materia de Colegios Profesionales, en Cataluña, por ejemplo, la Ley 7/2006, de 31 de mayo.

Esta normativa autonómica también se ha visto afectada por la Ley Ómnibus, ya que de acuerdo con su Disposición Transitoria Cuarta ordenaba a la adaptación de la normativa estatal y autonómica, reguladora de los Colegios Profesionales, en vista a una futura ley que determinará las profesiones para cuyo ejercicio es obligatoria la colegiación.

Al amparo de la Ley Ómnibus, las comunidades autónomas se han adaptado[326] modificando mediante ley sectorial la Ley de Colegios Profesionales existentes,[327] o bien han modificado

---

[324] STC 31/2010, de 28 de junio, FJ 71.

[325] Se prevé la competencia exclusiva en materia de Colegios Profesionales por parte de las siguientes comunidades autónomas: art. 79.3 b) de la Ley orgánica 2/2007, de 19 de marzo, Estatuto de Autonomía de Andalucía; art. 71.30 de la Ley orgánica 5/2007, de 20 de abril, Estatuto de Autonomía de Aragón; art. 109 de la Ley orgánica 1/2018, de 5 de noviembre, Estatuto de Autonomía de Canarias; art. 125.1 de la Ley orgánica 6/2006, de 19 de julio, Estatuto de Autonomía de Cataluña; art. 49.22 de la Ley orgánica 5/1982, de 1 de julio, Estatuto de Autonomía de la Comunidad Valenciana; art. 9.11 de la Ley orgánica 1/1983, de 25 de febrero, Estatuto de Autonomía de Extremadura; art. 44.26 de la Ley orgánica 13/1982, de 10 de agosto, de Reintegración y Amejoramiento del Régimen Foral de Navarra; y art. 10.22 de la Ley orgánica 3/1979, de 18 de diciembre, Estatuto de Gernika.

[326] DEL SAZ CORDERO, S., "La modificación de la Ley estatal..., *op. cit.* pág. 190.

[327] Por ejemplo, la Ley 3/2010, de Cantabria, de modificación de la Ley 1/2001, de Colegios Profesionales de Cantabria.

las leyes autonómicas reguladoras de los Colegios Profesionales a través de leyes ómnibus autonómicas.[328]

En este contexto, algunas profesiones con distintos Colegios Profesionales han creado distintos Consejos Autonómicos, que deben coexistir con los propios Colegios y, a su vez con los Consejos Generales.[329]

4.3. Principales efectos en el acceso y ejercicio de la profesión y la organización y funcionamiento de los Colegios Profesionales

Al amparo de toda la normativa citada en el apartado anterior, se derivan unas reglas que inciden en el acceso y ejercicio de la profesión y la organización y funcionamiento de los Colegios Profesionales.[330]

La primera regla recae sobre la función pública que realizan los Colegios Profesionales. La creación y mantenimiento de un Colegio Profesional solo está justificado si cumple sus finalidades públicas, principalmente: la ordenación del acceso y del ejercicio de las profesiones, la representación institucional exclusiva de las mismas cuando estén sujetas a colegiación obligatoria, la defensa de los intereses de los consumidores y usuarios y la mejor prestación de los servicios a sus colegiados. Esto es así, por la razón de estar en juego intereses públicos o derechos fundamentales de los ciudadanos, como el derecho a la salud (art. 43 de la CE), respecto a las profesiones médicas,

---

[328] Sigue esta opción, por ejemplo, la Ley 12/2010, de 12 de noviembre, de Modificación de diversas leyes para la transposición en las Illes Balears de la Directiva 2006/123CE.

[329] Este es el caso, por ejemplo, del *Consell de l'Advocacia Catalana*, que se rige por el Código de la Abogacía Catalana.

[330] TRAYTER JIMÉNEZ, J. M., "Presente y futuro de los colegios profesionales", en AGUADO I CUDOLÀ, V. y NOGUERA DE LA MUELA, B., (Coord.), *El impacto…*, *op. cit.* pág. 190 y ss.

o el derecho a la defensa y tutela judicial (art. 24 de la CE), con relación a las profesiones jurídicas.

La segunda es la configuración de la libertad como regla general y la restricción como la excepción. De este modo, los requisitos que supeditan el acceso a una actividad de servicio o su ejercicio deben ajustarse a los siguientes criterios: no ser discriminatorios; estar justificados por una razón imperiosa de interés general; ser proporcionados; ser claros e inequívocos; ser objetivos; publicarse con antelación; ser transparentes y accesibles; y estar previstos en la Ley.

En tercer lugar, se establece la obligación de motivar la restricción a la libertad de acceso, como es la colegiación obligatoria o una autorización para el acceso a la prestación de servicios. De este modo, las reglas que se aplican a las autorizaciones también resultan aplicables a los regímenes de colegiación obligatoria. Por tanto, la colegiación obligatoria solo se puede imponer cuando esté justificada por razones imperiosas de interés general (orden público, seguridad pública, protección de los derechos de los ciudadanos, seguridad y salubridad de los consumidores u usuarios) y debe tener un carácter reglado, ya que los artículos 5 y 6 de la Ley Paraguas excluyen cualquier apreciación subjetiva de la Administración o el Colegio Profesional en el otorgamiento o denegación de la colegiación. Además, será requisito indispensable para el ejercicio de la profesión incorporarse a un Colegio "cuando así lo establezca una ley estatal". Esta regla imposibilita a los Estatutos Colegiales u otras normas reglamentarias introducir nuevos requisitos de carácter discrecional.

La Ley Ómnibus introduce un nuevo fin para los Colegios Profesionales. Así, se establece como una finalidad propia de los Colegios Profesionales la de prestar servicios a los colegiados y a los consumidores y usuarios. Por un lado, el Colegio ejerce la representación y defensa frente a los poderes públicos y a terceros; ampara y defiende a los colegiados en el ejercicio de su profesión; también intervienen en los procedimientos administrativos judiciales en los que se debaten cuestiones profesionales y deben atender las quejas o reclamaciones presentadas por los colegiados.[331] Respecto a los consumidores y usuarios, conforme al artículo 12.2 de la LCP, debe garantizarse que los Colegios profesionales dispongan de:

> "[...] un servicio de atención a los consumidores o usuarios, que necesariamente tramitará y resolverá cuantas quejas y reclamaciones referidas a la actividad colegial o profesional de los colegiados se presenten por cualquier consumidor o usuario que contrate los servicios profesionales, así como por asociaciones y organizaciones de consumidores y usuarios en su representación o en defensa de sus intereses. 3. Los Colegios Profesionales, a través de este servicio de atención a los consumidores o usuarios, resolverán sobre la queja o reclamación según proceda: bien informando sobre el sistema extrajudicial de resolución de conflictos, bien remitiendo el expediente a los órganos colegiales competentes para instruir los oportunos expedientes informativos o disciplinarios, bien archivando o bien adoptando cualquier otra decisión conforme a derecho".

Esta función del Colegio Profesional se completa con la instauración de obligaciones de información de los Colegios a través de la ventanilla única (art. 10.2 de la LCP) y de transparencia de su gestión (art. 11 de la LCP). Estos instrumentos forman parte del proceso de simplificación administrativa previsto en la Ley Paraguas, y con el que se pretende que los prestadores "[...] puedan llevar a cabo en un único punto, por vía electrónica y a distancia, todos los procedimientos y trámites necesarios para el acceso a las actividades de servicios y su ejercicio".[332]

---

[331] Art. 12.1 de la LCP.

[332] Preámbulo de la Ley Paraguas.

4.3.1. Estatutos colegiales

De acuerdo con el artículo 6 de la LCP, los Colegios Profesionales, sin perjuicio de las leyes que regulan la profesión de que se trate, se rigen por sus Estatutos y por los Reglamentos de régimen interior. Desde la aprobación de la Ley Ómnibus se abrió un proceso de revisión de los Estatutos Generales de los Colegios Profesionales y Consejos Generales con el objetivo de adaptar su normativa interna a los cambios de la Ley.

La CNMC se ha pronunciado en numerosas ocasiones sobre la regulación de los colegios y servicios profesionales desde la óptica de la promoción de la competencia y la regulación económica eficiente, reclamando una reforma necesaria y urgente con efectos competitivos en el mercado de la prestación de servicios profesionales.[333]

A continuación, se realiza una revisión general de estas principales reglas, clasificándolas según las restricciones al libre ejercicio profesional en: restricciones de acceso, restricciones territoriales y restricciones de ejercicio.[334]

---

333 Véase, Informe sobre el sector de servicios y colegios profesionales, 2008; Informe sobre colegios profesionales tras la transposición de la Directiva de Servicios, 2012; y el Informe del Anteproyecto de la Ley de servicios y Colegios Profesionales, 2013, así como en numerosos informes sobre estatutos de colegios profesionales siendo el más relacionado por cuestión de materia el IPN/CNMC/022/15 sobre el Proyecto de Real Decreto por el que se aprueban los Estatutos Generales de los Colegios de Arquitectos. También destaca el análisis realizado en el Informe IPN/CNMC/001/21 sobre el Proyecto de Real Decreto que transpone la Directiva 2018/958, de 28 de junio de 2018, relativa al test de proporcionalidad antes de adoptar nuevas regulaciones de profesiones.

334 La CNM sigue esta clasificación en su Informe. No obstante, advierte que esta división en ningún modo implica que las restricciones catalogadas como de acceso no puedan implicar también restricciones de ejercicio ni, al contrario.

4.3.2. Restricciones de entrada o acceso

Las restricciones de entrada o acceso son aquellas que limitan o impiden el número de profesionales que pueden ejercer la actividad en general o en un territorio concreto. Económicamente, la CNMC afirma que este tipo de restricciones limitan la oferta de servicios profesionales en el mercado,

> "[...] lo que reduce la intensidad de la competencia entre los profesionales con el resultado, *caeteris paribus*, de limitar la variedad de la oferta y por tanto la capacidad de elección del consumidor o usuario, ralentizar los incentivos de los profesionales a prestar servicios de mayor calidad y a innovar, incrementar los precios de los servicios profesionales y facilitar la aparición de acuerdos o prácticas concertadas restrictivas de la competencia que refuercen los efectos negativos anteriores".[335]

Por tanto, las restricciones de acceso quedan limitadas esencialmente a las derivadas de normas europeas o a las establecidas o previstas en normas con rango de ley, si estas medidas resultan necesarias por razones de interés general y respeten, además, los principios de proporcionalidad y no discriminación.[336]

---

335 CNMC. *Informe sobre los Colegios Profesionales tras la transposición de la Directiva de Servicios*, 2012, pág. 41. En el mismo sentido se pronuncia la CNMC en el Informe de Proyecto normativo 110/13, relativo al anteproyecto de Ley de servicios y colegios profesionales, 2013, pág. 25 y ss.

336 La CNMC determina que las restricciones de acceso a actividades profesionales o profesiones: "sólo podrán establecerse en Leyes estatales (artículo 8.1) al igual que la colegiación obligatoria (artículo 26.1). Las restricciones basadas en la cualificación que no requieran titulación superior (por ejemplo, las cualificaciones que se exigen para acceder a actividades de instalador, de transportista, etc.), pueden establecerse por cualquier Ley o por norma de rango inferior cuando estén previstas en normativa comunitaria (artículo 7.2). En estos casos, corresponderá a la entidad territorial competente por razón de la materia valorar y en su caso imponer restricciones, siempre con sujeción a los principios de

4.3.3. La colegiación obligatoria

La colegiación obligatoria, como señaló el Tribunal de Defensa de la Competencia (en adelante, TDC) hace ya 32 años, es un poder inmenso que el Estado concede a un grupo de ciudadanos y que no concede a ningún otro grupo; por tanto debe examinarse con sumo cuidado el uso que se hace de tal poder, porque preocupa que: "[...] se utilice para el propio interés de los colegiados, en vez de para aquel fin que justifica que la sociedad, a través del Estado, le delegue tal poder".[337]

El establecimiento de colegiación obligatoria para el ejercicio de una determinada actividad profesional supone un cierre del mercado a favor de los colegiados de ese Colegio profesional en cuestión. Como afirma la CNMC, supone una reducción de la oferta de profesionales "tanto intraprofesional porque no se permite ejercer dicha actividad a los profesionales que no cumplen los requisitos estrictos de titulación exigidos para la colegiación, pudiendo existir otras titulaciones igualmente preparadas para dicha actividad, como interprofesional porque sólo los profesionales efectivamente colegiados pueden ejercer la actividad".[338]

El posible perjuicio que puede causar tal obligatoriedad no se debe a la colegiación obligatoria en sí, sino al uso que de ella se haga. Si se distinguen los fines para los cuales puede utilizarse tal poder y se somete a los profesionales colegiados a

---

necesidad, proporcionalidad y no discriminación y teniendo presente la eficacia en todo el territorio nacional que se establece en el artículo 6", Informe de Proyecto normativo 110/13, relativo al anteproyecto de Ley de servicios y colegios profesionales, 2013, pág. 10.

337 TDC. *Informe sobre el libre ejercicio de las profesiones. Propuesta para adecuar la normativa sobre profesiones colegiadas al régimen de libre competencia vigente en España*, 1992, pág. 17.

338 CNM. *Informe sobre los Colegios Profesionales tras la transposición de la Directiva de Servicios*, 2012, pág. 43.

la libre competencia como se somete ya en España a cualquier otro operador económico, la colegiación obligatoria, bien vigilada por el poder público, puede no solo no ser negativa para la economía y sociedad, sino producir beneficios.[339] Como ya señaló el TDC en su Informe de 1992, el objetivo de la colegiación obligatoria no puede ser otro sino mejorar la calidad de los servicios prestados por los profesionales y ayudar a mantener ciertas conductas favorables a los clientes en el comportamiento de los profesionales.[340]

Tras la reforma, la LCP endurece las obligaciones de colegiación obligatoria para ejercer la actividad profesional al exigir que dicha obligación se determine por una ley estatal. Así, el artículo 3.2 de la LCP establece que "será requisito indispensable para el ejercicio de las profesiones hallarse incorporado al Colegio Profesional correspondiente cuando así lo establezca una ley estatal". Sin embargo, esto se completa con la Disposición Transitoria Cuarta de la Ley Ómnibus, en la que se establece el mandato dirigido al Gobierno para que "en el plazo de doce meses desde la entrada en vigor de esta Ley y previa consulta a las comunidades autónomas, remita a las Cámaras un proyecto de ley que determine las profesiones para cuyo ejercicio es obligatoria la colegiación".

---

339 TDC. *Informe sobre el libre ejercicio de las profesiones. Propuesta para adecuar la normativa sobre profesiones colegiadas al régimen de libre competencia vigente en España*, 1992, págs. 25 y 26.

340 En este sentido se reitera la Comisión Nacional de la Competencia (en adelante CNC) en los Informes de 2008, 2012, el Informe sobre las restricciones a la competencia en la normativa reguladora de la actividad de los Procuradores de los Tribunales 2009, y más recientemente en el Informe sobre el Proyecto de Real Decreto por el que se incorpora al ordenamiento jurídico español de la Directiva 2018/958, del Parlamento y del Consejo, de 28 de junio de 2018, relativa al test de proporcionalidad antes de adoptar nuevas regulaciones de profesiones, de 17 de marzo de 2021.

Así, la Ley Ómnibus dispone un plazo para que el Gobierno determine este extremo y acote la posible existencia de obligatoriedad de colegiación para aquellos

> "casos y supuestos de ejercicio en que fundamente como instrumento eficiente de control del ejercicio profesional para la mejor defensa de los destinatarios de los servicios y en aquellas actividades en que puedan verse afectadas, de manera grave y directa, materias de especial interés público, como pueden ser la protección de la salud y de la integridad física o de la seguridad personal y jurídica de las personas físicas".

No obstante, la Ley Ómnibus dispone que, hasta la entrada en vigor de la futura ley que regule la colegiación obligatoria se mantengan las obligaciones de colegiación vigentes en el momento de su entrada en vigor, esto es, a fecha de 27 de diciembre de 2009.[341]

Como ya hemos visto, el artículo 3.2 de la LCP atribuye, de forma contundente, la competencia al legislador estatal para la imposición de la colegiación obligatoria como requisito imprescindible para el ejercicio de una actividad profesional. Pero esta premisa entra en conflicto con lo dispuesto en primer párrafo del artículo 5.3 de la LCP,[342] al confundir en el régimen de distribución de competencias entre los poderes territoriales con el principio de colegiación única.

---

[341] Esto ha comportado que se observen situaciones de colegiación obligatoria no establecidas en una ley estatal.

[342] "Cuando una profesión se organice por colegios territoriales, bastará la incorporación a uno solo de ellos, que será el del domicilio profesional único o principal, para ejercer en todo el territorio español. A estos efectos, cuando en una profesión sólo existan colegios profesionales en algunas Comunidades Autónomas, los profesionales se regirán por la legislación del lugar donde tengan establecido su domicilio profesional único o principal, lo que bastará para ejercer en todo el territorio español".

Así, como destaca POMED SÁNCHEZ, la inicial afirmación de la competencia exclusiva del legislador estatal para el establecimiento de la colegiación obligatoria se transforma en una competencia concurrente "donde la única diferencia respecto del eventual ejercicio por dicho legislador o por los legisladores autonómicos, sería la eficacia de la imposición de la obligación en cuestión; lo que, en rigor, no sería sino aplicación al caso del principio de territorialidad del Derecho autonómico".[343] En este sentido se pronuncia el Tribunal Constitucional, declarando que:

> "[...] en la STC 76/1983, de 5 de agosto, este Tribunal declarara que «corresponde a la legislación estatal fijar los principios y reglas básicas a que han de ajustar su organización y competencias las Corporaciones de Derecho público representativas de intereses profesionales». Y aun cuando en tal declaración no se invocara explícitamente el art. 149.1.18.ª, de la Constitución, y se dijera sólo que las remisiones estatutarias a los preceptos constitucionales allí citados «permite entender que la Ley a que se refiere el art. 36 ha de ser estatal en cuanto a la fijación de criterios básicos en materia de organización y competencia» de las Corporaciones públicas profesionales, es del todo claro que el fundamento constitucional de esta legislación básica estatal no puede encontrarse sino en el mencionado art. 149.1.18.ª, de la Constitución. No cabe olvidar, por lo demás, que en aquella Sentencia este Tribunal dijo de forma expresa, con referencia a las Corporaciones de Derecho público representativas de intereses económicos, cuya analogía con las Corporaciones profesionales no parece dudosa, que, «aunque orientadas primordialmente a la consecución de fines privados, propios de los miembros que las integran, tales Corporaciones participan de la naturaleza de las Administraciones Públicas y, en este sentido, la constitución de sus órganos, así como su actividad en los limitados aspectos en que realizan funciones administrativas han de entenderse sujetas a las bases

---

343 POMED SÁNCHEZ, L. A., "Actividades profesionales y colegios profesionales", en *Revista Aragonesa de Administración Pública*, núm. extra 12, (2010), Ejemplar dedicado a: El impacto de la directiva Bolkestein y la reforma de los servicios en el Derecho Administrativo, pág. 396.

> que con respecto a dichas Corporaciones dicte el Estado en el ejercicio de las competencias que le reconoce el art. 149.1, 18.ª, de la Constitución». Esta doctrina resulta notoriamente aplicable también a las Corporaciones de Derecho público representativas de intereses profesionales, y no cabe ahora sino reiterarla en lo que concierne a los Colegios Profesionales de Cataluña".[344]

Asimismo, el Tribunal Constitucional vuelve a remitirse a la doctrina expuesta para dar respuesta a la impugnación del artículo 125.1 del EAC, de acuerdo con el cual la Generalitat de Cataluña, asume entre otras "la competencia exclusiva [...] respetando lo dispuesto en los artículos 36 y 139 de la Constitución". De este modo, el Tribunal Constitucional ha apostado por una interpretación integradora del precepto estatutario que permita salvar su constitucionalidad a costa de reducir notablemente el alcance de la competencia estatal, que deviene exclusiva en los términos de la legislación básica y no solo en el respecto a lo dispuesto en los artículos 36 y 139 de la CE.[345]

---

344 STC 20/1988, de 18 de enero, FJ 4. En el mismo sentido, véase también ATC 237/2002, de 26 de noviembre, FJ 5 y STC 206/2001, de 22 de octubre, FJ 4.

345 "Los Diputados recurrentes oponen a tal asignación competencial que su exclusividad desplaza a las normas básicas que corresponde dictar al Estado en la materia (art. 149.1.18 de la CE). El reproche no puede prosperar en razón de las consideraciones generales realizadas en los fundamentos jurídicos 60 y 64 acerca de las competencias del Estado, de las potestades concretas que comprende la competencia autonómica y de las prescripciones que contiene el propio encabezamiento de la norma contenida en el apartado impugnado. Las atribuciones de competencias que efectúan las letras a) («[l]a regulación de la organización interna, del funcionamiento y del régimen económico, presupuestario y contable, así como el régimen de colegiación y adscripción, de los derechos y deberes de sus miembros y del régimen disciplinario») y b) («[l]a creación y la atribución de funciones») tienen un contenido, derivado de su propio tenor literal, que conlleva el sometimiento a la regulación básica estatal que disciplina la existencia misma de estas Corporaciones y los requisitos

Por tanto, la reserva al legislador estatal de la competencia para establecer el deber de colegiación resulta coherente con el régimen constitucional de distribución de poderes en esta materia. De este modo, el artículo 3.3 de la LCP, que da por supuesta la existencia de colegios profesionales autonómicos, resultaría contrario a lo expuesto. No obstante, si seguimos la pauta contemplada en el mismo artículo 3.3 *in fine* de la LCP, puede salvarse esta antinomia, al decantarse en este caso por la aplicación del fuero personal y no del territorial en garantía del principio de colegiación única.[346]

Sobre la adscripción obligatoria a los Colegios Profesionales, la doctrina considera que ha de justificarse por la naturaleza de los fines perseguidos de forma que la integración forzosa resultase necesaria para el cumplimiento de fines relevantes de interés general.[347]

---

que han de satisfacer en el orden organizativo y financiero debiendo tenerse en cuenta, además, que el encabezamiento del propio art. 125.1 somete las competencias autonómicas al art. 36 de la CE, lo que ha de significar, necesariamente, a la ley estatal (STC 20/1988, FJ 3) de lo que se concluye que el art. 125.1 del EAC no cierra el paso a las competencias legislativas estatales" (STC 31/2010, FJ 71).

346 Sobre esta cuestión el Tribunal Constitucional afirma que "[...] desde la perspectiva del art. 149.1.1 CE, la limitación que supone la colegiación obligatoria del derecho de asociación, ya viene específicamente admitida por la Constitución en el art. 36, que por ello establece la reserva de ley para la creación de los colegios profesionales, sin precisar que sea a favor del legislador estatal, por lo que nada impide que la garantía de establecer legalmente la colegiación obligatoria tenga lugar en sede autonómica", STC 201/2013, de 5 de diciembre, FJ 9. Sobre el orden constitucional de distribución de competencias en materia de colegios profesionales, véase, entre otras, SSTC 69/2017, de 25 de mayo; 89/2013, de 22 de abril; 63/2013, de 14 de marzo; 46/2013, de 28 de febrero; 3/2013, de 17 de enero; 87/1989, de 11 de mayo; 20/1988, de 18 de febrero.

347 Véase, POMED SÁNCHEZ, L. A., "Actividades profesionales..., *op. cit.* pág. 398.

Así, FANLO LORAS señala que no debe admitirse la colegiación fundada en una profesión no titulada. Pero, además, no toda profesión titulada debe contar con una organización colegial, sino para aquellas muy cualificadas por su incidencia social. No hay que confundir la necesidad de contar con estructuras profesionales representativas, para lo que basta el amparo de los artículos 22 y 28 de la Constitución,[348] y las formas de personificación privadas, con el ejercicio de funciones públicas y la disciplina profesional encomendada al Colegio profesional. Solo si estamos en presencia de funciones públicas (necesidad de salvaguardar la vida, la salud, la seguridad u otros valores sociales merecedores de protección) puede otorgarse por el poder público la organización colegial, con la consiguiente personificación pública y la pertenencia obligatoria de los profesionales interesados y la sujeción a un régimen disciplinario peculiar.[349]

---

[348] Que regulan, respectivamente, el derecho de asociación y el derecho de sindicación.

[349] FANLO LORAS, A., "Encuadre histórico y constitucional. Naturaleza y fines. La autonomía colegial", en MARTÍN-RETORTILLO BAQUER, L. (Coord.), *Los Colegios..., op. cit.* pág. 148. En el mismo sentido, este autor apuesta por la excepcionalidad del régimen colegial afirmando: "Sin embargo, el salto de la profesión titulada a régimen colegial sólo debe darse excepcionalmente, y justificado cada supuesto concreto por razones de interés público que creo es discutible en el caso. No debe confundirse la conveniencia de que un grupo profesional cuente con instrumentos representativos (para lo que son suficientes las posibilidades organizativas que ofrece el artículo 22 CE, manteniéndose en el terreno de las asociaciones privadas) con la necesidad de que al Estado otorgue la organización *colegial* a dichos grupos. No toda profesión titulada exige necesariamente la existencia de un régimen colegial. Aquí sí que se ha de ser inflexible y atribuir con excepcionalidad el modelo colegial a aquellas profesiones muy cualificadas por la incidencia social de su actividad [...]". FANLO LORAS, A., "Encuadre histórico y constitucional. Naturaleza y fines. La autonomía colegial", en MARTÍN-RETORTILLO BAQUER, L. (Coord.), *Los Colegios..., op. cit.* pág. 105.

Manteniéndose en la misma línea, ARIÑO ORTIZ, para quien la opción del legislador por un modelo colegial no es el resultado automático de que una profesión se configure como titulada, sino que supone una nueva valoración del interés público presente en dicha profesión que lleva a sustraerla al régimen común de control administrativo o judicial de la actividad de los particulares, sometiéndola a un régimen especial, como es el corporativo.[350]

Si bien recoge los anteriores argumentos DEL SAZ, a nuestro parecer, se aparta un poco de la idea que en ellos subyace, según la cual, estará indicada la forma colegial en aquellos supuestos en los que el interés público esté especialmente cualificado por la salvaguarda de los derechos de los ciudadanos:

> "[...] si esta interpretación restrictiva del artículo 36 parece estar justificada por la incidencia de la colegiación en el ejercicio de otros derechos fundamentales, es necesario advertir sobre dos cuestiones. En primer lugar, la existencia de una cierta discrecionalidad del legislador al interpretar la intensidad del interés público en juego, interpretación que varía según la época histórica de que se trate y la repercusión social de la actividad profesional. En segundo lugar, el peligro que esta interpretación puede suponer para la pervivencia en el futuro de los Colegios profesionales".[351]

Así, esta especial cualificación haría referencia, en particular, a la "necesidad de salvaguardar la vida, la salud, la seguridad u otros valores sociales merecedores de protección", tal y como, a nuestro juicio, acertadamente señala el Profesor FANLO. Ahora bien, establecida la necesidad de la existencia de

---

350 Dictamen sobre el Anteproyecto de Ley, por el que se modifica la Ley 2/1974, reguladora de los Colegios Profesionales, con especial referencia a los aspectos jurídico-constitucionales. *Vid.* DEL SAZ CORDERO, S., "La modificación de la Ley estatal..., *op. cit.* pág. 86.

351 DEL SAZ CORDERO, S., "La modificación de la Ley estatal..., *op. cit.* pág. 87.

un Colegio profesional, es cuestión distinta, que examinamos a continuación, es la obligatoriedad o no de adscripción para los profesionales cuya actividad se halla cubierta por este.

La exigencia de colegiación obligatoria para el ejercicio de una profesión implica una alteración sustancial del régimen jurídico del ejercicio de esa profesión que, por ello, sólo puede ser impuesta por una ley. La transformación de una "profesión titulada" en una "profesión colegiada" corresponde al legislador, quien, por sí mismo –sin que aquí quepa delegación–, debe valorar la medida en que el interés público exige o permite esa limitación de la libertad de ejercicio profesional.

La colegiación obligatoria incide, por otra parte, en la eficacia jurídica del título profesional, en la medida en que cuando esta obligación se impone, el título por sí sólo deja de ser suficiente para permitir el ejercicio de la profesión. De ahí se deduce que la colegiación obligatoria sea competencia exclusiva del legislador estatal. La Constitución no prejuzga la necesidad de que las profesiones queden sometidas al régimen de colegiación obligatoria. La responsabilidad, pues, de esta decisión directa –no delegable– es del legislador estatal. Una vez establecida la colegiación obligatoria, ésta se convierte no sólo en un deber, sino también en un derecho de quien aspira a ejercer la profesión. Ambos aspectos están recogidos en el artículo 3 de la LCP:

> "1. Quien ostente la titulación requerida y reúna las condiciones señaladas estatutariamente tendrá derecho a ser admitido en el Colegio profesional que corresponda. 2. Será requisito indispensable para el ejercicio de las profesiones colegiadas la incorporación al Colegio en cuyo ámbito territorial se pretenda ejercer la profesión".

En un número considerable de casos las personas que están en posesión de un título académico pueden ejercer la profesión libre, o estar al servicio de una entidad administrativa como funcionarios públicos, o simultanear ambas actividades.

Pues bien, los ordenamientos singulares, salvo contados casos, establecen que la colegiación es obligatoria para los que ejercen la profesión libre y para los que al mismo tiempo ejercen funciones públicas, mientras que es simplemente voluntaria para los que se limitan a actuar como funcionarios,[352] pudiendo explicarse esto último por la pretensión que tienen la mayor parte de los Colegios de conseguir una "hermandad" entre los titulados que se manifiesta en dar facilidades es para una posible colegiación.

Los que ponen en cuestión la colegiación obligatoria argumentan que, si el Estado considera que una persona es capaz de ejercer una profesión y otorga un título, no entienden por qué se debe exigir además el requisito de estar afiliado a un Colegio. Se entienden bien las razones para dar la exclusividad al ejercicio de una profesión sólo a aquellos que obtengan una titulación: que nadie pueda ejercer de arquitecto sin ser arquitecto, que nadie pueda ejercer de abogado, sin ser licenciado en Derecho, etc. Pero es más difícil de explicar por qué, para ejercer de arquitecto o abogado, hay que estar afiliado a los respectivos Colegios profesionales.[353]

---

352 Sobre esta cuestión, el Tribunal Constitucional expuso en la Sentencia 131/1989, de 17 de julio, FJ 4, siguiendo a la Sentencia 69/1985, de 30 de mayo, FJ 2, y reiterado en el Auto 132/2002, de 16 de julio que "[...] es perfectamente admisible que las exigencias establecidas con carácter general en la Ley, como es el caso de la colegiación obligatoria, no sea de aplicación a quienes ejerzan la profesión colegiada únicamente como funcionarios o en el ámbito exclusivo de las Administraciones públicas, sin pretender ejercer privadamente la actividad profesional". STC 69/2017, de 25 de mayo, FJ 5.

353 TDC. *Informe sobre el libre ejercicio de las profesiones. Propuesta para adecuar la normativa sobre profesiones colegiadas al régimen de libre competencia vigente en España*, 1992, pág. 25, reproducido en IBAÑEZ GARCÍA, I., *Defensa de la Competencia y colegios pro*fesionales, Dykinson, Madrid, 1995, págs. 55 y ss.

La exclusividad por la obligación de colegiación supone una barrera de entrada frente a terceros competidores y reduce la oferta potencial del mercado. Además, como destaca el CNC esta situación facilita o potencia "conductas prohibidas por la LDC al tener el colegio identificados a todos los profesionales que compiten en el mercado y al quedar los profesionales sujetos al régimen colegial de control y ordenación de la actividad".[354] Por ello, la CNC determina que las obligaciones de colegiación se deben definir de forma restrictiva por normas con rango de ley para poder gozar del amparo del artículo 4 de la LDC. Este amparo legal debe establecerse siempre de forma justificada en criterios de necesidad, proporcionalidad y ausencia de mejores alternativas.

4.3.3.1. La doctrina del Tribunal Constitucional

El Tribunal Constitucional se ha pronunciado sobre el régimen de colegiación obligatoria para el ejercicio de determinadas actividades profesionales. Así en la Sentencia 89/1989, de 11 de mayo, señala que es el legislador quien dentro de los límites constitucionales y de la naturaleza y fines de los colegios

> "puede optar por una configuración determinada [...], dado, además que la reserva legal citada no es equiparable a la que se prevé en el art. 53.1 CE respecto de los derechos y libertades en cuanto al respecto de su contenido esencial, puesto que en los Colegios Profesionales –en la dicción del art. 36– no hay contenido esencial que preservar –STC 83/1984–, salvo la exigencia de estructura y funcionamiento democrático. Otra cosa es que el legislador, al hacer uso de la habilitación que le confiere el art. 36 CE, deberá hacerlo de forma tal que restrinja lo menos posible, y de modo justificado, tanto el derecho de asociación (art. 22) como el de libre elección profesional y de oficio (art. 35), y que al decidir, en cada caso concreto, la crea-

---

354 CNM. *Informe sobre los Colegios Profesionales tras la transposición de la Directiva de Servicios*, 2012, pág. 42.

ción de un Colegio Profesional, en cuanto, tal, haya de tener en cuenta que el afectar la existencia de éste a los derechos fundamentales mencionados, sólo será constitucionalmente lícita cuando esté justificada por la necesidad de servir un interés público".[355]

Estas consideraciones, conducen al Tribunal Constitucional a afirmar que los Colegios profesionales no son subsumibles en la totalidad del sistema general de las asociaciones a las que se refiere el artículo 22 de la CE porque, aunque:

> "[...] el art. 22 CE no prohíbe, por tanto, la existencia de entes que, siempre con la común base personal, exijan un especifico tratamiento, o bien un suplemento de requisitos postulados por los fines que se persiguen. Es lógico que una conjunción de fines privados y públicos –como es el caso de los Colegios– impliquen también modalidades que no deben siempre verse como restricciones o limitaciones injustificadas de la libertad de asociación, sino justamente como garantía de que unos fines y otros puedan ser satisfechos [...]. Eso justifica que la C.E., en su art. 36, haya querido desgajar o separar a los Colegios Profesionales del régimen general asociativo y que dicho precepto -como antes se ha indicado- no prevea que su «creación y ejercicio sean libres», como lo hace al referirse a los sindicatos y a los partidos (arts. 7 y 6 C.E.) y que establezca, asimismo, la reserva legal, lo que marca, por otra parte, su diferenciación con las «organizaciones profesionales» del art. 52 de la C.E., dirigidas a la defensa y promoción de intereses económicos. Y es que al cumplirse por los Colegios Profesionales otros fines específicos, determinados por la profesión titulada, de indudable interés público (disciplina profesional, normas deontológicas, sanciones penales o administrativas, recursos procesales, etc.), ello justifica innegablemente la opción deferida al legislador para regular aquellos Colegios y para configurarlos como lo hace la Ley 2/1974 [...]".[356]

---

355 FJ 5.

356 FJ 7.

Esta doctrina se completa con la STC 132/1989, de 18 de julio, en la que se define dos límites externos a la libertad de configuración del legislador en la materia. El primero de dichos límites reside en la imposibilidad del legislador de establecer una regulación de tal amplitud que monopolice las posibilidades asociativas de los miembros de esas Corporaciones:

> "Los fines pues, a perseguir por las Entidades corporativas, y la actuación de éstas han de ser compatibles con la libre creación y actuación de asociaciones que persigan objetivos políticos, sociales, económicos o de otro tipo, dentro del marco de los derechos de asociación y de libre sindicación, sin que puedan suponer, por tanto, obstáculos o dificultades a esa libre creación y funcionamiento. Ello constituye, pues, un primer límite, que pudiéramos denominar externo, a la creación de entes de tipo corporativo, creación que resultará contraria a los mandatos constitucionales de los arts. 22 y 28 CE si en la práctica van a significar una indebida concurrencia con asociaciones fundadas en el principio de la autonomía de la voluntad, o si, con mayor motivo, van a impedir la creación o funcionamiento de este tipo de asociaciones".[357]

El segundo límite es sobre la excepcionalidad que este tipo de entes debe tener en un ordenamiento jurídico. De este modo, afirma que:

> "en términos de nuestra ya citada STC 67/1985 –cuyo tenor esencial se reitera en la reciente STC 89/1989–, referente a la adscripción obligatoria en Colegios Profesionales, las excepciones al principio general de libertad de asociación han de justificarse en cada caso porque respondan a medidas necesarias para la consecución de fines públicos, y con los límites precisos para que ello no suponga una asunción (ni incidencia contraria a la Constitución), de los derechos fundamentales de los ciudadanos".[358]

---

357 FJ 6.

358 FJ 3.

En consecuencia, tal limitación de la libertad del individuo afectado consistente en su integración forzosa en una agrupación de base (en términos amplios) "asociativa", sólo será admisible cuando venga determinada tanto por la relevancia del fin público que se persigue, como por la imposibilidad, o al menos dificultad, de obtener tal fin, sin recurrir a la adscripción forzada a un ente corporativo".[359]

Así, la doctrina jurisprudencial no solo reconoce al legislador la capacidad de crear entidades corporativas para obtener una adecuada representación de intereses sociales o por otros fines de interés general, sino también la obligatoriedad adscripción a este tipo de entidades, cuando sea necesaria para la consecución de los efectos perseguidos. No obstante, esta adscripción obligatoria ha de considerarse excepcional respecto del principio de libertad, motivo por el cual se requiere de suficiente justificación, bien en disposiciones constitucionales –así, en el art. 36 CE–, bien, en las características de los fines de interés público que persigan y cuya consecuencia la CE encomiende a los poderes públicos.[360]

Esto le corresponde al Estado, al igual que el establecimiento de las cuestiones fundamentales sobre los supuestos y condiciones en que las comunidades autónomas pueden erigir estas

---

359 FJ 7.

360 En el mismo sentido en la STC 139/1989, de 20 de julio se concluye que: "sólo será admisible cuando venga determinada tanto por la relevancia del fin público que se persigue, como por la imposibilidad, o al menos dificultad, de obtener tal fin sin recurrir a la adscripción forzada a un ente corporativo", FJ 2.
Doctrina recogida en: SSTC 113/1994, de 14 de abril; 194/1998, de 1 de octubre; 107/1996, de 12 de junio; 132/1989, de 18 de julio; 5/1982, de 13 de febrero; 67/1985, de 24 de mayo; 106/1996, de 2 de junio; entre otras.

corporaciones profesionales.[361] Esta competencia deriva del artículo 149.1.18 de la CE, sin que el menor alcance que las bases estatales tienen respecto a entes públicos diferentes de las Administraciones territoriales y sus entidades instrumentales impida que el Estado pueda imponer la colegiación como forma de asegurar ciertas garantías de interés general en la prestación de servicios en un sector profesional.[362] Pero, además, como recuerda el Tribunal Constitucional en la Sentencia 69/2017, de 25 de mayo,

> "cuando el Estado sujeta a colegiación obligatoria el ejercicio de una concreta profesión está estableciendo una condición básica que garantiza la igualdad en el ejercicio de los derechos y deberes constitucionales en todo el territorio del Estado [...]. Concretamente, el Estado estaría introduciendo un límite sustancial que afecta al contenido primario del derecho al trabajo y a la libre elección de profesión u oficio del art. 35.1 CE".[363]

Siguiendo las premisas expuestas, las causas justificativas de la imposición de la obligación de colegiación para el ejercicio de actividades profesionales que se prevén en la Disposición Transitoria Cuarta de la Ley Ómnibus,[364] tienen la suficiente relevancia para servir de presupuesto para la formulación por

---

361 Véase, entre otras, SSTC 201/2013, de 17 de diciembre, FJ 5; 89/2013, de 22 de abril, FJ 2; 144/2013, de 11 de julio, FJ 2; 150/2014, de 22 de septiembre, FJ 3 y 201/2013, de 5 de diciembre, FJ 3.

362 *Vid.* SSTC 206/2001, de 22 de octubre, FJ 3 y 4; 31/2010, de 28 de junio, FJ 71; 3/2013, de 17 de enero, FJ 5; 69/2017, de 25 de mayo, FJ 5; 82/2018, de 16 de julio, FJ 5; entre otras.

363 FJ 5 b). Véase también, SSTC 3/2013, 21 de enero, FJ 8; 50/2013, de 28 de febrero, FJ 5; 63/2013, de 14 de marzo, FJ 2 d); 89/2013, 22 de abril, FJ 2; 144/2013, de 11 de julio, FJ 2 c); 150/2014, de 22 de septiembre; 201/2013, 5 de diciembre, FJ 3; 82/2018, 16 de julio, FJ 3.

364 "[...] instrumento eficiente de control del ejercicio profesional para la mejor defensa de los destinatarios de los servicios y en aquellas actividades en que puedan verse afectadas, de manera grave y directa, materias de especial interés público, como pueden ser la protección de la salud y de

el legislador del correspondiente juicio de proporcionalidad. Pero ese juicio de proporcionalidad ha de efectuarse respecto de actividades profesionales y el resultado de la ponderación entre derechos e intereses en presencia ha de ser acorde con el principio de concordancia práctica. Sobre este aspecto, el Tribunal Constitucional concluye que es legítima la excepción del deber de colegiación para el caso de los profesionales "de cliente único", como son los funcionarios que sirven en exclusiva a la Administración pública.

Así, el requisito de la colegiación obligatoria cede para quienes ejerzan la profesión colegiada y lo hagan únicamente como funcionarios o en el ámbito exclusivo de la Administración pública "sin pretender ejercer privadamente, con lo cual viene a privarse de razón de ser al sometimiento a una organización colegial justificada en los demás casos".[365] En tal supuesto, el Alto Tribunal considera que

> "[...] corresponde, pues, al legislador y a la Administración Pública, determinar por razón de la relación funcionarial con carácter general, en qué supuestos y condiciones, al tratarse de un ejercicio profesional al servicio de la propia Administración e integrado en una organización administrativa y por tanto de carácter público, excepcionalmente dicho requisito, con el consiguiente sometimiento a la ordenación y disciplina colegial, no haya de exigirse, por no ser la obligación que impone proporcionada al fin tutelado (fundamento jurídico 4). [...] En el caso de quienes trabajan para centros públicos, esa garantía puede ser asumida por la Administración y, en consecuencia, la exención de colegiación aparece como una medida razonable, ajena a todo propósito discriminatorio contrario al art. 14 de la Constitución Española".[366]

---

la integridad física o de la seguridad personal o jurídica de las personas físicas".

365 STC 69/1985, 30 de mayo, FJ 2.

366 STC 194/1998, 1 de octubre, FJ 3. Esta doctrina se refleja también en SSTC 97/2005, de 18 de abril; 6/2005, de 17 de enero; 141/2004, de

Por tanto, la normativa estatal no exceptúa a los empleados públicos, en general, de la necesidad de colegiación en el caso de que presten servicios solo o a través de una Administración pública.

De este modo, la cláusula "sin perjuicio de la competencia de la Administración pública por razón de la relación funcionarial" con la que concluye el artículo 1.3 de la LCP no puede interpretarse como introductoria de una excepción.[367] Se trata de

> "una cautela dirigida a garantizar que el ejercicio de las competencias colegiales de ordenación de la profesión que se atribuyen, en exclusiva, a los colegios profesionales y, por tanto, a los propios profesionales, no desplaza o impide el ejercicio de las competencias que, como empleadora, la Administración ostenta sin excepción sobre todo su personal, con independencia de que éste realice o no actividades propias de profesiones colegiadas".[368]

En cuanto a las comunidades autónomas, el Tribunal Constitucional recuerda que no pueden introducir excepciones a la exigencia obligatoria de colegiación, aunque sea de manera acotada o limitada "porque ello no constituye un desarrollo sino una contradicción de las mismas, que las desvirtúa y excede de su competencia (SSTC 3/2013, de 17 de enero, FJ 8; 150/2014, de 22 de septiembre, FJ 3; 229/2015, de 2 de noviembre, FJ 7; 69/2017, de 25 de mayo, FJ 5)". Por tanto, si el Estado no ha previsto excepciones ni ha permitido que sean las comunidades autónomas las que las introduzcan, "no pueden éstas impedir la plena proyección de las bases estatales median-

---

13 de septiembre; 92/2004, 19 de mayo; 96/2003, de 22 de mayo; entre otras.

367 SSTC 3/2013, de 17 de enero, FJ 6; 150/2014, de 22 de septiembre, FJ 3; entre otras.

368 STC 3/2013, de 17 de enero, FJ 6.

te exenciones de determinados colectivos, como pueden ser los empleados públicos".[369]

4.3.3.2. Dificultades de acceso a la colegiación: requisitos exigidos

Los requisitos de colegiación son una restricción de acceso a la profesión, ya que cuando la colegiación es obligatoria para ejercer la profesión, quien no los cumpla queda o puede quedar excluido del mercado. Por tanto, los requisitos actúan como restricción de acceso, lo que justifica que deben limitarse al máximo y justificarse suficientemente.[370] En este sentido, la CNM recomienda que el texto legal donde se recojan estos requisitos[371] tenga la máxima claridad posible para evitar en todo lo posible cualquier discrecionalidad de los Colegios Profesionales. Sin embargo, señala que esa claridad es poco habitual y ello da margen para que los Colegios busquen establecer requisitos adicionales, por ejemplo

> "[...] junto al establecimiento directo de requisitos injustificados a la colegiación por los Colegios, existen otras formas indirectas de restringir la colegiación, como el régimen de incompatibilidades, cuotas de inscripción superiores a los costes asociados a la tramitación de la inscripción, las fianzas o la exigencia de suscribir otros servicios con el Colegio".[372]

---

369 STC 82/2018, 16 de julio, FJ 3.

370 En este sentido se ha pronunciado la CNM. Véase, CNM. *Informe sobre los Colegios Profesionales tras la transposición de la Directiva de Servicios*, 2012, pág. 53. CNM. IPN/CNMC/022/15 Proyecto de Real Decreto por el que se aprueban los estatutos generales de los colegios de arquitectos y su consejo superior, 2015, pág. 12.

371 Normalmente vienen definidos en la Ley de creación del colegio profesional correspondiente.

372 CNM. *Informe sobre los Colegios Profesionales tras la transposición de la Directiva de Servicios*, 2012, pág. 53.

Tras la reforma de la LCP se prevé expresamente que la cuota de inscripción colegial debe limitarse, como máximo a los costes asociados a la tramitación de la inscripción. De esta manera, se suprime la posibilidad que cada Colegio Profesional pueda establecer de forma discrecional los conceptos que los colegiados deben pagar y la cuantía de estos. En efecto, como establece el artículo 3.3 de la LCP la cuota variable o de servicios debe fijarse de manera reglada como contraprestación al servicio prestado.

4.3.3.3. En la legislación autonómica

En cuanto a la previsión del artículo 3.2 de la LCP sobre la obligatoriedad de colegiación cuando así lo establezca una ley estatal, sólo las normativas autonómicas de Andalucía, Aragón, Baleares, Cantabria, Castilla-La Macha, Extremadura y Galicia transcriben esta disposición.[373]

Además, existen algunos casos de legislación autonómica que contradicen a lo previsto en la LCP, por atribuir la competencia para el establecimiento de obligaciones de colegiación a la comunidad autónoma o bien por atribuir directamente obligaciones de colegiación, en contra de la norma estatal.

---

[373] Art. 3.2 bis de la Ley 10/2003, de 6 de noviembre, que regula los Colegios Profesionales de Andalucía. Art. 22.1 de la Ley 2/1998, de 12 de marzo, aprueba las normas reguladoras de Colegios Profesionales de la Comunidad de Aragón. Art. 16 de la Ley 10/1998, de 14 de diciembre, regula los Colegios Profesionales de les Illes Balears. Art. 17.2 de la Ley 1/2001, de 16 de marzo, que regula los Colegios Profesionales de Cantabria. Art. 6.3 de la Ley 10/1999, de 26 de mayo, regulador de los Colegios Profesionales. Art. 4 de la Ley 11/2002, de 12 de diciembre, de Colegios Profesionales de Extremadura. Art. 2 de la Ley 11/2001, de 18 de septiembre, de Colegios Profesionales de la Comunidad Autónoma de Galicia.

En este supuesto, encontramos la Ley 6/1999, de 4 de noviembre de la Región de Murcia que dispone que "la atribución del régimen y organización colegial a una determinada profesión sólo podrá realizarse por ley de la Asamblea Regional" (art. 3.1). En el mismo sentido, también encontramos el artículo 3 de la Ley 19/1997, de 11 de julio de la Comunidad de Madrid que prevé que "la adscripción de los profesionales al correspondiente Colegio será voluntaria, salvo que la Ley de creación del Colegio o, en su caso, la norma de creación a la que se refiere la Disposición adicional segunda de esta Ley establezca lo contrario [...]". Asimismo, podemos citar como ejemplo la Ley Foral 3/1999, de 6 de abril, de Colegios Profesionales de Navarra que dispone que "será requisito imprescindible, para el ejercicio de las profesiones colegiadas en la Comunidad Foral de Navarra, la incorporación a un Colegio Profesional [...]".[374]

En el caso de la Ley catalana 7/2006, el artículo 38.1 establecía que: "la incorporación al correspondiente colegio profesional es un requisito necesario para el ejercicio de las profesiones colegiadas; en los términos establecidos por la legislación vigente". Este precepto fue objeto de recurso de inconstitucionalidad por ser considerado por más de cincuenta Diputados del Grupo Parlamentario Popular del Congreso de los Diputados contrario al modelo estatal básico. En concreto, el motivo sobre el que se asienta la impugnación del citado precepto es la extralimitación competencial de la Generalitat de Cataluña al reconocer simultáneamente que la incorporación al correspondiente colegio profesional es requisito necesario para el ejercicio de la profesión colegiada.

Planteada la cuestión en los términos señalados, el Tribunal Constitucional en la Sentencia 201/2013, de 5 de diciembre,

---

[374] Art. 16.2.

recuerda el carácter básico del artículo 3.2 de la LCS, en base a su reiterada doctrina, y recordando su pronunciamiento en la Sentencia 3/2013 que afirma que:

> "la competencia del Estado para regular los colegios profesionales le viene dada por el art. 149.1.18 CE, que le permite fijar los principios y reglas básicas de este tipo de entidades corporativas [...]. Aun cuando los colegios profesionales se constituyen para defender primordialmente los intereses privados de sus miembros, tienen también una dimensión pública que les equipara a las Administraciones públicas de carácter territorial, aunque a los solos aspectos organizativos y competenciales en los que ésta se concreta y singulariza [SSTC 76/1983, de 5 de agosto, FJ 26; 20/1988, de 18 de febrero, FJ 4; y 87/1989, de 11 de mayo, FJ 3 b)]. En definitiva, corresponde al Estado fijar las reglas básicas a que los colegios profesionales han de ajustar su organización y competencias, aunque con menor extensión e intensidad que cuando se refiere a las Administraciones públicas en sentido estricto (STC 31/2010, de 28 de junio, FJ 71)".

Así pues, considera el artículo 3.2 de la LCP parámetro básico y dado que el mismo atribuya al legislador estatal la competencia pata establecer los supuestos en que la adscripción obligatoria resulta exigible para el ejercicio profesional, concluye que el artículo 38.1 de la Ley catalana 7/2006 "incurre en un supuesto de inconstitucionalidad mediata y de contradicción con la legislación básica estatal, dictada al amparo de lo dispuesto en el artículo 149.1.18 de la CE, por lo que el precepto es inconstitucional".[375]

El régimen de obligatoriedad de colegiación establecido en la Ley gallega 11/2001, de 18 de septiembre, de Colegios Profesionales también fue objeto de recurso ante el Tribunal Constitucional.[376]

---

375 FJ 5.

376 Recurso de inconstitucionalidad núm. 8260-2010 promovido por el Presidente del Gobierno en relación con el art. 2, apartado primero;

El artículo 3.2 de la Ley 11/2001 además de no prever por qué clase de norma puede establecerse la colegiación obligatoria, prevé la obligatoriedad de colegiación para los profesionales médicos y de las ciencias de salud al servicio de las Administraciones Públicas cuyos destinatarios sean los usuarios del Sistema Público de Salud de Galicia, así como también para el ejercicio de la actividad privada. El Abogado del Estado entiende que el citado precepto vulnera el artículo 3.2 de la LCP, la cual se concreta en que el legislador autonómico infringe la reserva que la Ley 25/2009 hace a las Cortes Generales para la determinación de aquellos supuestos en que excepcionalmente se exija la colegiación como requisito para el ejercicio de una profesión.[377]

Sobre esta impugnación, en la Sentencia 62/2017, de 25 de mayo, el Tribunal Constitucional empieza recordando sus pronunciamientos sobre el carácter básico del artículo 3.2 de la LCP[378] donde afirma que corresponde:

> "al legislador estatal, conforme a lo establecido en el artículo 3.2, determinar los casos en que la colegiación se exige para el ejercicio profesional y, en consecuencia, también las excepciones, pues éstas no hacen sino delimitar el alcance de la regla de la colegiación obligatoria, actuando como complemento necesario de la misma" y que "la determinación de las

---

segundo, punto 2, quinto y décimo, apartados 1, 2 y 3 así como contra los artículos 3 a 9 de Ley 1/2010, de 11 de febrero, de modificación de diversas leyes de Galicia para su adaptación a la Directiva 2006/123/ CE del Parlamento Europeo y del Consejo de 12 de diciembre de 2006, relativa a los servicios en el mercado interno,

377 El Abogado del Estado parte de la consideración que la regulación estatal es básica conforme al art. 149.1.18 y 30 de la CE. Por todo ello, afirma que, aun cuando la comunidad autónoma tiene competencias para incidir en el régimen de Colegios Profesionales, carece de toda competencia para fijar el régimen de colegiación obligatoria de las profesiones anquee se limite a reproducir la normativa estatal. FJ 6.

378 *Vid.* SSTC 3/2013, de 17 de enero, FJ 57; 201/2013, 5 de diciembre, FJ 5.

profesiones para cuyo ejercicio la colegiación es obligatoria se remite a una ley estatal previendo su disposición transitoria cuarta que, en el plazo de doce meses desde la entrada en vigor de la ley, plazo superado con creces, el Gobierno remitirá a las Cortes el correspondiente proyecto de ley y que, en tanto no se apruebe la ley prevista, la colegiación será obligatoria en los colegios profesionales cuya ley de creación así lo haya establecido".[379]

En todo caso, la competencia para la regulación básica de los colegios profesionales que el artículo 149.1.18 de la CE atribuye al Estado no excluye *a priori* que una determinada prescripción dictada en ejercicio de su competencia para regular las bases del régimen jurídico de las Administraciones públicas, por afectar, además, al contenido primario de un derecho constitucional, pueda ser una condición básica que tienda a garantizar la igualdad en el ejercicio de derechos y deberes (STC 3/2013, FJ 8). En este sentido, la exigencia de la colegiación obligatoria para el ejercicio de una determinada profesión, y en consecuencia sus excepciones, constituye, además, una condición básica que garantiza la igualdad en el ejercicio de los derechos y deberes constitucionales al amparo del artículo 149.1.1 de la CE. Además, el Alto Tribunal determina que guarda una relación directa, inmediata y estrecha con el derecho reconocido en el artículo 35.1 de la CE en el que incide de forma directa y profunda y constituye una excepción, amparada en el artículo 36 de la CE, a la libertad de asociación para aquellos profesionales que, para poder hacer efectivo el derecho a la libertad de elección y ejercicio profesional, se ven obligados a colegiarse y, por tanto, a formar parte de una entidad corporativa asumiendo los derechos y deberes que se im-

---

379 FJ 6.

ponen a sus miembros y a no abandonarla en tanto en cuanto sigan ejerciendo la profesión.[380]

En consecuencia, concluye que, independientemente de que las profesiones a las que se refiere la disposición impugnada sean o no profesiones de colegiación obligatoria, le corresponde al legislador estatal determinar las profesiones cuyo ejercicio se sujeta a colegiación obligatoria.[381]

En definitiva, concluye la inconstitucionalidad y nulidad del apartado segundo de la Ley 1/2010, de 11 de febrero, en cuanto da una nueva redacción al artículo 3.2 de la Ley de Colegios Profesionales de Galicia, en tanto en cuanto la Comunidad Autónoma no es competente para establecer el régimen de colegiación obligatorio previsto en el mismo.[382]

Asimismo, desde la entrada en vigor de la Ley Ómnibus, se han aprobado leyes autonómicas reguladoras de Colegios Profesionales concretos que establecen la obligatoriedad de colegiación para poder ejercer en sus territorios. Este es el caso de la Ley 3/2010, de 26 de febrero, de Creación del Colegio Profesional de Higienistas Dentales Extremadura y la Ley 2/2010, de 26 de febrero, de creación del Colegio Profesional de Logopedas de Extremadura. El artículo 3.3 y 3.2 de las respectivas normas han sido objeto de recurso de inconstitucionalidad promovido por el Gobierno, al considerar que dichas normas vulneran la legislación básica estatal.

---

380 FJ 6. Véase también, SSTC 3/2013, de 17 de enero, FJ 8, reiterada posteriormente en SSTC 46/2013, de 28 de febrero, FJ 3 d), y 63/2013, de 14 de marzo, FJ 2 d).

381 Al respecto, la doctrina concluye la falta de competencia autonómica para determinar el régimen de colegiación obligatoria y sus excepciones. STC 229/2015, de 2 de noviembre, FJ 7.

382 FJ 6.

En este caso, el Tribunal Constitucional determina, en primer lugar, la relación directa con la problemática competencial resuelta por su reiterada doctrina en las SSTC 3/2013, de 17 de enero; 46/2013 y 50/2013, de 28 de febrero; 63/2013, de 14 de marzo y 89/2013, de 22 de abril.

En este sentido, afirma que en base a la competencia estatal ex artículo 149.1.18 CE, la determinación del régimen de colegiación tiene carácter básico y

> "los colegios profesionales voluntarios son, a partir de la Ley 25/2009, de 22 de diciembre, el modelo común, correspondiendo al legislador estatal; conforme a lo establecido en el artículo 3.2, determinar los casos en que la colegiación se exige para el ejercicio profesional y, en consecuencia, también las excepciones, pues éstas no hacen sino delimitar, el alcance de la regla de la colegiación obligatoria, actuando como complemento necesario de la misma".[383]

En definitiva, concluye que el Estado es el competente para establecer la colegiación obligatoria y por consiguiente los preceptos impugnados resultaran inconstitucionales y nulos. Por tanto, la competencia estatutaria relativa a colegios profesionales y ejercicio de las profesiones tituladas, aunque se califique como exclusiva, está sujeta a la CE y, en concreto, a los títulos competenciales reservados al Estado el artículo 149.1 CE.

4.3.4. Restricciones territoriales

Continúan las dudas sobre la coexistencia a nivel estatal y autonómico de Colegios Profesionales de adscripción voluntaria con otros obligatorios. En este sentido, el artículo 1.3 de la LCP, tras la modificación de la Ley Ómnibus, establece:

---

[383] STC 144/2013, de 11 de julio, FJ 3. Véase también la STC 3/2013, de 17 de enero.

> "Son fines esenciales de estas Corporaciones la ordenación del ejercicio de las profesiones, la representación institucional exclusiva de las mismas cuando estén sujetas a colegiación obligatoria, la defensa de los intereses profesionales de los colegiados y la protección de los intereses de los consumidores y usuarios de los servicios de sus colegiados, todo ello sin perjuicio de la competencia de la Administración Pública por razón de la relación funcionarial".[384]

Además, la Disposición Transitoria Cuarta de la LCP otorga al Gobierno un año para la remisión de un proyecto de ley a las Cortes que determinará las profesiones cuyo ejercicio requerirán una colegiación obligatoria, esto es, cuándo la colegiación será un instrumento eficiente del control del ejercicio profesional para la defensa de los consumidores de los servicios profesionales y solo en aquellas actividades profesionales en que puedan afectarse de forma grave materias de especial interés público, como puede ser la salud y la integridad física o la seguridad personal o los derechos de defensa de los ciudadanos.

Pero, conforme al artículo 149.1.18 de la CE, corresponde al Estado el establecimiento de la obligatoriedad de la adscripción a una profesión.[385] Por consiguiente, las Comunidades au-

---

384 Sobre la aplicación de este precepto, véase, SSTC 63/2013, de 14 de marzo, FC 2; 46/2013, de 28 de febrero, FJ 2; 50/2013, de 28 de febrero, FJ 34; 3/2013, de 17 de enero, FJ 6; 67/2010, de 18 de octubre, FJ 4; 38/2010, de 19 de julio, FJ 4; 45/2004, de 23 marzo, FJ5; 386/1993, de 23 de diciembre; entre otras.

385 En este sentido, véase la STC 31/2020, de 28 de junio, sobre el art. 125 del EAC. El Tribunal Constitucional atribuye al Estado las bases estales de fijación de los aspectos esenciales del régimen jurídico de los Colegios Profesionales, como: la definición, los requisitos para crearlos y los requisitos para ser miembro. *Vid.* CARLÓN RUIZ, M., "El impacto de la transposición de la Directiva de Servicios en el régimen jurídico de los Colegios Profesionales", *Revista de Administración Pública,* núm. 183, septiembre-diciembre 2010.

tónomas podrán crear Colegios Profesionales pero la decisión de si la colegiación es obligatoria depende del Estado.[386]

En quinto lugar, se suprimen los obstáculos proteccionistas que impiden o restringen la libre competencia. En esta línea, se establece que cuando en una profesión sólo existen Colegios Profesionales en algunas comunidades autónomas, los profesionales se regirán por la legislación del lugar donde tengan establecido su domicilio profesional único o principal, lo que sería suficiente para ejercer en todo el territorio del Estado.[387]

Sobre el ejercicio profesional en territorio distinto al de la colegiación, se establece que los Colegios Profesionales deberán utilizar los oportunos mecanismos de comunicación y sistemas de cooperación administrativa previstos por la Ley Paraguas.

Pero esta regulación provoca un escenario de incertidumbre y ambigüedad ya que nos podemos encontrar que para un mismo hecho existan tipificaciones de infracciones y sanciones distintas por la distinta regulación legal referida a las infracciones y sanciones en cada una de las comunidades autónomas. Esta regulación podría ser contraria a los artículos 149.1.18 y 25.1 de la CE, si estas diferencias no están debidamente justificadas por razón de las particularidades del derecho autonómico.[388]

---

[386] Véase, TRAYTER JIMÉNEZ, J. M., "Presente y futuro de los colegios profesionales", en AGUADO I CUDOLÀ, V. y NOGUERA DE LA MUELA, B., (Coord.), *El impacto…, op. cit.* pág. 196.

[387] Todo este tipo de restricciones a la libertad de ejercicio quedan derogadas y prohibidas por el art. 3.3 párrafo 1 de la LCP.

[388] Sobre este aspecto, TRAYTER JIMÉNEZ considera que el art. 25.1 de la CE permite que haya una regulación distinta de las infracciones y sanciones en las distintas Comunidades Autónomas. *Cfr.* TRAYTER JIMÉNEZ, J. M., "Presente y futuro de los colegios profesionales", en AGUADO I CUDOLÀ, V. y NOGUERA DE LA MUELA, B., (Coord.), *El impacto…, op. cit.* pág. 197. Véase también, STC 87/1995, de 16 de julio.

4.3.4.1. El principio de colegiación única

El principio de colegiación única, como señala la CNM, pretende lograr una mayor integración del mercado nacional, permitiendo una mayor movilidad de la oferta, facilitando la innovación y promoviendo un entorno procompetitivo caracterizado por menores precios y mejores servicios.[389]

Aunque este principio ya existía antes de la reforma de 2009 de la LCP, su régimen tenía ciertas limitaciones. No existía la previsión de que los mismos profesionales pudieran estar obligados a colegiarse en un territorio y en otro territorio no, motivo por el cual cuando los profesionales del territorio sin obligación de colegiación pretendieran ejercer en el otro territorio podían encontrarse barreras.

Para paliar estos problemas, la LCP establece el principio de reconocimiento mutuo en su artículo 3.3, ya existente respecto a los profesionales de la Unión Europea, dentro del territorio nacional.[390] Así, se regula que cuando una profesión se organice por colegios territoriales, bastará la incorporación a uno de ellos, que será el del domicilio profesional único o principal para ejercer en todo el territorio español.

Además, antes de la reforma, la LCP permitía que a los profesionales se les obligara a comunicar al Colegio de un territorio la actuación en su ámbito territorial. Esto era una capacidad innecesaria de los colegios.

---

389 CNM. *Informe sobre los Colegios Profesionales tras la transposición de la Directiva de Servicios*, 2012, pág. 62.

390 Para un análisis exhaustivo del sistema europeo de reconocimiento mutuo de cualificaciones profesionales, véase LÓPEZ DE CASTRO GARCÍA-MORATO, L., "Reconocimiento mutuo de cualificaciones profesionales en la Unión Europea. Tutela y cooperación administrativa", en *Revista General de Derecho Europeo*, núm. 51, (2020).

La LCP refuerza este principio en su artículo 3.3 al establecer que, para poder ejercer en el territorio nacional, solo se deben cumplir los requisitos exigidos en el territorio donde el profesional tenga su domicilio único o principal.[391] Por tanto, los Colegios que mantengan la exigencia de colegiación en un territorio para ejercer en él estaría incumpliendo la normativa.[392]

Además, como establece el citado precepto, no podrán exigir a los profesionales que ejerzan en territorio distinto al de colegiación comunicación ni habilitación alguna. Añade también, que corresponde al Colegio del territorio en el que se ejerza la actividad profesional ejercer la potestad disciplinaria, los Colegios deberán utilizar los mecanismos de comunicación y cooperación administrativa entre autoridades competentes.

4.3.4.2. En la legislación autonómica

La vigente LCP prevé varias disposiciones que fuerzan la libertad de prestación de servicios profesionales en territorios

---

391 Como afirma LÓPEZ DE CASTRO GARCÍA-MORATO, la Directiva 2013/55/UE "refuerza de forma significativa la protección administrativa y jurisdiccional del reconocimiento de cualificaciones profesionales de profesional migrante y de los destinatarios de los servicios, en el contexto más amplio de instrumentos de cooperación y asistencia al Mercado interior. *Vid.* LÓPEZ DE CASTRO GARCÍA-MORATO, L., "Reconocimiento mutuo de cualificaciones..., *op. cit.* pág. 1.

392 Restricciones de este tipo, la CNM señala que pueden encontrarse en los Estatutos Generales de la Organización Médica Colegial y del Consejo General de Colegios Oficiales de Médicos. Pero también indica otras situaciones que podrían llevar el establecimiento, de facto, de una obligación de colegiación, como, por ejemplo, el establecimiento de obligaciones para los colegiados de utilizar los servicios comunes prestados por el Colegio de acogida. *Vid.* CNM. *Informe sobre los Colegios Profesionales tras la transposición de la Directiva de Servicios*, 2012, pág. 63.

distintos de aquél en que el profesional tiene establecido su domicilio principal.

Estas premisas se incorporan, de forma expresa, en las legislaciones de algunas comunidades autónomas como Andalucía, Aragón, Cantabria, Galicia, Murcia y Madrid[393]. Pero en otras legislaciones autonómicas todavía se mantienen restricciones a la libre circulación de profesionales, permaneciendo así contradicciones directas con la LCP. Un ejemplo de esto lo encontramos en el artículo 16.2 de la Ley 3/1998 de Navarra que prevé que "Será requisito indispensable, para el ejercicio de las profesiones colegiadas en la Comunidad Foral de Navarra, la incorporación a un Colegio Profesional de esta Comunidad, salvo que se acredite la pertenencia a otro Colegio de la misma profesión de distinto ámbito territorial".

Otro ejemplo de normativa autonómica que incorpora contradicciones directas con la LCP es la de la Comunidad de Madrid. Así, el artículo 3.1 de la Ley 19/1997, de Madrid prevé que "[...] podrán ejercer las respectivas profesiones en el territorio de la Comunidad de Madrid los profesionales incorporados a Colegios Profesionales de distinto ámbito territorial por razón de su domicilio profesional único o principal, en los términos y con las excepciones establecidas en la legislación estatal básica".

---

393 Art. 3.3 de la Ley 10/2003, de 6 de noviembre, que regula los Colegios Profesionales de Andalucía. Art. 22 de la Ley 2/1998, de 12 de marzo, que aprueba las normas reguladoras de los Colegios Profesionales de la Comunidad de Aragón. Art. 17 de la Ley 1/2001, de 16 de marzo que regula los Colegios Profesionales de Cantabria. Art. 2 de la Ley 11/2001, de 18 de septiembre, regulación de los Colegios Profesionales de la Comunidad Autónoma de Galicia. Art. 6 de la Ley 6/1999, de 4 de noviembre, de Colegios Profesionales de la Región de Murcia. Art. 3 de la Ley 19/1997, de 11 de julio, de Colegios Profesionales de la Comunidad de Madrid.

En estos dos ejemplos se observan contradicciones con la LCP ya que se exige al profesional estar colegiado en su lugar de origen para poder ejercer en esos territorios, lo que podría ser de imposible cumplimiento si en su lugar de origen no existe Colegio Profesional. Además, la Ley de Navarra también entra en contradicción con la LCP ya que exige al profesional de otro territorio "acreditar" su colegiación para ejercer en su territorio, ya que la LCP prohíbe exigir al profesional cualquier comunicación para prestar servicios fuera de su lugar de origen.[394]

4.3.5. Restricciones de ejercicio

Las restricciones al ejercicio profesional limitan la capacidad competitiva de los profesionales impidiéndoles o reduciendo sus posibilidades de diferenciarse en precios o en otras variables competitivas.

De este modo, económicamente tienden a

> "homogeneizar la oferta de servicios de profesionales y facilitar la aparición de acuerdos o prácticas concertadas restrictivas de la competencia [...], que restringen la variedad de la oferta, la capacidad de elección del consumidor o usuario, la calidad, la innovación y tienden a elevar los precios de los servicios prestados".[395]

El resultado de estas restricciones es la reducción de la variedad o la calidad de los servicios profesionales, con su consiguiente encarecimiento.

---

394 En este sentido se ha pronunciado la CNM en *Informe sobre los Colegios Profesionales tras la transposición de la Directiva de Servicios*, 2012, pág. 29.

395 CNM. *Informe sobre los Colegios Profesionales tras la transposición de la Directiva de Servicios*, 2012, pág. 41.

Son múltiples las restricciones al ejercicio, si bien las más recientes son las que inciden sobre los honorarios; la publicidad y los visados.

4.3.6. Aspectos relativos a los honorarios

El precio de los servicios profesionales, llamados honorarios, tiene una gran relevancia desde la perspectiva de la competencia, al ser uno de los elementos básicos para el funcionamiento de la economía de mercado.[396] Desde este punto de vista, la libre fijación de precios[397] debe ser la regla general para permitir que el sistema económico en general obtenga los máximos beneficios de la competencia, "al tiempo que se consigue la mejor asignación posible de los recursos productivos al señalizar los precios relativos las necesidades o excesos existentes". No obstante, la CNC añade una excepción para situaciones muy concretas, "[...] existiendo previamente una justificación estrictamente económica, de forma proporciona-

396 Determinados servicios profesionales tienen regulados los aranceles como se trata de los notarios y los registradores (Real Decreto 1612/2011, de 14 de noviembre, que modifica los Reales Decretos 1426/1989, de 17 de noviembre y 1427/1989, de 17 de noviembre, que aprueban los aranceles de los notarios y los registradores, así como el Decreto 757/1973, de 29 de marzo, que aprueba el arancel de los registradores mercantiles). Este tema excede de los objetivos de este trabajo. Para un análisis más exhaustivo de esta materia, véase NAVARRO GÓMEZ, R., *El arancel de los funcionarios púbicos: análisis jurídico tributario,* Marcial Pons, Madrid, 2007. CNM. *Informe sobre los Colegios Profesionales tras la transposición de la Directiva de Servicios,* 2012, pág. 67 y ss.

397 La CNC destaca los beneficios de la libertad de precios: intensificación de las competencias; fomento de la innovación y las mejoras en la calidad y variedad de los servicios prestados; crecimiento económico y crecimiento del empleo. *Vid.*, CNM. *Informe sobre los Colegios Profesionales tras la transposición de la Directiva de Servicios,* 2012, pág. 66.

da y no discriminatoria, podría considerarse una intervención en la fijación libre de los precios".[398]

Los Colegios Profesionales han propiciado restricciones a la libre fijación de precios con el establecimiento de precios fijos, mínimos o máximos, y los baremos orientativos de honorarios. Estas actuaciones limitan la capacidad de los profesionales para utilizar el precio como herramienta de competencia y conllevan que los precios se sitúen por encima de la libertad de oferta y demanda.[399]

En cuanto a los honorarios orientativos, la CNC también ha manifestado que puede tener efectos similares a la fijación de precios, ya que "[...] los partícipes tienen mayor capacidad para comportarse todos de la misma forma porque pueden razonablemente anticipar cuál va a ser el comportamiento de sus competidores". Así, la CNC ha señalado en reiteradas ocasiones que la facultad de los Colegios Profesionales para establecer baremos orientativos vulnera los principios de regulación eficiente, de necesidad, proporcionalidad y mínima distorsión.[400]

---

398 CNM. *Informe sobre los Colegios Profesionales tras la transposición de la Directiva de Servicios*, 2012, pág. 66.

399 La CNC define estas prácticas como "las más dañinas de la competencia". *Vid.* CNM. *Informe sobre los Colegios Profesionales tras la transposición de la Directiva de Servicios*, 2012, pág. 66.

400 TDC. *Informe sobre el libre ejercicio de las profesiones. Propuesta para adecuar la normativa sobre profesiones colegiadas al régimen de libre competencia vigente en España*, 1992; CNC. *Recomendaciones a las Administraciones Públicas para una regulación de los mercados más eficiente y favorecedora de la competencia*, 2008; CNC. *Informe sobre el sector de Servicios profesionales y Colegios Profesionales*, 2008. En el segundo de estos informes se abogaba por suprimir la facultad de los Colegios Profesionales para establecer baremos orientativos por contravenir los principios de regulación eficiente de necesidad, proporcionalidad y mínima distorsión.

La LCP, hasta 1997, incluía como funciones colegiales la fijación de honorarios mínimos obligatorios por parte de los colegios y la posibilidad de que pudiesen obligar a sus colegiados a canalizar el cobro de honorarios a través del propio Colegio. Pero la reforma, introducida por la Ley 7/1997, de 14 de abril, de medidas liberalizadoras en materia de suelo y de Colegios Profesionales, eliminó estas dos posibilidades. Sin embargo, se permitió la posibilidad de establecer baremos de honorarios orientativos y mantener el cobro de honorarios a través del Colegio como un servicio voluntario.

Posteriormente, la reforma de la LCP de 2009 eliminó del artículo 5 de la LCP la función colegial de establecer baremos de honorarios orientativos ni siquiera con carácter indicativo.[401] Además, se añade un nuevo precepto sobre la prohibi-

La Comisión Europea también mantienen esta posición, como se pone de manifiesto en la Decisión 2005/8 que condenó al Colegio de Arquitectos Belga por la inclusión en sus normas deontológicas de baremos indicativos de honorarios.

401 Son numerosas las sanciones de las autoridades de competencia a este tipo de conductas, tanto antes como después de la reforma de 2009. Por ejemplo, el TDC en la Resolución 566/03, Protésicos Dentales de Madrid, sancionó al Colegio Profesional de Protésicos Dentales de Madrid por la realización de una práctica consistente en la fijación de honorarios mínimos y precios de venta al público; la CNC, en la Resolución 629/07, Colegio de Arquitectos de Huelva, sancionó al referido Colegio por elaborar anualmente el "Método para el cálculo simplificado de los presupuestos estimativos de ejecución material de los distintos tipos de obras", por suponer una recomendación colectiva de precios, que tiene por efecto restringir la competencia. Esta Resolución fue recurrida ante la Audiencia Nacional, que resolvió desestimar el recurso. Véase, la Sentencia de 21 de enero de 2011. Resoluciones del Consejo de la CNMC de 8 de marzo de 2018 y 27 de febrero de 2020, dictadas en el marco de los expedientes S/DC/0587/16 y VS/0587/16, COSTAS BANKIA, resolución final de 21 de mayo de 2024 (9 Colegios de Abogados por recomendación colectiva sobre los precios de honorarios, considerados por la CNMC como baremos, objeto de múltiples sentencias: STS 2224/2024, de 26 de abril;

ción expresa de que los colegios establezcan "baremos orientativos ni cualquier otra orientación, recomendación, directriz, norma o regla sobre honorarios profesionales" (art. 14 de la LCP).

No obstante, se establece una única excepción a la prohibición general de establecer honorarios orientativos. La Disposición adicional cuarta LCP establece que "los Colegios podrán elaborar criterios orientativos a los exclusivos efectos de la tasación de costas y de la jura de cuentas de los abogados. Dichos criterios serán igualmente válidos para el cálculo de honorarios y derechos que corresponden a los efectos de tasación de costas en asistencia jurídica gratuita". Sobre esta excepción, es importante remarcar que el legislador hace referencia a "criterios" orientativos y no a "baremos". Esto implica que debemos entender como criterio orientativo el conjunto de elementos que han de tenerse en cuenta para la tasación de costas y de la jura de cuentas de los abogados, y "no el resultado cuantitativo de aplicar dichos criterios en cada caso concreto, que sería el precio u honorario".[402]

No obstante, la supresión de esta facultad, como pone de manifiesto POMED SÁNCHEZ sorprende en la medida en que puede entenderse que sirve a la defensa de los usuarios de los servicios profesionales. Por ello, esta supresión debiera haberse acompañado de la inclusión de otras obligaciones de información sobre el coste de los servicios profesionales.[403]

STS 2216/2024 de 24 de abril, SAN 1007/2024, de 21 de febrero, SAN 4795/2023, de 25 de septiembre, STS 119/2023, de16 de enero, entre otras).

402 CNM. *Informe sobre los Colegios Profesionales tras la transposición de la Directiva de Servicios*, 2012, pág. 71.

403 POMED SÁNCHEZ, L. A., "Actividades profesionales…, *op. cit.* pág. 401.

4.3.7. Publicidad

La publicidad es una herramienta fundamental de competencia para los profesionales incumbentes y para los nuevos entrantes, ya que mejora la información acerca del servicio en cuestión, permitiéndoles valorar su precio, calidad y diferencias respecto a otros productos o servicios.[404]

En este sentido, el Tribunal de Primera Instancia de las Comunidades Europeas, en su Sentencia de 28 de marzo de 2001[405] destaca que

> "[...] la publicidad es un elemento importante de la competencia en un mercado determinado, en cuanto permite apreciar mejor los méritos de cada operador, la calidad de sus prestaciones y sus costes [...] la publicidad comparativa permite, asimismo, aumentar la información de los usuarios y contribuir de este modo a la elección del agente autorizado al que pueden dirigirse en el conjunto de la Comunidad".[406]

Por consiguiente, el Tribunal afirma que:

> "[...] los efectos beneficiosos para la competencia de una publicidad comparativa leal y adecuada (considerando 41) y las restricciones de la competencia que implica, por el contrario, la prohibición de toda forma de este tipo de publicidad (considerando 43)".

---

404 CNC. *Informe sobre el sector de Servicios profesionales y Colegios Profesionales*, 2008, pág. 76. Este papel de la publicidad incide de forma directa en la competencia. *Vid.* Resolución del TDC, 11 de octubre de 2001, Expte. 504/00, Abogados Madrid.

405 Sentencia del Tribunal de Primera Instancia (Sala Segunda) de 28 de marzo de 2001, Asunto T-144/99, Caso Instituto de Agentes Autorizados ante la Oficina Europea de Patentes contra la Comisión de las Comunidades Europeas.

406 FJ 2 y FJ 3.

La LCP, en su artículo 25, establece que las disposiciones estatutarias y deontológicas de los Colegios Profesionales en materia de comunicaciones comerciales sólo pueden completar previsiones dirigidas a exigir a los colegiados que su conducta en materia de comunicaciones comerciales se ajuste a lo dispuesto en la ley.

Por tanto, los Colegios Profesionales no pueden exigir actuaciones distintas a las expresamente contempladas en las leyes[407]. No obstante, como destaca la CNC, es frecuente encontrar disposiciones estatutarias y otra normativa colegial que no están adaptadas a lo establecido en la LCP.[408]

4.3.8. Visados

Los Colegios profesionales, de acuerdo con el artículo 5 de la LCP, tenían la función de visar los trabajos profesionales cuando así lo estableciesen sus estatutos generales. Pero la LCP no entraba a definir la naturaleza, las finalidades ni el contenido de los visados, por lo que quedaba a discreción de los Colegios profesionales definir esta figura.

---

407 Las leyes que regulan la publicidad son: la Ley 34/1988, de 11 de noviembre, General de Publicidad; la Ley 3/1991, de 10 de enero, de Competencia Desleal y las leyes especiales que regulan determinadas actividades publicitarias.

408 La CNC señala como malas prácticas, por ejemplo: el Reglamento General de Régimen Interior del Colegio Oficial de Ingenieros de Telecomunicaciones, el cual afirma que la publicidad queda sujeta a las normas del Colegio y a las leyes que sobre la materia promulguen. También, el Código Deontológico de la Abogacía, que afirma en el artículo 7 que el abogado debe ajustarse en materia de publicidad a lo dispuesto, entre otros, en el Código Deontológico de la profesión, así como en las normas que dicten el Consejo Autonómico y el Colegio en cuyo ámbito territorial actué. Véase, CNM. *Informe sobre los Colegios Profesionales tras la transposición de la Directiva de Servicios*, 2012, pág. 77 y ss.

Sin embargo, con la modificación de 1997 de la LCP se matizó que el visado no podía comprender ni honorarios ni las demás condiciones contractuales.[409]

Pero no fue hasta la reforma de 2009, que se regula en norma con rango de ley el contenido del visado colegial. Así, se introduce un nuevo artículo 13, referente a los visados colegiales, que establece que los Colegios visarán los trabajos profesionales cuando lo solicite el cliente o cuando así se establezca mediante real decreto. Se configura el visado como un instrumento voluntario, aunque otorga al Gobierno la potestad de establecer los trabajos profesionales que exigirán visado obligatorio atendiendo a: a) necesaria existencia de una relación de causalidad directa entre el trabajo profesional y la afectación a la integridad física y seguridad de las personas; b) que se acredite que el visado es el mecanismo de control más proporcionado. Asimismo, se establece que el objeto del visado es comprobar la identidad y habilitación profesional del autor, así como la corrección e integridad formal de la documentación del trabajo profesional de acuerdo con la normativa aplicable al trabajo de que se trate. Pero también se determina que cuando el visado sea preceptivo su coste no será abusivo ni discriminatorio.

Pese a estas reformas, diversos Colegios profesionales han seguido utilizando la figura de los visados para restringir la competencia. Por ejemplo, la Resolución de 19 de noviembre de 1999,

---

409 Como indica la CNM, el visado era utilizado con fines restrictivos de la competencia y para denegar la continuidad del trabajo hasta que el profesional había cobrado sus honorarios. Esto se comprueba en las numerosas resoluciones condenatorias sobre visados dictadas por el TDC, como por ejemplo la Resolución del expediente 397/97, Aparejadores de Madrid, en el que sanciona la práctica del Colegio de denegar los visados hasta que el cliente no depositase la fianza necesaria para garantizar el pago de los honorarios debidos a un profesional anterior. Véase también CNM. *Informe sobre los Colegios Profesionales tras la transposición de la Directiva de Servicios*, 2012, pág. 86.

Arquitectos Madrid, sanciona al Colegio Oficial de Arquitectos de Madrid por denegar a sus colegiados el visado a un encargo profesional en tanto no se afianzara el pago de los honorarios discutidos con un profesional anterior y se ajustara el valor por el m^2 del proyecto de obra al resultante de aplicar los módulos colegiales, condicionando así el visado a la aceptación del criterio impuesto por el propio Colegio. Esto fue considerado como una práctica restrictiva de la competencia. Más recientemente, es la Resolución de la CNM, de 28 de julio de 2016 que sanciona al Colegio oficial de Ingenieros técnicos Industriales de Madrid por exigir de forma obligatoria el visado colegial en todos los trabajos de los ingenieros técnicos industriales colegiados.

En cumplimiento del citado artículo 13 de la LCP, se adoptó el Real Decreto 1000/2010, de 5 de agosto, sobre Visado Colegial Obligatorio. En esta norma se determinan los trabajos profesionales que, por quedar acreditada su necesidad y proporcionalidad entre otras alternativas posibles, debe tener visado colegial, como excepción a la libertad de elección al cliente.

Así se limita el número de visados obligatorios a un total de nueve. Concretamente, en su artículo 2 mantiene tres visados en el ámbito de la edificación, dos relativos a las voladuras y demoliciones de edificaciones, tres en el ámbito de la fabricación y venta de explosivos, cartuchería y pirotecnia y uno relativo a recursos mineros. Este Real Decreto también regula que el profesional firmante del trabajo

> "se dirigirá al colegio profesional competente en la materia principal del trabajo profesional, que será la que ejerza el profesional responsable del conjunto del trabajo. Cuando haya varios colegios profesionales competentes en la materia, el profesional podrá obtener el visado en cualquiera de ellos" (art. 5.1).[410]

---

[410] Para un estudio más exhaustivo del vigente régimen legal del visado colegial, véase CALVO SÁNCHEZ, L., *El visado colegial*, Thomson Reuters Aranzadi, Madrid, 2015.

Así, la regulación legal del visado ha determinado un cambio muy relevante respecto a la precedente, el cual tiene un doble carácter: subjetivo y formal. El primero hace referencia a "la identidad y habilitación profesional del autor del trabajo, utilizando para ello los registros de colegiados previstos en el artículo 10.2"; y el segundo a la "corrección e integridad formal de la documentación del trabajo profesional de acuerdo con la normativa aplicable al trabajo del que se trate". En todo caso, se añade,

> "el visado expresará claramente cuál es su objeto, detallando qué extremos son sometidos a control e informará sobre la responsabilidad que, de acuerdo con lo previsto en el apartado siguiente, asume el Colegio. En ningún caso comprenderá los honorarios ni las demás condiciones contractuales, cuya determinación queda sujeta al libre acuerdo entre las partes, ni tampoco comprenderá el control técnico de los elementos facultativos del trabajo profesional".[411]

Esta última prohibición resulta particularmente significativa. Los Colegios Profesionales, al visar los proyectos o trabajos,

> "[...] no pueden ni deben juzgar sobre la mayor o menor adecuación técnica del trabajo desarrollado por aquéllos, esto es, sobre su corrección desde el punto de vista de la *lex artis* o sobre su ajuste a las prescripciones técnicas de contenidos sustantivo. Son los propios profesionales quienes responden ante los clientes y ante la sociedad en general de la corrección técnica de sus proyecto o actuaciones, sin que los eventuales errores o defectos de esta naturaleza que contengan puedan ser objeto del visado colegial".[412]

En consecuencia, son los profesionales quienes responden antes los clientes de la corrección técnica de sus proyectos.

---

411 El Real Decreto 1000/2010, de 5 de agosto, además de establecer los visados obligatorios, concreta y regula más específicamente el contenido y el alcance de esta figura.

412 STS de 21 de enero de 2012, FJ 5.

Así pues, el visado se reduce como afirma el Tribunal Supremo, "(conforme al artículo 13.2 de la Ley 2/1974, a meras constataciones de carácter formal y de ningún modo abarca los aspectos esencialmente técnicos o facultativos de las situaciones a él sujetas [...]".[413]

Por tanto, el visado colegial es una forma de realizar un control formal de la actividad de los colegiados y no puede comprender el control técnico de los elementos propios del trabajo profesional.[414]

La LCP establece también que el colegio deberá responder "subsidiariamente de los daños que tengan su origen en defectos que hubieran debido ser puestos de manifiesto por el Colegio al visar el trabajo profesional, y que guarden relación directa con los elementos que se han visado en ese trabajo concreto" (art. 13.3 de la LCP). Pero como se puede apreciar se define en unos términos imprecisos. Esta imprecisión, como destaca POMED SÁNCHEZ se observa en el régimen de responsabilidad subsidiaria por los daños ocasionados por los defectos que "hubieran debido ser puestos de manifiesto" en el visado. La responsabilidad subsidiaria colegial derivará no sólo de la comprobación de los aspectos formales citados sino de todos aquellos elementos que se han visado en ese trabajo concreto. Por tanto, esto supone una ampliación de la responsabilidad colegial.[415]

La LCP limita el coste de los visados de carácter obligatorio, estableciendo que su coste debe ser razonable, no abusivo ni discriminatorio, y público (art. 13.4).

---

413 STS de 31 de enero de 2012, FJ 6.

414 Así lo define el CNM. *Informe sobre los Colegios Profesionales tras la transposición de la Directiva de Servicios*, 2012, pág. 86.

415 POMED SÁNCHEZ, L. A., "Actividades profesionales..., *op. cit.* pág. 403.

La reforma del visado colegial –art. 13 de la LCP y la aprobación de su reglamento de desarrollo–, a nivel estatal, es considerada por la CNC enormemente favorecedora de la competencia.[416] No obstante, también se plantean potenciales inconvenientes desde el punto de vista de la defensa de la competencia relacionados, por: la no adaptación por los Colegios de la normativa ni la actividad colegial a la nueva regulación del visado; y por otro, con los instrumentos alternativos al visado colegial que están poniendo en marcha determinadas Administraciones Públicas para llevar a cabo las funciones que les son ahora encomendadas.[417]

Por todo ello, la CNC destaca que se pueden seguir produciendo restricciones de la competencia como: a) acuerdos entre distintos colegios sobre cómo y cuánto cobrar por el visado; b) extensión del ámbito de los supuestos de visado obligatorio y obligación de comunicación de trabajos no visados; c) vinculación del visado colegial con el acceso a seguros profesionales u otros servicios prestados por el Colegio.[418]

Debido a lo anteriormente mencionado, las Administraciones públicas deben comprobar la identidad y habilitación del firmante del proyecto, así como realizar determinadas comprobaciones documentales, utilizando para ello distintos instrumentos, que van desde la comprobación directa por parte de la propia administración hasta el establecimiento de convenios con los Colegios Profesionales o la delegación funciones en terceros. Pero dado que estos instrumentos tienen distinta implicación en el mercado, afectando a la competencia, las Ad-

---

416 Lo pone de manifiesto la CNM. *Informe sobre los Colegios Profesionales tras la transposición de la Directiva de Servicios*, 2012, pág. 87.

417 CNM. *Informe sobre los Colegios Profesionales tras la transposición de la Directiva de Servicios*, 2012, pág. 88 y ss.

418 CNM. *Informe sobre los Colegios Profesionales tras la transposición de la Directiva de Servicios*, 2012, pág. 89

ministraciones públicas deberán elegir aquel instrumento más adecuado, siguiendo un análisis de necesidad, proporcionalidad y mínima distorsión.

4.3.8.1. En la legislación autonómica

En cuanto a la regulación de la figura del visado colegial en las legislaciones autonómicas, podemos observar cómo todavía algunas mantienen regulaciones que no están plenamente adaptadas a la normativa estatal de carácter básico o bien son susceptibles de generar confusión.[419]

Así, algunas normativas autonómicas (Canarias, la Comunidad Valenciana, Madrid, Galicia, Murcia y Navarra)[420] indican, en contradicción con la LCP que será el Estatuto del Colegio Profesional el que determine la obligatoriedad del visado. Por ejemplo, el artículo 19 i) de la Ley 10/1990, de 23 de mayo, de Canarias considera que es función propia de los Colegios Profesionales "visar los trabajos profesionales de los colegiados cuando así se establezca en la legislación sectorial o en los Estatutos". Otro ejemplo lo encontramos en el artículo 5 f) de la Ley 6/1997, de la Comunidad Valenciana, que sigue previendo que es función de los colegios profesionales "visar los trabajos profesionales de los/las colegiados/as, cuando así se establezca expresamente en los estatutos generales. El visado no comprenderá los honorarios ni las demás condiciones contractuales, cuya determinación se deja al libre acuerdo de las partes".

---

419 CNM. *Informe sobre los Colegios Profesionales tras la transposición de la Directiva de Servicios,* 2012, pág. 31.

420 Art. 14 i) de la Ley 19/1997, de 11 de julio, de Madrid; art. 9 i) de la Ley 11/2001, de 18 de septiembre, de Galicia; art. 9 j) de la Ley 6/1999, de 4 de noviembre, de la Región de Murcia; y el art. 3 h) de la Ley Foral 3/1998, de 6 de abril de Navarra.

Sin embargo, en el caso de Galicia fue el propio Tribunal Constitucional quien declaró inconstitucional el apartado i) del artículo 9 por invadir la competencia estatal para dictar la legislación básica sobre colegios profesionales. Así, la norma autonómica al establecer los dos supuestos en que ha de ejercerse la función de visar no reproduce fielmente las bases, sino que las altera en la medida en que la genérica referencia a la ley posibilita la intervención autonómica en un ámbito que la norma básica ha reservado al Estado. En consecuencia, el legislador autonómico ha parafraseado un precepto básico estatal de modo tal que, lejos de contribuir a la inteligencia de un desarrollo adecuado de las bases, ha introducido confusión.[421]

En relación con la prohibición expresa de recomendaciones sobre honorarios que regula el artículo 14 de la LCP[422], la han incorporado la mayoría de las comunidades autónomas: Andalucía, Aragón, Baleares, Cantabria y Galicia[423].

---

421 STC 62/2017, de 25 de mayo, FJ 5.

422 En la disposición adicional cuarta se recoge: "Los Colegios podrán elaborar criterios orientativos a los exclusivos efectos de la tasación de costas y de la jura de cuentas de los abogados. Dichos criterios serán igualmente válidos para el cálculo de honorarios y derechos que corresponden a los efectos de tasación de costas en asistencia jurídica gratuita".

423 Art. 18.2 x) de la Ley 10/2003, de 6 de noviembre de Andalucía. Art. 18.1 g) de la Ley 2/1998, de 12 de marzo, de Aragón. Art. 13.3 de la Ley 10/1998, de 14 de diciembre, de las Illes Balears; art. 27 de la Ley 1/2001 de 16 de marzo de Cantabria. Art. 16 de la Ley 11/2002, de 12 de diciembre, de Extremadura. Art. 10 sexies de la ley 11/2001, de 18 de septiembre, de Galicia. Art. 9 h) de la Ley 6/1999, de 4 de noviembre, de la Región de Murcia. Art. 24 e) de la Ley 18/1997, de 21 de noviembre, del País Vasco. Art. 9 f) de la Ley 4/1999, de 31 de marzo, de La Rioja. Art. 3 f) de la Ley 3/1998, de 6 de abril, de Navarra. Art. 14 e) de la Ley 19/1997, de 11 de julio, de Madrid. Art. 12 g) de la Ley 8/1997, de 8 de julio, de Castilla y León. Art. 3 f) de la Ley 3/1998, de 6 de abril, de Navarra.

Las restantes legislaciones autonómicas, siguen manteniendo expresamente como competencia de los Colegios Profesionales la función de elaborar baremos de honorarios orientativos para los servicios profesionales. Este es el caso de la Comunidad Valenciana, Madrid, Castilla y León y Navarra.[424]

Pero merece mención aparte la legislación canaria, en la que se establece como competencia de los Colegios Profesionales "dictar normas sobre honorarios cuando estos no se acrediten en forma de aranceles, tarifas o tasas", función que se agrava con la de "encargarse del cobro de los honorarios con carácter general o a petición de los colegiados".[425]

Asimismo, también cabe destacar la ley catalana porque, aunque incluye como función de los colegios "facilitar a las personas usuarias y consumidoras información en materia de honorarios profesionales, respetando siempre el régimen de libre competencia", no prohíbe expresamente las recomendaciones de baremos de honorarios.[426]

Las limitaciones a las comunicaciones comerciales de los profesionales que recoge el artículo 2.5 LCP solo se ha incorporado a las legislaciones de Andalucía, Aragón, Illes Baleares, Cantabria, Extremadura, Galicia, Murcia y País Vasco.[427] El res-

---

424 Art. 5 n) de la Ley 6/1997, de 4 de diciembre, de la Comunidad Valenciana.

425 CNM. *Informe sobre los Colegios Profesionales tras la transposición de la Directiva de Servicios,* 2012, pág. 32. Véase art. 19 l) y j) de la Ley 10/1990 de Canarias.

426 Art. 31 d) de la Ley 7/2006, de 31 de mayo, de Colegios Profesionales de Cataluña.

427 Art. 3.4 de la Ley 10/2003, de 6 de noviembre, de Andalucía. Art. 5.3 de la Ley 2/1998, de 12 de marzo, de Aragón. Art. 11 de la Ley 10/1998, de 14 de diciembre, de las Illes Balears. Art. 3.3 de la Ley 1/2001, de 16 de marzo, de Cantabria. Art. 24.3 de la Ley 11/2000, de 12 de diciembre, de Extremadura. Art. 2.2 de la Ley 11/2001, de 18 de septiembre, de

to de las legislaciones autonómicas no establecen limitaciones sobre el control que los Colegios Profesionales pueden ejercer sobre las comunicaciones comerciales de los colegiados.

La CNC también destaca la ausencia de la nueva finalidad que recoge el artículo 1.3 de la LCP sobre la protección de los intereses de los consumidores y usuarios. En este sentido, afirma que aquellas disposiciones que establecen como fin de los colegios velar por la calidad de los servicios profesionales y los intereses generales, de los ciudadanos o de la sociedad en su conjunto en el ejercicio de sus funciones, no pueden considerarse suficiente.[428]

5. AUTORREGULACIÓN *VERSUS* SEPARACIÓN DEL REGULADOR Y EL REGULADO

Los Colegios Profesionales han sufrido un cambio estructural con la Constitución que, como hemos advertido, aún no se ha realizado en su plenitud. La Norma Fundamental, al establecer la reserva de ley en materia colegial, consagra la supremacía de los Parlamentos estatal y autonómicos ante los poderes normativos de estos entes corporativos.

Autorregulación corporativa *versus* regulación parlamentaria constituyen, pues, los dos polos de un debate que tendrá en el futuro actualidad, a pesar del enraizamiento en las mentalidades del viejo sistema de supremacía corporativista.

Frente a los modelos típicos de regulación en un determinado sector se presenta la autorregulación corporativa como

---

Galicia. Art. 3.4 de la Ley 6/1999, de 4 de noviembre, de la Región de Murcia. Art. 6.5 de la Ley 18/1997, de 21 de noviembre, del País Vasco.

[428] CNM. *Informe sobre los Colegios Profesionales tras la transposición de la Directiva de Servicios*, 2012, pág. 34.

un modelo anacrónico más propio del Estado corporativo que del Estado democrático, como señalan AYERS y BRAITHWAITE.[429] De esta forma, la legislación da carta de naturaleza a una organización de base para el ejercicio de funciones públicas. Además, según OGUS, le reconocía la capacidad de autorregulación para poder aportar unos conocimientos técnicos superiores, reducir los gastos de aplicación coercitiva de la norma y, al tratarse de normas más flexibles, permitir una mayor posibilidad de adaptación y reforma.[430] Como presupuesto básico se requería la representación de ciertos intereses homogéneos por parte de todos los integrantes de una determinada organización.

La autorregulación podría ser definida, en palabras de BLACK, como "(...) la situación en la que un grupo de personas u organizaciones, actuando conjuntamente, desarrollan una función reguladora tanto en relación con ellos mismos, como con otros que aceptan su autoridad".[431] Además, argumenta que la esencia de la autoregulación es el "proceso de gobierno colectivo".[432]

Esta autora desarrolla una exposición sistemática de la relación existente entre las diversas manifestaciones de la autorregulación social y los poderes públicos. Señala que existen múltiples manifestaciones de la autorregulación que son ins-

---

429 AYERS, I. y BRAITHWAITE, J., *Responsive Regulation. Transcending the Deregulation Debate,* Oxford University Press, Oxford, 1992, pág. 106.

430 OGUS, A., "Rethinking Self-Regulation", en *Oxford Journal of Legal Studies,* vol. 15, Issue 1, (1995), pág. 56.

431 BLACK, J., "Constitutionalising Self-Regulation", en *The Modern Law Review,* vol. 59, núm. 1996, pág. 27.

432 "Self-regulation describes the situation of a group of persóns or bodies, acting together, performing a regulatory function in respect of themselves and others who accept their authority", *Vid.* BLACK, J., "Constitutionalising..., *op. cit.* pág. 27.

trumentalizadas, en proporciones diversas, por los poderes públicos.

En referencia, la autorregulación podría dividirse en cuatro subgrupos:

a) Autorregulación por mandato o "mandated self-regulation": se trata de aquellos casos en los que el gobierno –los poderes públicos– asigna a la autorregulación el cumplimiento de determinadas funciones. Es el caso de la designación de una colectividad o de una organización como encargada de velar por el cumplimiento de determinadas normas.

b) Autorregulación sancionada o "sanctioned self-regulation": La regulación se formula por el colectivo y está sujeta a una aprobación posterior por parte del Estado, que puede ejercer su control sobre los contenidos.

c) Autorregulación forzada o "coerced self-regulation":[433] cuando el gobierno no impone ni sanciona, sino que fomenta la autorregulación. Las manifestaciones de la autorregulación que responden a esta categoría no surgen de manera espontánea, sino que son una respuesta a determinados estímulos o amenazas del gobierno. Normalmente la amenaza consiste en el establecimiento de regulaciones más severas si no se alcanzan los objetivos perseguidos.

d) Autorregulación voluntaria o "voluntary self-regulation". En este caso el Estado no está involucrado, ni directa ni

---

[433] Otros autores emplean la locución "enforced self- regulation". Véase, AYERS, I. y BRAITHWAITE, J., *Responsive Regulation. Transcending the Deregulation Debate,* Oxford University Press, Oxford, 1992. BRAITHWAITE, J., "Enforced Self-Regulation: A New Strategy for Corporate Crime Control", en *Michigan Law Review,* vol. 80, núm. 7, (1982), págs. 1466-1507.

indirectamente, en la promoción o mandato de la autorregulación.

Además, la autorregulación también puede subdividirse dependiendo no sólo de su relación con el Estado, sino también de su vínculo con los participantes. La estructura puede variar e, incluso, se ha señalado que, si se formaliza en una sola organización, simplemente se convierte en un "cártel". También puede variar el carácter y la forma de sus normas –vagas o precisas, códigos, contratos, etc.–.

La autorregulación no es una institución jurídica idónea cuando no existe una internalización de los gastos. En otras palabras, cuando los gastos de la regulación no recaen sobre sus propios autorregulados –los abogados, por ejemplo–, sino sobre terceros –los ciudadanos-clientes–, la autorregulación se manifiesta como un sistema ineficaz.

Así, la autorregulación de los precios o del servicio de defensa –si se quiere continuar en el ejemplo citado– hace que quien haya de soportar los resultados de la mayor o menor calidad no sea el propio sector, sino los usuarios del sector, los clientes, entendidos como consumidores. En estos casos, el autorregulador no tiene ningún incentivo para la defensa del interés público y éste se sustituye en realidad por el interés particular y puramente corporativo. Se trata simplemente de un gobierno representativo de intereses propios y privados que gestiona asuntos públicos e intereses generales.[434]

Este problema es especialmente importante cuando el autorregulador, en primer lugar, aplica las normas de modo uniforme, es decir, no se trata simplemente de una recomendación o de un código de conducta y, en segundo lugar, cuando tiene

---

434 STREECK, W. y SCHMITTER, P. C., *Private Interest government: beyond market and state*, SAGE, Londres, 1985, pág. 22.

una posición de exclusividad respecto de tal regulación. Como ha expresado BLACK:

> "Las asociaciones de autorregulación deben diseñarse de modo que internalicen al máximo los costes que su actuación autointeresada tiene sobre los intereses de otros. Si no queremos que la autorregulación resulte en una pérdida de las responsabilidades públicas, se requiere la creación de unos acuerdos institucionales que, por su propia dinámica, lleguen a una definición del interés que sea al menos compatible con el interés público".[435]

La doctrina ha puesto especial énfasis en el hecho de que, a menudo, la regulación pública que supuestamente ha de corregir los errores del mercado y velar por el interés público, incurre por sí misma en una perversión de la finalidad de defensa de ese mismo interés que subyace en la regulación. Una de las más conocidas es, sin duda, la captura del regulador por el regulado.[436] De acuerdo con esta teoría, el regulador llamado a corregir las desviaciones del mercado y a salvaguardar los intereses públicos se halla cautivo de la voluntad del regulado, la mayoría de las veces porque es este último el que posee un conocimiento completo del sector. De tal manera que un regulador capturado no actúa a favor del interés general, sino a favor del interés del sector económico o profesional que lo ha capturado.

En Europa, especialmente en la tradición jurídica de los países del sur, se refleja en casos que podrían tildarse de "captura latina", con unas características notablemente diferentes. En primer lugar, no se trata de grupos de interés, como en los

---

435 BLACK, J., "Constitutionalising..., *op. cit.* pág. 30.

436 STIGLER, G. J, "The theory of Economic Regulation", en *Bell Journal of Economics and Management Science,* núm. 2, (1971), pág. 3; PELTZMAN, S., "Towards a More General Theory of Regulation", *en The Journal of Law & Economics,* vol. 19, núm. 2, (1976), pág. 230.

Estados Unidos que compiten por los favores del regulador, sino que existe una única voz proveniente del sector o del Colegio profesional.

En segundo lugar, el proceso de captura reside en el propio diseño institucional, ya que el regulado y el regulador se integran de forma difuminada y borrosa en una misma estructura administrativa pública de base y composición parcialmente privada.[437]

En tercer lugar, el proceso de captura es inverso porque, es la propia Administración pública la que captura al sector o al Colegio y le impone un comportamiento anticompetitivo.[438] En definitiva, como ha afirmado KAY, "con la autorregulación, la captura del regulador existe desde el mismo punto de partida".[439]

---

437 En este sentido, refiriéndose a la autoadministración del sector petrolero mediante la creación de una Corporación de Reservas Estratégicas, GARCÍA DE COCA, afirma: "[...] que se produce una indeseable interpenetración entre la Administración y el administrado y entre el inspector y el fiscalizado". *Vid.* GARCÍA DE COCA, J. A., *Sector petrolero español: análisis jurídico de la despublicatio de un servicio público,* Tecnos, Madrid, 1996, pág. 125.

438 El Abogado General Darmos, en las conclusiones de la Sentencia de 17 de noviembre de 1993, asunto C-185/91, caso *Bundesanstalkt für Güterfernverkehr c. Gebr. Reiff GmbH & Co. KG,* expone que: "En el sector del transporte de mercancía por carretera, la competencia se restringe debido a la propia normativa y no a consecuencia de una iniciativa privada. [...] Ya no se está en presencia de una dialéctica entre el Estado y las empresas, en la que el primero toma el relevo de los acuerdos celebrados por los segundos".

439 KAY, J. A, "The Forms of Regulation", en SELDON, A. (Ed.), *Financial Regulation–or Over-Regulation,* Institute of Economic Affairs, London, 1988, págs. 33-42.

5.1. Autorregulación, autogestión y separación regulador y regulado

Ante estos nuevos horizontes de mutación continuada, los colegios profesionales se enfrentarán a un dilema: o bien mantener estas instituciones para defender preferentemente los intereses corporativos de forma más inmediata, o bien, darles una nueva orientación transformándolos en los instrumentos más apropiados para gestionar las nuevas demandas económicas y sociales del mercado. Si los colegios superan esta estrecha perspectiva de defensa de los intereses profesionales pueden convertirse en las instituciones nucleares de la regulación y la ordenación de las actividades liberalizadas en competencia. Si no es así, aparecerán otros modelos administrativos genuinos del modelo de desregulación, como son las Comisiones reguladoras independientes, en las que los mismos profesionales no tienen prácticamente ningún protagonismo.

Un atisbo de ello, como nos dice LOVECY, se da en el Reino Unido en la ordenación de la profesión de abogado, donde la tendencia autorreguladora se ha invertido, adaptándose a las tendencias europeas de separación entre regulador y regulado. La reforma estructural se ha producido a través de la *Courts and Legal Services Act*:

> "Se han transformado las dos profesiones jurídicas (*barrister i solicitor*) así como la relación de éstas con el Estado, poniendo al 'Colegio' (*Bar*) bajo el control de la ley, sometiendo las profesiones a los procedimientos disciplinarios de revisión en manos de un 'Defensor' (*Ombudsman*) de los Servicios Legales. También se ha creado un nuevo la *Advisory Committee on Legal Education and Conduct* (ACLEC) con una mayoría de miembros no juristas y con importantes competencias en materia de ingreso en la profesión, educación y reglas de conducta".[440]

---

[440] LOVECY, J., "Global regulatory competition and the single market for professional services: The legal and medical professions in France and

Por tanto, la línea de evolución del derecho y el control de los Colegios Profesionales se dirige hacia una mayor presencia de las Administraciones públicas independientes, creadas por el Parlamento, y de la legislación y normación no autorreguladora. Se sigue, por tanto, en el mismo sentido que en otros sectores económicos y sociales que configuran las bases del nuevo Estado democrático y social de Derecho, que comporta el alejamiento del viejo Estado corporativo. En definitiva, como afirma LÓPEZ GONZÁLEZ:

> "[...] las normas relativas a la organización colegial no constituyen un Derecho corporativo, entendido como un Derecho 'de los profesionales', sino que se trata más bien de un Derecho, los principales destinatarios del cual son los profesionales titulados; pero que protegen una serie de bienes jurídicos que se sitúan en estrecha relación con las consecuencias que para la sociedad se derivan de aquel ejercicio profesional. Cuando el artículo 36 de la Constitución otorga relevancia constitucional a los Colegios profesionales, no lo hace pensando de forma prioritaria en el Derecho de los profesionales, sino en el de sus clientes".[441]

Obsérvese que las decisiones del Tribunal de Defensa de la Competencia, en materia de publicidad y honorarios, han supuesto no sólo un palmetazo a las resistencias corporativistas a liberalizar estos dos aspectos nucleares, sino que a la vez, ha significado el protagonismo de una especie de Comisión reguladora independiente sobre el ejercicio del control profesional directamente, suplantando y relegando el papel de los Colegios. En vez de lo que habría supuesto si los Colegios hubieran liderado el cambio y la adaptación. Y que hubieran sido la

---

Britain" en *Journal of European Public Policy*, vol. 2, núm. 3, (1995), pág. 514-534.

441 LÓPEZ GONZÁLEZ, J. L., "Reflexiones sobre la problemática constitucional de los colegios profesionales", en *Revista general de derecho*, núm. 640-641, (1998), pág. 116.

primera instancia de control del juego de la libre competencia o en términos actuales, podrían convertirse, por delegación, en una suerte de Servicio de Defensa de la Competencia. Que de otra manera estas funciones se retendrán en manos del departamento gubernamental de Justicia o Economía correspondientes.

Otro ejemplo de cómo las competencias tradicionales del Colegio Profesional en autocontrol de la ética profesional y del conjunto de la actividad van quedando sustraídas, en parte, por la tolerancia y permisividad colegial y que acaban siendo intervenidas por otros organismos, en particular por, las administraciones independientes. Este es el caso de la intervención de la Comisión Nacional del Mercado de Valores o incluso de la misma Comisión de Investigación del Parlamento que acaban por controlar y delinear la ética y la deontología de los profesionales. Escándalos que también han estado referidos en gran parte a la ética de varios sujetos de diferentes profesiones (abogados, economistas, notarios, etc.).

Un nuevo ejemplo, en Estados Unidos, dónde no hay Colegios Profesionales, al final la actividad profesional de abogado es controlada por la *SEK* o *Security Echange Commission.* O, finalmente, en Cataluña los periodistas con un Colegio de adscripción voluntaria y sin estar vinculados por una comisión independiente, están sometidos *de facto* a la Comisión del Audiovisual, organismo independiente creado por el Parlamento.

Capítulo V.

LA DEFENSA DE LA LIBRE COMPETENCIA EN EL SECTOR SERVICIOS

1. LA POLÍTICA DE DEFENSA DE LA COMPETENCIA EN LA UNIÓN EUROPEA

La política de defensa de la competencia ha constituido un pilar fundamental en el proceso de construcción europea. Esta política es el medio y condición *sine qua non* para la consecución de un mercado único europeo libre. Por eso, su objetivo fundamental es proteger el libre mercado de bienes y servicios frente a acciones distorsionantes, garantizando una competencia efectiva.

Uno de los objetivos del TCE era la mejora del nivel de vida y una continua y equilibrada expansión de la actividad económica, mediante el establecimiento de un mercado común. Para conseguir este objetivo, la política de competencia ha sido clave, ya que no tiene sentido garantizar la libre circulación de bienes y servicios si los consumidores carecen de la posibilidad de elegir libremente.[442] La libre competencia se definía ya en el artículo 3 g) del TCE como un "régimen que garantice que

---

442 PRIETO KESSLER, E., "La política de defensa de la competencia en la Unión Europea", en *Información comercial española (ICE)*, núm. 820, 2005, pág. 99.

la competencia no será falseada en el mercado interior". Así, la eliminación de los obstáculos públicos a la libre circulación se ha acompañado de una política que prevenga y sancione las barreras, –aranceles, contingentes, regulaciones, etc.–, que establecen los agentes privados mediante los acuerdos de reparto de mercados, la fijación de precios o la limitación del comercio entre Estados miembros.

Las normas sobre la libre competencia se desarrollaron en los artículos 81 a 89 del TCE, en base al principio de "equidad económica", el cual se constituye bajo: el control de las ayudas públicas (art. 87 del TCE); la adaptación a las reglas del libre mercado, de los monopolios (art. 86 del TCE); y la aplicación de las normas de competencia a las empresas públicas (art. 84 del TCE).

Pero, aunque este es el fundamento principal de la política europea de defensa de la competencia, no es el único. Asimismo, se busca lograr un mercado interno dinámico para fomentar la competitividad. Es por ello que que este objetivo se reconoció por los gobiernos europeos en la Cumbre de Lisboa en el año 2000 al aprobar un programa de reformas económicas capaz de hacer de la Unión Europea una "economía más dinámica y competitiva del mundo". El mercado único fomenta el crecimiento y la competencia y crea nuevas oportunidades para las empresas de la Unión Europea.

Desde entonces, las instituciones europeas han aprobado toda una serie de medidas económicas, dirigidas fundamentalmente a la apertura de los mercados de diversos bienes y servicios[443], con el fin de configurar el mercado único como el motor para la competitividad y el crecimiento.[444]

El Consejo de la Unión Europea aprobó, el 26 de noviembre de 2002, el Reglamento 1/2003, por el que se introduce una modificación radical del sistema de aplicación de las normas de competencia en la Unión Europea.[445]

Este Reglamento dio lugar al proceso de "modernización" del derecho de competencia.[446] Este proceso consistió en aplicar de forma más eficiente la normativa de defensa de la com-

---

443 En 1958, el Tratado de Roma, por el que se crea la Comunidad Económica Europea, establece un calendario para suprimir las barreras aduaneras e introducir un arancel aduanero común. Este objetivo se alcanzó en 1968. Desde el año 1985 al 1992, se adoptaron 282 leyes para eliminar las barreras técnicas, jurídicas y burocráticas que obstaculizan el libre comercio y la libre circulación. Pero en el Acta Única Europea, que entró en vigor en 1987, donde se establece el 31 de diciembre de 1992 como fecha límite para la realización del mercado interior. El mercado único se establece el 1 de enero de 1993 para doce países de la Unión Europea. El programa más reciente de la Unión Europea para el mercado único fue adoptado por el Consejo y el Parlamento Europeo en abril de 2021 para el período 2021 a 2021.

444 En 2023, el mercado único celebra su 30° aniversario y acoge a 23 millones de empresas. [www. consilium.europa.eu/es/policies/deeper-single-market]

445 Reglamento del Consejo (CE) 1/2003, relativo a las reglas de procedimiento previstas en los artículos 81 y 82 del Tratado y que modifica los Reglamentos (CEE) 1017/68, 2988/74 y 3975/87, de 26 de noviembre de 2002.

446 Véase, SIRAGUSA, M., "The modernization of EC Competition Law: Risks of inconsistency and forum shopping", en EHLERMANN, C. D. y ATANSIU, I. (Eds.), *European Competition Law Annual 2000: The modernization of EC antitrust policy*, Oxford Hart Publishing, 2001.

petencia, y menos burocracia para las empresas.[447] Como sintetiza NAVARRO VARONA, los cambios introducidos afectan a varios aspectos de la normativa aplicable: se suprime la posibilidad de notificar a la Comisión Europea acuerdos y obtener su autorización, si bien se establecen ciertas fórmulas destinadas a preservar la seguridad jurídica de las empresas; se establece un nuevo reparto de competencias en la Comisión Europea, las autoridades de la competencia nacionales y los jueces nacionales, con el objeto de potenciar la aplicación de las normas comunitarias por parte de las autoridades y jueces nacionales; al tiempo que se regula la prioridad en la aplicación de la normativa comunitaria y nacional de la competencia. Asimismo, se introducen ciertas modificaciones con relación a las inspecciones, medidas cautelares y sanciones.[448]

En definitiva, se trata de cumplir con el objetivo de mejorar la eficacia en la aplicación de la normativa de competencia. Para ello, la eliminación del sistema de notificación y la descentralización en autoridades de competencia como órganos jurisdiccionales nacionales, permite a la Comisión liberar recursos y centrar sus actuaciones en la investigación de cárteles, reforzando asimismo su acción en el ámbito de abusos de posición de dominio.[449]

---

[447] Para un análisis más exhaustivo de los objetivos de estos, véase PRIETO KESSLER, E., "La política de defensa de la competencia..., *op. cit.* pág. 103 y ss.

[448] NAVARRO VARONA, E., "Modernización del Derecho de la competencia europea", en *Actualidad Jurídica Uría & Menéndez*, núm. 4, (2003), pág. 21 y ss.

[449] PRIETO KESSLER, E., "La política de defensa de la competencia..., *op. cit.* pág. 105.

1.1. Ámbito subjetivo de aplicación

Las normas de defensa de la competencia regulan la actuación de las empresas. Este concepto en el derecho de la Unión Europea ha sido interpretado desde una perspectiva material,[450] es decir, identifica a cualquier organización que realiza una actividad económica, con independencia de su naturaleza, pública o privada, de su forma jurídica y de su modo de financiación.[451]

1.1.1. Entidades públicas

De acuerdo con el artículo 106.1 del TFUE, las normas de defensa de la competencia de la Unión Europea se aplican a los poderes públicos, organismos y empresas públicas. Así, no se requiere la personalidad jurídica diferenciada, por lo que la conducta también puede imputarse a organizaciones que actúen bajo la cobertura de una persona jurídica superior.

Pero la sujeción a las normas de defensa de la competencia de una entidad pública no se determina por la naturaleza pública o privada de la entidad, ni por las características externas de la actuación o la forma que esta adopte, sino por la capacidad para incidir en el mercado y restringir la competencia.[452]

Sin embargo, como destaca LAGUNA DE PAZ, los mecanismos de reacción son distintos cuando se trata de una actuación

---

450 LAGUNA DE PAZ, J. C., "Ámbito de aplicación del derecho de la competencia", en *Revista de Administración Pública*, núm. 208, (2019), pág. 26.

451 SSTJCE 23 de abril 1991, asunto C-41/90, Höfner y Elser, párrafo 21; 21 de septiembre 1999, asunto C-67/96, Albany, párrafo 77; 12 de septiembre 2000, asuntos acumulados c-180/98 a C184/98, Pavlov; entre otras.

452 *Vid.* STJCE 3525/2016, de 18 de julio, FJ 2.

material de la Administración pública o bien realizada en régimen jurídico-privado.[453]

A los colegios profesionales también se les aplican las normas de defensa de la competencia cuando actúan como empresas, es decir, cuando realizan actuaciones económicas que no están vinculadas con el ejercicio de funciones públicas en la medida en que agrupan a las profesiones del sector.[454] Sobre estas cuestiones, la jurisprudencia no establece un criterio evidente que permita diferenciar de forma clara entre el ejercicio de funciones públicas y su actuación empresarial. Por consiguiente, el ejercicio de potestades normativas de ordenación de la profesión no siempre conlleva el ejercicio de funciones públicas. Sin embargo, la doctrina jurisprudencial establece una serie de criterios que ayudan a determinar, cuándo estamos o no, ante el ejercicio de funciones públicas: a) si los órganos directivos del colegio están exclusivamente integrados por los profesionales del sector o el Estado interviene en su designación o control; b) si la legislación estatal les impone la consecución de objetivos de interés general y define los principios a los que deba sujetarse la normativa que emanen; c) si ejercen prerrogativas del poder público.[455]

Por tanto, para dilucidar si se trata de una conducta prohibida, la cuestión a verificar es si estas normas son necesarias para asegurar la calidad de los servicios prestados por los profesionales. En este sentido, el Tribunal Supremo considera que el acuerdo del Colegio Notarial que establece un sistema

---

453 LAGUNA DE PAZ, J. C., "Ámbito de aplicación del derecho..., *op. cit.* pág. 25.

454 STJUE 19 de febrero de 2002, Asunto C-309/99, Wourters, párrafo 112-115.

455 Véase, STJCE 19 de febrero de 2002, Asunto C-309/99, Wourters, párrafo 58, 60 y 62; 28 de febrero de 2013, Asunto C-1/12, Ordem dos Tecnicos Oficiais de Contas, párrafo 54; entre otras.

de compensación de honorarios tiene efectos restrictivos de la competencia.[456] No obstante, cuando los colegios profesionales ejercen funciones públicas, éstos no quedan eximidos de la aplicación de la normativa de la legislación de defensa de la competencia. Pero si la actuación se realiza a través de un acto jurídico-público, reglamento o acto administrativo, no debe poder ser sancionada como conducta anticompetitiva, aunque sí anulada mediante la interposición del correspondiente recurso judicial.[457]

1.2. Prácticas restrictivas y su control

En cuanto a los aspectos más relevantes de la política europea de la defensa de la competencia, cabe destacar las prácticas restrictivas y el control de concentraciones.

El artículo 101 del TFUE,[458] en su párrafo primero, contiene una prohibición de los acuerdos entre operadores que restringen la competencia. De este modo, se contempla que:

> "Serán incompatibles con el mercado común y quedarán prohibidos todos los acuerdos entre empresas, las decisiones de asociaciones de empresas y las prácticas concertadas que puedan afectar al comercio entre los Estados miembros y que tengan por objeto o efecto impedir, restringir o falsear el juego de la competencia dentro del mercado común y, en particular, los que consistan en: a) fijar directa o indirectamente los precios de compra o de venta u otras condiciones de transacción; b) limitar o controlar la producción, el mercado, el desarrollo técnico o las inversiones; c) repartirse los mercados o las fuentes de abastecimiento; d) aplicar a terceros contratantes condiciones desiguales para prestaciones equivalentes, que ocasionen a éstos una desventaja competitiva; e) subordinar la celebra-

---

456 STS 3641/2015, de 29 de julio, FJ 3.

457 LAGUNA DE PAZ, J. C., "Ámbito de aplicación del derecho..., *op. cit.* pág. 30.

458 Antiguo art. 81 del TCE.

> ción de contratos a la aceptación, por los otros contratantes, de prestaciones suplementarias que, por su naturaleza o según los usos mercantiles, no guarden relación alguna con el objeto de dichos contratos".

Esta prohibición se define de forma amplia y afecta a cualquier sujeto, público o privado, responsable de una actividad económica. No obstante, para que un acuerdo restrictivo entre dentro de la prohibición del artículo 101 tiene que afectar al comercio entre Estados miembros, aunque esta afectación ha de ser sensible o apreciable para evitar una sobreactuación del derecho comunitario en casos en los que la afectación es mínima. Así, el objetivo de esta medida es prohibir la concertación entre empresas independientes como sustituta de la rivalidad, al entender que de ésta se derivan beneficios que no se obtienen de aquélla, siempre que el objeto o efecto de la concertación sea restringir la competencia. Sin embargo, para que un acuerdo restrictivo entre dentro de la prohibición del citado artículo tiene que afectar al comercio entre Estados miembros.

Además, la prohibición del citado precepto hace referencia tanto a acuerdos horizontales entre empresas competidoras, como a los verticales entre empresas. Sin embargo, no todos los acuerdos entre empresas están prohibidos. El apartado 3 del artículo 101 establece que podrán ser declarados compatibles aquellos acuerdos o categorías prohibidas por el artículo 102 del TFUE que, contribuyendo a mejorar la producción o la distribución de los productos o a reservar el progreso económico, reserven a los consumidores una parte equitativa del beneficio que resulte de su puesta en marcha, no impongan a las empresas restricciones no indispensables para la consecución de los objetivos, y no permitan a las empresas la posibilidad de eliminar la competencia para una parte sustancial de los productos del mercado.

Otra herramienta fundamental del derecho de la competencia es la prohibición del abuso de posición dominante. El artículo 102 del TFUE[459] declara incompatibles con el mercado común y prohibidos, en la medida en que puedan afectar al comercio entre los Estados miembros, la explotación abusiva, por parte de una o más empresas, de su posición dominante en el mercado común o en una parte sustancial del mismo.[460] Esta prohibición tiene dos elementos clave: la determinación de la posición de dominio y el abuso de dominio.

Respecto de la posición de dominio, la cual está prohibida, el TJCE la define como una posición de fuerza económica mantenida por una empresa que le proporciona el poder de obstaculizar el mantenimiento de una competencia efectiva en el mercado de referencia, proporcionándole la posibilidad de comportamientos independientes, en una medida apreciable, frente a sus competidores, clientes y frente a consumidores. Pero, además, la posición de dominio debe reflejarse en un mercado relevante, el cual ha de quedar perfectamente identificado por su objeto, por su territorio y por su tiempo.[461]

Para determinar la existencia de posición de dominio es necesario delimitar el mercado relevante sobre el que se ejerce. Este mercado relevante, como concluye PRIETO KESSLER debe comprender "todos los bienes o servicios que ejerzan una presión competitiva sobre la empresa objeto de análisis y abar-

---

459 Se corresponde con el antiguo art. 82 del TCE.

460 Véase, FERNÁNDEZ VICIÉN, C. y GONZÁLEZ-ESPEJO, P., "Actions for Damages Base on EC Competition Law. New Case Law on Direct Applicability of Articles 81 and 82 in Spanish Civil Courts", *European Competition Law Review,* 23, núm. 4, (2002), pág. 175 y ss.

461 SSTJCE 13 de febrero 1979, asunto Hoffmann – La Roche y Comisión; 9 de noviembre 1983, asunto Michelín; 5 de octubre 1988, asunto Asatel; 28 de mayo 1998, asunto Óscar Bronner; entre otras.

car el espacio geográfico desde el que los competidores puedan, en su caso, disciplinar su comportamiento".[462]

En este sentido, el Abogado general en el apartado 28 de sus conclusiones presentadas el 28 mayo de 1998, en el asunto Óscar Bronner determina que se debe comenzar por

> "definir el mercado de que se trata [...] a continuación dilucidar si la empresa en cuestión es dominante en el mercado así definido y finalmente, en caso afirmativo, determinar si su comportamiento constituye un abuso de esta posición dominante".

Una vez delimitado el mercado, se analiza si la empresa tiene posición de dominio. Los elementos a tener en cuenta son las cuotas de mercado y las barreras a la entrada y salida.[463] Pero una vez determinada esta posición de dominio, se debe analizar la conducta llevada a cabo por la empresa.

La problemática de las barreras a la entrada y salida reside en las dificultades que dicho elemento puede crear en el ejercicio de actividad empresarial en un mercado nuevo. Pero, tanto su presencia como ausencia, en un determinado campo económico, constituye un indicador relevante de detección y

---

462 PRIETO KESSLER, E., "La política de defensa de la competencia..., *op. cit.* pág. 102.

463 En general, son las dificultades que se encuentran las empresas para operar en un nuevo mercado. Las más frecuentes son las barreras de tipo legal, las economías de escala, los costes hundidos, los costes de ajuste para los clientes o los comportamientos estratégicos. El concepto de barrera a la entrada es controvertido. Parte de la doctrina considera que, en ausencia de barreras legales, sólo se puede hablar de barrera de entrada cuando un nuevo entrante se enfrenta a costes superiores a los que se enfrenten los ya establecidos. Pero desde esta posición, resulta más difícil considerar la existencia de posición de dominio.

evaluación de la posición dominante[464]. Determinada la posición de dominio, se debe analizar la actividad realizada por la empresa para concluir si la misma se considera o no abusiva.

1.3. La política de competencia en los servicios profesionales

La política de competencia también afecta al mercado de servicios profesionales, ya que estimula la calidad, la innovación, mejora precios y favorece los intereses de los consumidores que pueden elegir entre más servicios, de mayor calidad y a menor coste.

Así, la Unión Europea ha tratado el mercado de los servicios profesionales desde diferentes perspectivas. La Comisión ha elaborado informes y recomendaciones sobre la necesidad de fomentar la competencia. El Parlamento y el Consejo han aprobado Directivas que tienen por objeto facilitar la libre circulación de personas y servicios.

Esto también se ha analizado a través del mecanismo de coordinación de las políticas económicas de los Estados miembros por las instituciones de la Unión Europea. Pero la Comisión también ha impuesto sanciones a los que infringen las normas de competencia.

Aunque no es el objeto de este trabajo realizar un análisis pormenorizado de la evolución que la política de la competencia ha tenido en la Unión Europea, sí vamos a hacer referencia a los momentos más destacados de su evolución con respecto a los servicios profesionales.

---

464 PRIETO KESSLER determina como las más comunes: "las barreras de tipo legal, las economías de escala, los costes hundidos, los costes de ajuste para los clientes o los comportamientos estratégicos". PRIETO KESSLER, E., "La política de defensa de la competencia..., *op. cit.* pág. 102.

La Comisión Europea viene elaborando, desde 1971, los informes anuales sobre política general de la competencia.[465] El objetivo de la Comisión Europea, en el ámbito de los servicios profesionales, se ha centrado en examinar las legislaciones nacionales para comprobar su eficacia, su nivel de regulación y cómo restringe o no la competencia.

En los Informes XIX (sobre política de competencia de 1990) y XX (sobre política de concurrencia de 1991) de la Comisión Europea, el Parlamento en sus respectivas Resoluciones solicitó especificar el planteamiento de las medidas de promoción competitiva en el ámbito de las profesiones liberales, que están frecuentemente "cerradas" (punto 52) y proponer las resoluciones normativas sobre la competencia en el sector de profesionales liberales y de servicios (punto 38).

De este modo, invita a la Comisión a concluir una serie de investigaciones sobre las legislaciones nacionales que en el campo de las profesiones liberales y de los servicios producen las barreras de acceso a las actividades económicas correspondientes.

La Comisión responde al Parlamento afirmando que, en el sector de las profesiones liberales, la Comisión intenta aplicar

---

[465] Téngase en cuenta que, a principios de los noventa, tanto desde el TDC como desde la doctrina se ponía de manifiesto la falta de pronunciamientos comunitarios. Véase, VICENT CHULIA, F., "La fijación de tarifas de honorarios por los Colegios Profesionales de Defensa de la Competencia (Comentario a las resoluciones del Pleno del Tribunal de defensa de la Competencia de 10 y 16 de octubre y 12 de noviembre de 1990)", en *Revista General de Derecho,* (1991), pág. 1557. MASSAGUER FUENTES, J., "La regulación de los servicios profesionales: Un análisis de racionalidad económica y legitimidad antitrust", en *Iuris: Quaderns de política jurídica,* núm. 3, (1994), pág. 97.

las reglas de la competencia a los acuerdos sobre precios que afectan a los intercambios entre los Estados miembros.[466]

Pero ya en el Informe sobre política de concurrencia de 1995, la Comisión concluye que la libre circulación de las profesiones liberales en la Comunidad hace que algunas prácticas restrictivas de la competencia pueden incidir cada vez más en los intercambios entre los Estados miembros.[467]

Los informes más relevantes son: el informe encargado al *Institute for Advanced Studies de Viena* (IHS) para el estudio sobre el sector; el Informe sobre la competencia en los servicios profesionales en 2004;[468] y el Seguimiento del Informe sobre la competencia en los servicios profesionales en 2005.[469]

El informe de 2003 ponía de manifiesto niveles claramente diferentes de regulación entre Estados miembros, así como entre las diferentes profesiones y razonaba que "no había prueba alguna de que existiera un funcionamiento incorrecto de los mercados, en los países relativamente menos regulados", sino que "una mayor libertad en las profesiones crearía más riqueza en general". Con motivo de este informe, se elaboró un resumen de la reglamentación existente en los servicios profesionales. Estos estudios dieron como resultado la Comunicación de la Comisión Europea de 2004.

La Comisión parte de la premisa de que las mayores trabas de los servicios profesionales, en el mercado único, son las propias barreras administrativas o regulaciones nacionales inefi-

---

466 Advierte la Comisión en esta respuesta que se estaban ya realizando investigaciones sobre la materia.

467 OLAVARRIA IGLESIA, J. y VICIANO PASTOR, J., "Profesiones liberales y derecho de la competencia: crónica de (la) situación", en *Derecho Privado y Constitución*, núm. 11, enero-diciembre, (1997), pág. 236.

468 COM (2004) 83 final.

469 COM (2005) 405 final.

cientes. Así, siguiendo la doctrina jurisprudencial de Europa, los Estados deben abstenerse de adoptar cualquier medida que pueda poner en peligro la eficacia práctica de los artículos 101 y 102 del TFUE.

Conforme al Reglamento (CE) 1/2003, del Consejo, las autoridades nacionales de competencia deben controlar la legalidad de las reglas de los profesionales. Por ello, les corresponde a las autoridades nacionales analizar si la regulación de las profesiones liberales cumple lo establecido en los Tratados.

2. LA COMISIÓN EUROPEA Y LA POLÍTICA DE COMPETENCIA EN LAS PROFESIONES REGULADAS

A continuación, examinamos las Comunicaciones de la Comisión Europea más destacables sobre los servicios profesionales y el Dictamen del Consejo Económico y Social Europeo que nos ofrece las bases para el futuro de los Colegios Profesionales y el modelo exigido por la Unión Europea.

2.1. La Comunicación de la Comisión Europea de 20 de abril de 2004, "Una política de competencia proactiva para una Europa competitiva"

La Comisión Europea, en la Comunicación de 20 de abril de 2004,[470] ya señaló que prestaría especial atención a las profesiones liberales, al considerarlas:

> "[...] un ejemplo de sector de servicios caracterizado por una regulación frecuentemente gravosa y prácticas a menudo restrictivas. Seguramente es necesario cierto grado de regulación de estas profesiones, pero debe estar basada en consideracio-

470 COM (2004) 293 final.

nes de interés general que minimicen los perjuicios para la competencia y los consumidores".

La Comisión determinó la necesidad de un control proactivo de las normas de competencia para reforzar el marco reglamentario modernizado. Este control se fundamentaba en los siguientes elementos:

"un orden de prioridad eficaz de las misiones de control según la naturaleza y la gravedad del problema de competencia para poder concentrar los esfuerzos en los falseamientos de competencia más graves; un análisis en profundidad de los mercados y los sectores, basado en criterios como el grado de concentración, los índices de colusión, la entrada de nuevos competidores, la evolución de los precios, el nivel de innovación, etc.; un refuerzo de la Red Europea de Competencia; y la puesta en marcha de iniciativas conjuntas de competencia y de desregulación".

De este modo, la Comisión diseñaba una estrategia para disuadir a las empresas de incurrir en tales prácticas restrictivas, basada en tres pilares básicos: las solicitudes de clemencia; las investigaciones *ad hoc* sin previo aviso y las elevadas sanciones. Pero serían objeto de un control especial los ámbitos de los servicios financieros y las profesiones liberales.

2.2. Comunicación de la Comisión Europea de 9 de febrero de 2004, "Informe sobre la competencia en los servicios profesionales"

El informe de la Comisión Europea de 9 de febrero de 2004 muestra la necesidad de realizar una acción en el ámbito de las profesiones liberales que tenga efectos sobre la competencia.[471]

---

[471] Este informe se centra en las profesiones que la Comisión había analizado hasta el momento con cierto detalle, especialmente las de abogado, notario, contable, arquitecto, ingeniero y farmacéutico.

La Comisión sugirió realizar un test de proporcionalidad para comprobar hasta que punto una normativa profesional anticompetitiva contribuye verdaderamente al interés general y puede justificarse objetivamente. Para alcanzar este objetivo, la Comisión sugería que cada norma contuviera un objetivo explícito, así como una explicación de cómo la medida reguladora elegida constituye el mecanismo menos restrictivo de la competencia para la consecución efectiva del objetivo establecido.[472]

Desde este punto de vista, la Comisión incita a los organismos reguladores de los Estados miembros a reexaminar su legislación restrictiva de las profesiones liberales con el objetivo de determinar si las restricciones existentes: tienen por objeto realizar un objetivo claramente definido y legítimo de interés general; si son necesarias para lograr este objetivo y si no existen otros medios menos restrictivos para alcanzarlos. Asimismo, también invita a todas las organizaciones profesionales[473] a efectuar un examen similar de sus normas y otras formas de regulación y, cuando proceda, modificar las normas o proponer modificaciones.

Por tanto, señala el papel más destacado que deben realizar las autoridades nacionales de competencia y los tribunales nacionales, en la evaluación de la legalidad de las normas y regulaciones vigentes de las profesiones liberales. No obstante, se determina que la propia Comisión debe seguir analizando la legalidad de las normas y regulaciones cuando lo considere

---

472 Apartado 88 del Informe.

473 En este contexto, el término "organismos profesionales" hace referencia a organismos autorreguladores no gubernamentales, mientras que el término "autoridades reguladoras nacionales" se aplica a los organismos y departamentos gubernamentales responsables de la supervisión de la regulación de las profesiones.

conveniente, mediante la coordinación en la Red Europea de Competencia.

La Comisión Europea resume en tres las razones por las que puede ser necesaria una cierta regulación de los servicios profesionales: la asimetría de la información entre clientes y prestadores de servicios, ya que una característica típica de los servicios profesionales es que los profesionales deben poseer un elevado nivel de conocimientos técnicos que los consumidores pueden no tener; las externalidades, ya que estos servicios pueden repercutir sobre terceros; y el hecho de que se considere que ciertos servicios profesionales producen "bienes públicos" que son valiosos para la sociedad en general. Por consiguiente, la Comisión reconoce que una cierta regulación en este sector está justificada, pero cree que "en algunos casos se podrían y se deberían utilizar instrumentos más favorables a la competencia en lugar de ciertas normas tradicionales restrictivas".

Sin embargo, la Comisión Europea indica que los citados factores no afectan de la misma manera a todos los usuarios de servicios profesionales. Teniendo esto en cuenta, se concluye que sería útil perfeccionar y profundizar el análisis económico del mercado de los servicios profesionales y, en particular, dar más consideración a lo que significa el interés público en los diversos mercados. Esto facilitaría una mejor comprensión de la interacción entre la oferta y la demanda de cada servicio profesional considerado y ayudaría a establecer un marco para una revisión más exhaustiva de la regulación existente. En este sentido, la Comisión realizó un análisis de los diversos mercados afectados, identificando, de modo general, quién compra o utiliza diversos servicios, si es una empresa pequeña o grande, los consumidores o el sector público, e identifica con mayor precisión cómo la práctica reguladora existente afecta a estos usuarios. Sobre esto, la Comisión concluye que "los usuarios ocasionales, que son generalmente clientes y hogares particulares, pueden necesitar una protección específica".[474] Sin embargo, también concluye que los principales usuarios de servicios profesionales, tales como empresas-operantes y sector público no parecen necesitar una protección regulatoria señalada, debido a su competencia, conocimientos y posibilidad derivada de elegir los proveedores que mejor se adaptan a sus necesidades.

No obstante, la Comisión destaca la necesidad de profundizar en el análisis para poder hacer una evaluación más completa de las necesidades de protección de diversos intereses de grupos señalados, a la hora de revisar la regulación.

Después de estudiar los mercados, la Comisión constató que los mayores progresos se alcanzaron por los países que contaban con un programa estructurado de reformas referentes a la competencia y su correspondiente normativa.

Sobre estos países se destaca que:

> "hay una estrecha colaboración entre el Gobierno y las autoridades nacionales de competencia y que, con frecuencia, la reforma sustancial en un sector dado es precedida de un análisis profundo de las restricciones existentes por la autoridad de competencia. La experiencia muestra igualmente que en estos países se han abordado primero los precios fijos y las restricciones de publicidad y, posteriormente, las reformas estructurales de mayor envergadura".[475]

Indica que si la mayoría de los Estados miembros "aceleraran la realización de una reforma sistemática en pro de la com-

---

474 Apartado 2.13 Seguimiento del Informe sobre la competencia en los servicios profesionales COM (2004), 83, de 9 de febrero de 2004, COM (2005) 405 final.

475 Apartado 4.18 Seguimiento del Informe sobre la competencia en los servicios profesionales COM (2004), 83, de 9 de febrero de 2004, COM (2005) 405 final.

petitividad en este sector, se lograrían importantes beneficios económicos y para el consumidor".[476] La Comisión reconocía que

> "es prerrogativa de los Estados miembros determinar hasta qué punto quieren regular las profesiones directamente mediante regulación estatal, o dejarlo a la autorregulación de los organismos profesionales. Sin embargo, la buena gobernanza requeriría que los Estados miembros supervisaran el impacto de la autorregulación nacional para evitar efectos excesivamente restrictivos y perjudiciales para los intereses de los clientes".[477]

Finalmente, la Comisión afirma que "considerará tomar nuevas medidas de aplicación apropiadas sirviéndose de las normas comunitarias de competencia, interviniendo, si procede, en caso necesario, de conformidad con el artículo 86"[478]. Por lo que la Comisión seguiría incentivando las buenas prácticas.

Esta Comunicación de la Comisión de 2005 sería la génesis de la Directiva 2006/123/CE, del Parlamento Europeo y del Consejo, de 12 de diciembre de 2006, relativa a los servicios en el mercado interior. Esta es la primera norma que exige directamente políticas activas de competencia a los Colegios Profesionales.

La Comunicación de la Comisión al Parlamento Europeo, al Consejo y al Comité Económico y Social Europeo, de 2 de

---

[476] Apartado 6.24 Seguimiento del Informe sobre la competencia en los servicios profesionales COM (2004), 83, de 9 de febrero de 2004, COM (2005) 405 final.

[477] Apartado 6.26 Seguimiento del Informe sobre la competencia en los servicios profesionales COM (2004), 83, de 9 de febrero de 2004, COM (2005) 405 final.

[478] Apartado 6.33 Seguimiento del Informe sobre la competencia en los servicios profesionales COM (2004), 83, de 9 de febrero de 2004, COM (2005) 405 final.

octubre de 2013, sobre la evaluación de las regulaciones nacionales sobre el acceso a las profesiones

La Comunicación establece un marco que permitiría a los Estados miembros presentar una primera serie de planes de acción nacionales hasta abril de 2015. El resultado no debía ser una serie de planes uniformes. Estos planes de acción debían basarse en un análisis en profundidad, caso por caso, de las barreras para acceder a una profesión y de los posibles mecanismos reguladores alternativos. La Comunicación exigía que, durante los siguientes dos años, 2014 y 2015, los Estados realizaran una amplia evaluación mutua que debería producir cambios tangibles en sus respectivas legislaturas.

3. EL COMITÉ ECONÓMICO Y SOCIAL EUROPEO: EL DICTAMEN DE 25 DE MARZO DE 2014, "EL PAPEL Y EL FUTURO DE LAS PROFESIONES LIBERALES EN LA SOCIEDAD CIVIL EUROPEA DE 2020"

El Dictamen del Comité Económico y Social Europeo de 2014, reconoce que la existencia de las profesiones liberales

> "[...] contribuye sustancialmente a garantizar que en el futuro se ejerzan con calidad unas funciones que se corresponden con el concepto de «bienes sociales» como la salud, la seguridad general de la población, la protección de los derechos de los ciudadanos y también la prosperidad económica".[479]

Por consiguiente, entiende que éstas son parte integrante de toda sociedad democrática y tienen un valor fundamental para el crecimiento económico. Así, las profesiones liberales se reconocen a nivel nacional y europeo por su contribución al buen funcionamiento de la "vida administrativa, política y eco-

---

[479] Apartado 1.1 del Informe 2014/C226/02.

nómica de un Estado, así como a la modernización y la eficiencia de las administraciones públicas y de los servicios prestados a los ciudadanos y consumidores".

El Comité Económico y Social Europeo analiza el concepto de profesión liberal, el cual se basa en el concepto de "artes liberales". Define el concepto actual de profesión liberal, desde una descripción sociológica y determina sus características en: prestación de un servicio idealmente de gran calidad, con marcado carácter intelectual, basado en una educación superior (académica), un compromiso con el interés de servicio público, un ejercicio de las funciones técnica y económicamente independiente; la prestación del servicio a título personal, bajo su propia responsabilidad y de manera profesionalmente independiente; la existencia de una relación de confianza especial entre el prestador del servicio y el cliente; el abandono del interés en obtener el máximo beneficio económico frente al interés del prestador por ofrecer un servicio óptimo y un compromiso de respeto estricto y preciso de la ética y las normas profesionales.

Además, en el citado Dictamen se pone de manifiesto que es común a todos los Estados miembros el deseo de impedir que se explote la característica propia de estas profesiones liberales, es decir, la asimetría de información entre proveedores y clientes. Los servicios prestados por profesionales liberales son complejos y requieren un alto nivel de especialización. También se destaca que el cliente no dispone de la suficiente información, conocimientos técnicos y experiencia para decidir entre los diversos proveedores ni para juzgar la calidad del servicio una vez prestado. Por consiguiente, concluye que las profesiones liberales se basan en la confianza. No obstante, afirma que unos requisitos técnicos mínimos y el cumplimiento de las normas éticas profesionales son los instrumentos más apropiados para proteger las expectativas legítimas de los clientes.

Por todo ello, considera legítimo el papel de los Colegios Profesionales, estando justificado por un interés público, como resultaría la protección de los usuarios y consumidores.

En este Dictamen, se destaca que, en la regulación de las profesiones liberales, los Estados miembros se rigen fundamentalmente por dos métodos de regulación diferentes: el de reglamentación basada en principios (*principles-based regulation*); y la reglamentación proscriptica y prescriptiva (*rules-based regulation*). El Comité Económico y Social Europeo no se decanta por ninguno de ellos, ya que considera que los dos cumplen el principio fundamental, importante para la sociedad, de ofrecer asesoramiento independiente y apoyo. Pero remarca la necesidad de revisar periódicamente las normas por parte de la Unión Europea y de los Estados miembros. Asimismo, se resalta el papel de los colegios, organizaciones o asociaciones de profesiones liberales para dotarse de códigos deontológicos y normas éticas de conducta, así como de comisiones de ética permanentes en cada una de las profesiones.

En cuanto a la autonomía administrativa de las profesiones liberales, en este Dictamen se afirma que se aplica el principio de subsidiariedad, según el cual una tarea debe ser realizada siempre por la institución más cercana. Por ello, considera que los Colegios Profesionales son la instancia apropiada para la administración y la regulación de las profesiones liberales.

También destaca que la autonomía administrativa y la autorregulación establecen límites a la práctica profesional de sus miembros. Así, concluye que "son actos de administración indirecta del Estado que requieren la transferencia de competencias por parte de este".[480]

La colegiación obligatoria la configura como un requisito funcional para la autonomía administrativa, en aquellos paí-

---

[480] Apartado 7.5.

ses en los que sea posible con arreglo a la legislación en vigor. Pero, aunque lo considera una intromisión en la libertad de la práctica profesional, lo justifica por un interés público superior. No obstante, resalta que las normas sobre colegiación obligatoria no deben afectar a la libre circulación de servicios y la libertad de establecimiento. Para ello, razona que los instrumentos adecuados son el reconocimiento de los registros de otro Estado miembro o las inscripciones gratuitas, si existe una organización en otro Estado miembro de la Unión Europea.

En definitiva, concluye que a pesar de seguir existiendo tensiones entre los intereses del Estado y del individuo, la regulación de las profesiones no constituye un fallo intrínseco del sistema. Así, la profesión liberal podrá seguir funcionando incluso si se somete a una "modernización acorde con los tiempos que no desvirtúe su esencia, ventaja comparativa en conocimientos, independencia y transparencia, ni mine la confianza que se fundamenta en esas características".

4. LA AUTORIDAD ESPAÑOLA DE DEFENSA DE LA COMPETENCIA

4.1. Informe del Tribunal de Defensa de la Competencia del año 1992, sobre el libre ejercicio de las profesiones

El hoy extinto TDC en 1992 publicó el "Informe sobre el libre ejercicio de las profesiones. Propuesta para adecuar la normativa sobre las profesiones colegiadas al régimen de libre competencia vigente en España".[481]

---

481 El núcleo de este Informe "es una propuesta de modificaciones de los aspectos de la normativa vigente que impiden el juego de la libre competencia en la prestación de los servicios profesionales. Se trata, [...] de

En este Informe, el TDC analiza las "principales restricciones que afectan a las profesiones y las agrupa en: barreras de entrada; limitaciones a la competencia no relacionadas directamente con precios y; limitaciones a la libre fijación de precios.

Una de las medidas que propugnaba era la necesidad de reformar la Ley sobre Colegios Profesionales de 1974 con objeto de que las profesiones pudieran ejercerse en una economía de libre mercado.[482]

Como señaló el propio TDC, la legislación de Colegios Profesionales vigente en aquel momento carecía de sentido y no estaba en sintonía con el nuevo sistema económico abierto y libre. Así, analiza lo que denomina principales restricciones que afectan a la competencia, tanto a la "libertad de entrada" en los mercados de los profesionales, como a la "libertad de ejercicio" de éstos. En particular, en relación con las primeras identifica cuatro:[483]

a) La "exigencia de titulación"

El TDC considera que, objetivamente la exigencia de titulación constituye una barrera, pero está justificada en la medida en que la protección de los usuarios de los servicios profesionales aconseje prohibir su prestación a quien no tenga los conocimientos especializados pertinentes. No obstante, esta justificación se debilita cuando "no son imprescindibles cono-

---

una propuesta moderada que no plantea suprimir todas las restricciones de las que gozan estas restricciones –como, por ejemplo, la colegiación obligatoria, sino tan solo acabar con lo que es más dañino para la economía nacional: las normas que impiden la libre fijación de los precios de los servicios profesionales". Véase, apartado I del Informe.

482 En el Capítulo IV de este trabajo se justifica esto después del estudio detallado de la normativa vigente.

483 TDC. *Informe sobre el libre ejercicio de las profesiones. Propuesta para adecuar la normativa sobre profesiones colegiadas al régimen de libre competencia vigente en España*, 1992, pág. 20 y ss.

cimientos especializados o cuando los exigidos no están en relación directa con la actividad a ejercer".

Sin entrar a valorar la justificación de las titulaciones, el TDC afirma que:

> "[...] no parece que, tal como ha sido administrada hoy en España, la exigencia de titulación haya creado graves problemas de competencia. Ello se ha debido, probablemente, a que el Estado se ha reservado la facultad de concesión de títulos académicos y no ha delegado la misma en los Colegios profesionales. Por tanto, consideramos que esta restricción, hoy por hoy, opera de forma adecuada y cumple con el interés público de garantizar unos conocimientos mínimos y no está impidiendo la competencia entre profesionales".

No obstante, diferencia esto a cuando se crea un Colegio profesional acotando un sector de actividad que no se corresponde con el contenido de ningún título académico determinado y se atribuye en exclusiva a quienes tengan alguno de una serie de títulos y, eventualmente, superen ciertas pruebas.

b) La obligatoriedad de colegiación

Desde el punto de vista de la competencia, el TDC considera de forma rotunda que la colegiación obligatoria es una práctica restrictiva. Lo define como un "poder inmenso que el Estado concede a un grupo de ciudadanos y que no concede a ningún otro grupo", por ello, afirma que debe examinarse con sumo cuidado el uso que se hace de ese poder.

De este modo, lo que preocupa al TDC de la colegiación no es su obligatoriedad en sí, sino que se utilice para el propio interés de los colegiados, en vez de los intereses públicos, que no son otros que "mejorar la calidad de los servicios prestados por los profesionales y ayudar a mantener ciertas conductas favorables a los clientes en el comportamiento de los profesionales"

c) Los requisitos para la colegiación

El TDC afirma que, si se mantiene la colegiación obligatoria, "es recomendable no avanzar en el sentido de aumentar este tipo de restricciones (...)". Pero para el caso de España, del estudio individual de los colegios que ha realizado, concluye que no se establecen restricciones notables a la colegiación. Así "prácticamente todo aquel que tenga el título correspondiente, puede ingresar en el mismo. Ello es lógico, puesto que el sistema vigente en España no es un sistema voluntario basado en Asociaciones, sino que la colegiación es obligatoria para ejercer la profesión y, por tanto, difícilmente el Colegio podría negarse a aceptar a los profesionales que cumplen con los requisitos de titulación exigidos por el Estado".[484]

Sin embargo, el TDC ha detectado la exigencia frecuente de soportar ciertas cargas para conseguir la colegiación, como la de contratar un seguro individual o colectivo que cubra la responsabilidad derivada del ejercicio profesional o el ingreso en una Mutualidad de previsión. Estas exigencias, atendiendo al interés de los propios colegiados, el TDC considera,

> "[...] actitud loable si se acepta voluntariamente por ellos, pero que resulta inaceptable, desde el punto de vista de la competencia, cuando se impone forzosamente. No obstante, puede haber razones de interés público que justifiquen que los poderes públicos puedan autorizar dichas obligaciones. Por ello se propone la posibilidad de habilitar expresamente al Colegio para que pueda imponer estas obligaciones como requisitos para la Colegiación; en su defecto, los colegiados deberían ser libres de aceptar o rechazar estas obligaciones".

---

[484] Por el contrario, en cuanto a los extranjeros, el TDC expone que: "en algunos casos, se plantean algunas dificultades al ingreso en los Colegios, pero en líneas generales, no parecen excesivas. Además, el ingreso en la Comunidad Europea está siendo muy beneficioso en la eliminación de este tipo de restricciones a la entrada de profesionales de la CEE". *Vid.* TDC. *Informe sobre el libre ejercicio de las profesiones. Propuesta para adecuar la normativa sobre profesiones colegiadas al régimen de libre competencia vigente en España*, 1992, pág. 27.

d) La prohibición de crear Colegios

El TDC afirma que esta se trata de una barrera de entrada adicional porque consiste en que, para un mismo territorio, no cabe la existencia de más de un Colegio. Pero, a pesar de caracterizarla como restricción, concluye que no tiene por qué ser perjudicial como la colegiación obligatoria. Por ello, dependerá de

> "[...] de que se hagan las reformas suficientes en los aspectos económicos y especialmente, que se liberalicen los precios de los servicios. Si así se hace, el monopolio colegial es un ámbito territorial determinado puede ser incluso útil para que los poderes públicos puedan vigilar mejor las actividades de los Colegios. Una vez que los poderes públicos otorgan un poder a un conjunto de ciudadanos, ciertamente les será más fácil supervisar una sola organización que varias".[485]

Observamos cómo el análisis realizado por el TDC, si bien denuncia un conjunto de impedimentos, prácticas y situaciones que, aun siendo esenciales en nuestro sistema de ordenación de las profesiones, llega a la conclusión de su corrección o, al menos, de que no suponen restricción alguna a la competencia entre profesionales. No obstante, presentó en sus conclusiones unas propuestas de reforma. Pero una propuesta moderada "que no plantea suprimir todas las restricciones de las que gozan estas profesiones -como, por ejemplo, la colegiación

---

485 Tengamos en cuenta que se trata de que para un mismo territorio no exista más que un Colegio. El TDC comenta como en otros países, en algunos supuestos, se exige que además del correspondiente título se esté afiliado a determinadas asociaciones; aunque éstas pueden ser múltiples si cumplen con determinadas características y requisitos. Tal situación se halla prohibida en nuestro país. *Vid. TDC. Informe sobre el libre ejercicio de las profesiones. Propuesta para adecuar la normativa sobre profesiones colegiadas al régimen de libre competencia vigente en España, 1992, pág.* 29, reproducido en IBAÑEZ GARCÍA, I., *Defensa de la competencia y colegios profesionales,* Dykinson, Madrid, 1995, págs. 85 y 86.

obligatoria- sino tan solo acabar con lo que es más dañino para la economía nacional: las normas que impiden la libre fijación de precios de los profesionales".

El Informe, como era previsible al tratarse de una temática tan espinosa, levantó reacciones encontradas. Así, a favor se pronunció, entre otros, el mercantilista VICENT CHULIÀ para quien los profesionales liberales ejercen la libertad de empresa en el mercado, compitiendo con otros profesionales liberales titulados –de su misma profesión colegiada o de otras– y se disputan una misma clientela: "[...] parece claro que, en tal sentido, de la misma manera que pueden invocar el artículo 38 de la Constitución en defensa de su derecho a la libertad de empresa en una economía de mercado, deben someterse al Derecho de la competencia".[486]

En contra, por supuesto, los propios Colegios rechazaron enérgicamente el informe diciendo que suponía: "[...] una injusta descalificación social de los Colegios profesionales y de los colegiados, a los que se pretende aislar y enfrentar en el conjunto de la sociedad". Y acababan "[...] exigiendo a la Administración que devuelva al Tribunal de Defensa de la Competencia el informe sobre el ejercicio de las profesiones, por su contenido, cuando menos, demagógico y parcial".[487]

Este debate y sus exigencias de reforma fueron retomadas en el Informe anual del TDC de 1995 "La competencia en Es-

---

486 VICENT CHULIA, F., "La fijación de tarifas de honorarios por los Colegios Profesionales..., *op. cit.* págs. 1543-1544.

487 SÁNCHEZ SAUDINÓS, J. M., "Una reflexión acerca del impacto de la Unión Europea sobre el régimen de ejercicio de las profesiones tituladas en España: el "Informe" sobre el libre ejercicio de las profesiones del Tribunal de Defensa de la Competencia", en *Revista de la Facultad de Derecho de la Universidad Complutense,* núm. extra 18 (Ejemplar dedicado a: XIII Congreso de la asociación española de Teoría del Estado y Derecho Constitucional), (1994), pág. 366.

paña: Balance y nuevas propuestas"; cuyos resultados fueron recogidos posteriormente en la Ley 7/1997, de 14 de abril, de medidas liberalizadoras en materia de suelo y Colegios Profesionales. Esta Ley venía a incluir algunas recomendaciones del Informe del TDC que proponía informar la Ley de 1974. De este modo, los Colegios Profesionales quedaban sujetos al régimen de libre competencia. Este sería el detonante de los primeros expedientes contra las malas prácticas anticompetitivas de los colegios profesionales.[488]

4.2. Informes de la Comisión Nacional de la Competencia sobre el sector de servicios y los colegios profesionales

La CNC, organismo sucesor del TDC tras la publicación de la Ley 15/2007,[489] en el año 2008 publicó el "Informe sobre el sector de servicios y colegios profesionales". Este informe tiene un ámbito de estudio más amplio que el Informe del TDC de 1992, pues no se limita a las profesiones colegiadas, sino que pretende analizar también otros servicios profesionales que, sin ser necesariamente profesiones colegiadas, se ven afectados por otro tipo de barreras de entrada o acceso y de barreras de ejercicio, distintas a las derivadas de la exigencia de colegiación.

Sobre la reforma aprobada en 1997 de la Ley de Colegios Profesionales, la CNC puso de manifiesto que

> "[...] los problemas que, desde el punto de vista de la competencia, se han venido detectando en este sector, de forma que la nueva regulación no propicie la reiteración de tales proble-

---

488 FERNÁNDEZ FARRERES, G., CALVO SÁNCHEZ, L., MENÉNDEZ GARCÍA, P. y PELLICER ZAMORA, R., *Colegios profesionales y derecho de la competencia*, Civitas, Madrid, 2002, págs. 237-258.

489 La Ley 15/2007, de 3 de julio, de Defensa de la Competencia, declaró extinguido el Tribunal de Defensa de la Competencia.

> mas; y, por otra parte, se identifican las principales novedades regulatorias planteadas en nuestro entorno que pueden afectar a los servicios profesionales y, de forma especial, las implicaciones de la futura transposición de la nueva Directiva de Servicios".

La CNC detectaba una serie de problemas y los situaba en dos tipos de regulaciones que restringían el libre ejercicio profesional. En cuanto a la regulación del acceso a la profesión, determinó que las principales restricciones se situaban en la exigencia de una determinada titulación y/o la exigencia de colegiación obligatoria. Estas barreras de entrada o acceso tienen como principal efecto, según la CNC la creación de reservas de actividad, es decir, "de mercados o actividades profesionales que quedan reservados a aquellos profesionales que cumplan los requisitos de acceso, y quedan totalmente cerrados al resto, que no podrán entrar a competir en ese mercado. Afectan, en consecuencia, a lo que podríamos denominar la competencia interprofesional". Además, afirma que dichas barreras inciden en el derecho constitucional a la libre elección de profesión. No obstante, estas barreras, de forma excepcional, se admiten si se justifican baja el interés general. En este sentido, la CNC recuerda la jurisprudencia constitucional, citando la Sentencia 194/1998,

> "el legislador, al hacer uso de la habilitación que le confiere el art. 36 ce deberá hacerlo de forma tal que restrinja lo menos posible y de modo justificado, tanto el derecho de asociación (art. 22) como el del libre elección profesional y de oficio (art. 35) y que al decidir, en cada caso concreto, la creación de un colegio profesional, haya de tener en cuenta que, al afectar la existencia de éste a los derechos fundamentales mencionados, sólo será constitucionalmente lícita cuando esté justificada por la necesidad de servir un interés público".

En cuanto a la regulación del ejercicio de la actividad profesional, centraliza el problema en la potestad de coregulación o autorregulación que se atribuye a los Colegios Profesionales, "lo que ha dado lugar a la aparición de normas internas y conductas colegiales que han perjudicado la competencia entre los propios profesionales de cada Colegio". Por ello, la CNC destacaba que parte del origen del problema estaba en la definición de los fines de los Colegios, "al estar combinando intereses meramente corporativos, de defensa de los profesionales, con los fines orientados a la protección de los consumidores, que son para los que realmente la Administración delega en los Colegios poderes públicos".

Por tanto, la CNC consideró que era preciso que, al acometer la reforma de la normativa, se partiera del principio de la libre competencia y que la regulación no debe restringir la misma de forma innecesaria, sino solo en la medida en que esté motivado por imperiosas razones de interés general.

En definitiva, el Informe abogaba por seguir la jurisprudencia comunitaria y aplicar a las medidas destinadas a asegurar el interés general el doble test de que las mismas sean las adecuadas para alcanzar el objetivo propuesto y que su alcance no vaya más allá de lo estrictamente necesario para el mismo. Así, recomendaba realizar una revisión exhaustiva de la normativa vigente, aprovechando, de forma ambiciosa, el impulso de la Directiva de Servicios.

También se proponía limitar la colegiación a perseguir el objetivo de asegurar la calidad de los servicios prestados por los profesionales y ayudar a mantener ciertas conductas favorables a los clientes en el comportamiento de los profesionales. Por ello, la CNC recomendó que la regulación se debía enfocar desde el punto de vista de los consumidores y no de los profesionales. Consecuentemente, los fines colegiales se debían limitar a la ordenación de la profesión desde ese enfoque, no siendo obligatoria la colegiación para otros fines de defensa y representación de los profesionales. Además, se destaca que en el fin de ordenación de la profesión es preciso que la Administración tenga un mayor papel, en particular, a través de la posibilidad de iniciar de oficio la revisión de los Estatutos Generales y a través del control previo de los Códigos internos colegiales.

En 2009, la CNC publicó un informe que versa específicamente sobre la actividad de los procuradores de los tribunales, "Informe sobre las restricciones a la competencia en la normativa reguladora de la actividad de los procuradores de los Tribunales". Según las conclusiones del informe, existen diversas restricciones regulatorias que impiden que la actividad de la procura se desarrolle en libre competencia.

Por ello, el Informe recomendaba revisar y reducir en la medida de lo posible la obligatoriedad de representación procesal a través de profesional, así como suprimir la exclusividad general de los procuradores en el ejercicio de la actividad de representación procesal y la incompatibilidad de la profesión de Procurador con las de abogado, graduado social y gestor administrativo. Asimismo, se proponía la supresión del sistema de aranceles o precios cuasi-fijos de los Procuradores y la prohibición de ejercicio en más de una demarcación territorial.[490]

La CNC en su informe del año 2011, realizaba también un análisis del modelo de acceso a las profesiones de abogado y procurador establecido en la Ley 34/2006, destacando su marco altamente restrictivo que imponía el acceso a estas profesiones desarrollado por el Real Decreto 775/2011. Tanto la Ley como el Real Decreto, a juicio de la CNC, restringían fuertemente la competencia, tanto en relación con las posibilidades de acceso y ejercicio de las actividades de abogado y procura-

---

490 Este informe era coetáneo con la relevante Sentencia del Tribunal Supremo de 2 de junio de 2009, referida al Colegio Notarial de Madrid, donde se establece como punto de partida el pleno sometimiento de los Colegios Profesionales a la Ley de Defensa de la Competencia y el TDC (hoy, CNMC), sean cuales sean las funciones que ejerzan y el carácter público o privado de las mismas.

dor, como en lo relativo a las entidades que controlan la necesaria formación teórica y práctica. La CNC consideraba no válido seguir diferenciando entre ambas profesiones como ámbitos de actividad diferentes, cuyo acceso se ordena de manera independiente. Así, se pone de manifiesto que el Real Decreto 775/2011 había realizado un desarrollo de la Ley 34/2006, de una forma innecesaria y desproporcionada, restringiendo la competencia, en relación con el acceso a las profesiones de abogado y procurador, en aquellos ámbitos en que dicha norma legal todavía ofrecía un cierto margen para favorecerla, o al menos para no restringirla más aún. Es decir, además de ir más allá de la Ley, el reglamento hacía una *reformatio in peius* de la norma legal.

Por ello, la CNC instaba al Gobierno para que eliminara las restricciones injustificadas a la competencia. Y se recordaba también que estaba pendiente la aprobación de la Ley de Servicios Profesionales.

En abril de 2012, la CNC viene a valorar las reformas, introducidas por la Ley 25/2009, en la Ley de Colegios Profesionales.[491]

Según la CNC, la Ley de Colegios Profesionales, en la redacción dada por la Ley 25/2009, "es mucho más respetuosa y favorecedora de la competencia efectiva en la prestación de los servicios profesionales". No obstante, la CNC afirmaba que los colegios profesionales debían interiorizar las reformas, porque muchas de sus normas internas de funcionamiento, aún existentes, no eran compatibles con la normativa de liberalización.

La CNMC,[492] en noviembre de 2013, aprobó el informe relativo al Anteproyecto de Ley de Servicios y Colegios Profesio-

---

491 Esto se analiza en el Capítulo IV de este trabajo.

492 En 2013 se aprobó la unificación de los organismos reguladores y de la autoridad de competencia con el fin de reforzar su independencia, ga-

nales (APLSCP en adelante), en el que analiza las implicaciones de este desde el punto de vista de la competencia efectiva en los mercados. De forma global, considera que el APLSCP supone una reforma estructural necesaria y procompetitiva del marco regulador de los servicios profesionales al establecer el principio general de libertad de acceso y ejercicio de las actividades profesionales y someter la eventual imposición de restricciones a los principios de necesidad, proporcionalidad y no discriminación. Por ello, la CNMC afirma que la aprobación de este anteproyecto de ley facilitaría la prestación de los servicios profesionales en un marco favorable a la competencia. Además, las empresas y consumidores, usuarios de los servicios profesionales, tendrían acceso a una mayor variedad de servicios de mayor calidad, innovadores y a precios más competitivos. También tendría efectos beneficiosos sobre la estructura de costes y la competitividad de las empresas.

En cuanto al contenido de la APLSCP, la CNMC destaca algunas medidas propuestas que desde la perspectiva de la mejora de la regulación y de su impacto en la competencia merecen una valoración especialmente favorable.

En relación con las reservas de actividad y con los supuestos de colegiación obligatoria, la CNMC considera que el APLSCP actualiza y mejora de forma significativa la normativa vigente en diferentes aspectos, entre los que destacan los siguientes:

a) Las restricciones de acceso quedan limitadas, esencialmente, a las derivadas de normas comunitarias o a las establecidas o previstas en normas con rango de Ley, siempre que dichas medidas resulten necesarias por razones

---

rantizar la seguridad jurídica y la confianza institucional, adoptando una visión integradora desde el punto de vista de la regulación y de la defensa de la competencia para promover la modernización de la economía en beneficio de los consumidores. Así se creó la Comisión Nacional de los Mercados y la Competencia mediante la Ley 3/2013, de 4 de junio.

de interés general, y respeten, además, los principios de proporcionalidad y no discriminación.

b) La previsión de que los requisitos de acceso, como la exigencia de una titulación concreta u otro tipo de cualificación, se impongan a las actividades profesionales y no a las profesiones.

c) El principio de eficacia en todo el territorio nacional que evita la fragmentación territorial del mercado.

d) El establecimiento, de forma tasada, de las profesiones de colegiación obligatoria.

e) La prohibición de vincular la reserva de denominación de una profesión a la colegiación cuando las profesiones no sean colegiadas.

En el ámbito de las restricciones al libre ejercicio, la CNMC también afirma que el APLSCP introduce mejoras en la regulación, o consolida mejoras recientes. En particular:

a) La sujeción de las condiciones de ejercicio de las profesiones y actividades profesionales a los criterios de necesidad, proporcionalidad, no discriminación y objetividad.

b) Consolida y profundiza el principio de que se ejercen en libre competencia; la compatibilidad con el ejercicio de otras actividades o profesiones; la libertad de formas de ejercicio profesional, incluyendo su ejercicio en sociedad o a través de sociedades multidisciplinares, o la libertad de comunicaciones comerciales.

No obstante, recomendó profundizar en los siguientes aspectos: los sistemas de certificación de profesionales; las funciones a realizar por los Colegios Profesionales; incluir prohibiciones adicionales en relación con ciertas funciones de los Colegios Profesionales; transparencia y publicidad; el fomento por parte de las Administraciones Públicas de los mecanismos extrajudiciales de solución de conflictos; y la delimitación de los derechos y deberes de los profesionales.

Queda por abarcar el último Informe de la Comisión Nacional de los Mercados y la Competencia. El día 9 de enero de 2024, a petición del Ministerio de Asuntos Económicos y Transformación Digital la CNMC elaboró el Informe sobre el proyecto de Real Decreto[493] por el que se modifica el Real Decreto 472/2021, de 29 de junio, por el que se incorpora al ordenamiento jurídico español la Directiva (UE) 2018/958, relativa al test de proporcionalidad. Ya es el segundo informe referente al mencionado test. El primero fue realizado en el 2021 (16 de abril de 2021), a raíz del borrador de Real Decreto 472/2021 de 29 de junio, que incorporaba al ordenamiento español la Directiva (UE) 2018/958, de 28 de junio, anteriormente citada en el presente trabajo.[494]

El informe en cuestión aborda la problemática referente a la implementación de la nueva normativa, ya que "es esencial que las normas que regulan el acceso o el ejercicio de las profesiones no supongan un obstáculo injustificado o desproporcionado al ejercicio" de libre circulación de los trabajadores, la libertad de establecimiento y la libre prestación de servicios en todo el territorio de UE[495].

---

493 Proyecto mencionado corresponde al Real Decreto 435/2024, de 30 de abril, por el que se modifica el Real Decreto 472/2021, de 29 de junio, por el que se incorpora al ordenamiento jurídico español la Directiva (UE) 2018/958, del Parlamento Europeo y del Consejo, de 28 de junio, relativa al test de proporcionalidad antes de adoptar nuevas regulaciones de profesiones. Entrada en vigor, según la Disposición Final Segunda, 1 de mayo de 2024 (Publicado BOE Nº106, de 1 de mayo de 2024, págs. 49655 – 49569)

494 *Cit. loc. cit.* Págs. 79 –81

495 *Cit. loc. cit.* Págs. 38-45, 82-84, entre otras.

La norma debe ayudar a garantizar ausencia de las restricciones relativas a las libertades que se acaban de señalar, además de reforzar la aplicación del test de proporcionalidad introducido a la legislación nacional por el Real Decreto 472/2021, de 29 de junio.

En general se trata de una evaluación por la CNMC de códigos deontológicos con anterioridad a su aprobación teniendo en cuenta particularidades que podrían influir en el procedimiento de elaboración del indicado tipo de normas.

El procedimiento como tal, es muy semejante al procedimiento administrativo común, regulado en la LPAC, con una garantía "extra" reflejada en el control posterior que se realizará por la CNMC y obligatoria publicación de la propuesta de evaluación en la WEB de la propia Comisión.

Recomendaciones de la CNMC pretenden mejorar la integración de los principios:

> "de buena regulación; una extensión del ámbito de aplicación; una aclaración de que los colegios profesionales no se deberían considerar autoridades competentes; una mayor participación de la CNMC, para garantizar la objetividad e independencia de las evaluaciones, las cuales, en general, no fueron incorporadas al Real decreto".[496]

Por parte de la CNMC, esto desciende en consideración de inviabilidad de regulación sustantiva de "las profesiones" por los Colegios Profesionales. Dicha limitación garantizaría un control necesario, diferente al propio autocontrol colegial y podría evitar la arbitrariedad de los Colegios respecto a una profesión de categoría titulada, incluso si hablamos de profesionales liberados, como, por ejemplo, procuradores y abogados. De tal manera, la CNMC será la garante –aunque de cierto modo hipotético–, del cumplimiento de la objetividad e inde-

---

496 Informe IPN/CNMC/037/23 de CNMC, del 9 de enero de 2024

pendencia en la evaluación de los códigos deontológicos. Y, a pesar de que los informes de CNMC referentes a los proyectos de los códigos no serán vinculantes, aunque sean preceptivos, la ausencia de su cumplimiento será objeto de una obligatoria motivación por parte de los Colegios Profesionales con necesaria explicación del rechazo de recomendación. Esto se basa en la legitimación activa para impugnar en vía judicial "los actos administrativos y las disposiciones normativas con rango inferior a la ley, de los que se deriven obstáculos al mantenimiento de una competencia efectiva en los mercados",[497] de la que dispone la CNMC.

La verificación de ajuste al test de proporcionalidad además, de los códigos deontológicos nuevos o estén previstos de modificación, también afecta a los aprobados anteriormente.

Además, la CNMC asume la función de información relativa al procedimiento en sí, respecto a las observaciones presentadas por los interesados, lo que supone la necesidad de ampliación de recursos de la CNMC.

En esencia, el Informe de 2024 vela porque las normas reguladoras del acceso o el ejercicio de las profesiones reguladas estén libres de obstáculos injustificados y no sean desproporcionales para el cumplimiento de los principios fundamentales del TFUE, relativos al ejercicio de la libre circulación de los trabajadores, la libertad de establecimiento y la libre prestación de servicios[498].

Como hemos visto a lo largo del presente apartado, la CNMC ha sido activa en el análisis general de la dinámica de los colegios profesionales y servicios profesionales, promocionando la competencia y regulación económica eficiente, a tra-

---

497 Ley 3/2013, de 4 de junio de creación de la CNMC, art. 5.4; Ley 20/2013, de 9 de diciembre, de garantía de la unidad de mercado (art. 27).

498 Artículos 49 – 62 TFUE.

vés de Estudios[499] e Informes sobre normativa y proyectos de Estatutos, así como de otros informes sectoriales.[500]

Pero, es necesario señalar que, a pesar de la existencia de varios informes y actividad desarrollada por la CNMC, España fue objeto de varios procedimientos de infracción.

En 2021 la Comisión Europea inició contra España, así como contra otros 17 Estados miembros, un procedimiento de infracción, basado en la ausencia de comunicación e inco-

---

499 Cabe recordar el Informe sobre el libre ejercicio de las profesiones, propuesta para adecuar la normativa sobre las profesiones colegiadas al régimen de libre competencia vigente en España, realizado por el extinto Tribunal de Defensa de la Competencia Español en 1992; el Informe de 2008 sobre el sector de servicios profesionales y los colegios profesionales; el Informe de 2012 sobre los colegios profesionales tras la transposición de la Directiva de Servicios y el Informe de 2013 del Anteproyecto de Ley de Servicios y Colegios Profesionales.

500 Entre los informes sobre Estatutos de Colegios Profesionales, pueden citarse aquellos relativos a las ingenierías, entre otros, los IPN/CNMC/004/16, relativo a los Estatutos de los Colegios Oficiales de Ingenieros Agrónomos, el IPN/CNMC/021/16, sobre los Estatutos de los Colegios Oficiales de Ingenieros Industriales y el IPN/CNMC/022/16, sobre los Estatutos de los Colegios Oficiales de los Ingenieros de Telecomunicaciones, así como también los no estrictamente relacionados con Estatutos, como el INF/CNMC/005/15 Informe sobre la propuesta remitida por el consejo superior de los colegios de arquitectos de España para la fijación de criterios para la confección de las listas de peritos arquitectos, o el INF/CNMC/039/18, proyecto de código ético y deontológico del colegio de ingenieros de caminos canales y puertos. En los últimos meses, esta CNMC ha aprobado los IPN/CNMC/010/20, IPN/CNMC/016/20, IPN/CNMC/048/20, IPN/CNMC/049/20 e IPN/CNMC/003/21, sobre Estatutos de los Colegios Profesionales de Protésicos Dentales, sobre los Estatutos del Consejo General de Colegios de Ópticos-Optometristas, sobre los Estatutos de Colegios de Educadoras y Educadores Sociales, sobre los Estatutos del Colegio de Ingenieros Técnicos Forestales y sobre los Estatutos de los Colegios de Ingenieros de Minas y de su Consejo Superior, respectivamente.

rrecta trasposición de la normativa europea, relativa al "test de proporcionalidad".[501] Posteriormente, en febrero de 2023 (15 de febrero) ha sido emitido el Dictamen motivado en el que se identificaban las deficiencias de trasposición de la Directiva (UE) 2018/958, relacionadas con la falta de criterios de proporcionalidad, ya que el control respectivo de las propuestas y cambios en los códigos deontológicos seguían realizándose por los propios colegios profesionales, lo que indicaba la ausencia de las garantías procesales necesarias.[502] Esto ocurría a pesar de la existencia de pronunciamientos de la CNMC en los años 2008 y 2012 y 2021 mencionados en el mismo apartado, referentes a la necesaria aplicación del test de proporcionalidad, de acuerdo con las indicaciones de la Directiva (UE) 2018/958.

También cabe mencionar el último Dictamen motivado de la Comisión Europea relativo a las cualificaciones profesionales en el sector de la construcción vinculadas con las Directiva 2006/123/CE y Directiva (UE) 2018/958. Este dictamen se refiere solo de un determinado sector, pero según el Alto Órgano Europeo, existe injustificada obstaculización de libertad en contratar, lo que a su vez dificulta el desarrollo del mercado libre.[503]

---

501 Véase, Decisiones sobre infracciones de Comisión Europea (infracción: 2020/0423, de 2/12/2021) https://ec.europa.eu/atwork/applying-eu-law/infringements-proceedings/infringement_decisions/?lang_code=es [<ultima consulta 5 de julio de 2024>]
Consulten nota de prensa: https://ec.europa.eu/atwork/applying-eu-law/infringements-proceedings/infringement_decisions/?lang_code=es [<ultima consulta 5 de julio de 2024>]

502 Véase, Nota de prensa de la Comisión Europea, de 15 de febrero de 2023, sobre medidas para garantizar un buen funcionamiento del mercado único de servicio https://ec.europa.eu/commission/presscorner/detail/es/IP_23_769 [<ultima consulta 5 de julio de 2024>]

503 Paquete de procedimientos de infracciones de mayo: principales decisiones, de 2 de mayo de 2024
https://ec.europa.eu/atwork/applying-eu-law/infringements-proceedings/infringement_decisions/

Asimismo, desde la aplicación de la normativa de competencia a conductas y actuaciones anticompetitivas de los Colegios profesionales,[504] existen precedentes de resoluciones sancionadoras, sobre aspectos como reservas de actividad no justificadas, restricciones al acceso a la actividad pericial fijación de honorarios mínimos[505] o recomendación de precios.[506]

5. LA NECESIDAD DE LA REGULACIÓN EN EL SECTOR DE LOS SERVICIOS PROFESIONALES

Como se ha podido comprobar en los apartados anteriores, diferentes autoridades e instituciones internacionales y nacionales han aceptado la existencia de motivos que, en determi-

---

véanse, nota de prensa, respecto a la infracción INFR/2023/4009, 14/07/2023
https://ec.europa.eu/commission/presscorner/detail/es/inf_24_2422 [<ultima consulta 4 de julio de 2024>]

504 El Informe sobre los Colegios Profesionales tras la transposición de la Directiva de Servicios de 2012 contiene seis recomendaciones específicas desde la óptica de la promoción de la competencia y la regulación eficiente y múltiples referencias a expedientes y resoluciones.

505 La Resolución del TDC del expediente 445/98, sobre fijación de honorarios mínimos, la Resolución de la CNC en el expediente S/0002/07, exclusión de la actividad de visados de proyectos de edificios por parte del Consejo de Arquitectos) o la Resolución de la Sala de Competencia del Consejo de la CNMC en el Expediente SAMAD/02/14 Colegio oficial ingenieros técnicos industriales de Madrid, relativo a la exigencia de visado, a la recomendación colectiva a todos los colegiados de suscripción de un seguro de responsabilidad civil y a la canalización de cobro de honorarios a través del Colegio.

506 Resoluciones de 16 de septiembre de 2016, expedientes SAMAD/09/2013 I Honorarios Profesionales ICAM y SAMAD/09/2013 II Bis Honorarios Profesionales ICAAH; y Resolución de 8 de marzo de 2018, expediente S/DC/0587/16 Costas Bankia.

nados casos, pueden justificar la existencia de un marco regulador de las actividades profesionales.

Los motivos por los que puede ser necesaria una regulación específica de los servicios profesionales se resumen en los siguientes.[507] En primer lugar, se produce una asimetría de información entre consumidores, usuarios y prestadores de servicios profesionales. Esto ocurre porque los consumidores y usuarios pueden no tener los suficientes conocimientos para poder valorar la calidad de los servicios que adquieren. En segundo lugar, la prestación de un servicio profesional puede tener efectos en terceros además del comprador del servicio.[508]

Por último, existen determinados servicios profesionales que producen bienes públicos y, si no se regulan, el suministro de estos servicios sería insuficiente o inadecuado.[509]

Sobre la regulación aplicada al sector de los servicios profesionales, algunas instituciones internacionales, como la OCDE,

---

507 Véase, la Comunicación de la Comisión "Servicios profesionales – Prosecución de la reforma Seguimiento del Informe sobre la competencia en los servicios profesionales" (COM(2005)0405).

508 La Comisión Europea se refiere a este motivo como "externalidades". *Vid.* Comunicación de la Comisión "Servicios profesionales – Prosecución de la reforma Seguimiento del Informe sobre la competencia en los servicios profesionales" (COM(2005)0405), y la Resolución del Parlamento Europeo sobre el seguimiento del Informe sobre la competencia en los servicios profesionales, de 12 de octubre de 2006 (2006/2137(INI)).

509 La CNCM pone como ejemplo la buena administración de la justicia. *Vid.* CNC. Recomendaciones a las administraciones públicas para una regulación de los mercados más eficiente y favorecedora de la competencia, 2008, pág. 25 y ss.

han indicado una serie de principios que deben configurarla.[510] Se sintetizan, básicamente, en los siguientes:[511]

a) No otorgar derechos exclusivos a los profesionales cuando existan otros mecanismos menos restrictivos.

b) Los requisitos de entrada no deben ser desproporcionados en relación con lo que se requiere para asegurar la prestación del servicio considerado.

c) La finalidad principal debe consistir en proteger a los pequeños consumidores.

d) Se deben eliminar las restricciones a la competencia entre miembros de una misma profesión.

e) No debe darse la jurisdicción exclusiva a las asociaciones de profesionales sobre requisitos de entrada, reconocimiento mutuo o derechos exclusivos de la profesión.

f) La competencia entre asociaciones profesionales debería ser fomentada.

La Comisión Europea también ha concluido que dicha regulación debería someterse a un test de proporcionalidad para comprobar hasta qué punto una normativa profesional contribuye al interés general y puede justificarse[512].

---

510 La CNC también determina los principios de la regulación pro-competencia: necesidad y proporcionalidad; mínima distorsión; eficacia; transparencia; y predecibilidad. *Vid.* CNC. Recomendaciones a las administraciones públicas para una regulación de los mercados más eficiente y favorecedora de la competencia, 2008, pág. 30 y ss.

511 *Vid.* OCDE. Informe *Competition in Professional Service,* 2000.

512 Asimismo, la Comisión ha sugerido a los Estados miembros que la norma contenga una justificación de cómo la medida reguladora elegida constituye un mecanismo menos restrictivo de la competencia para la consecución efectiva del objetivo establecido. *Cfr.* Informe sobre la competencia en los servicios profesionales, COM (2004) 83 final.

Asimismo, el Tribunal de Justicia en la Sentencia de 5 de diciembre de 2006 señala que

> "[...] la protección, por una parte, de los consumidores, en particular, de los destinatarios de los servicios judiciales prestados por los auxiliares de justicia, y, por otra parte, de la buena administración de justicia es un objetivo que se encuentra entre los que pueden considerarse razones imperiosas de interés general que permiten justificar una restricción a la libre prestación de servicios (véanse, en este sentido, las sentencias de 12 de diciembre de 1996, Reisebüro Broede, C-3/95, Rec. p. I-6511, apartado 31 y la jurisprudencia citada, y de 21 de septiembre de 1999, Läärä y otros, C-124/97, Rec. p. I-6067, apartado 33), siempre que se cumpla el doble requisito de que la medida nacional controvertida en el litigio principal sea adecuada para garantizar la realización del objetivo que persigue y no vaya más allá de lo necesario para alcanzarlo".[513]

A nivel del ordenamiento jurídico, también hemos comprobado cómo la CNMC se ha pronunciado en numerosas ocasiones sobre la necesidad de culminar la reforma de la regulación de los colegios y servicios profesionales para cumplir con los principios contemplados en la Ley 25/2009, de 22 de diciembre. Así, la CNMC insiste en que la normativa de acceso y ejercicio a las profesiones debe dirigirse a determinar los conocimientos y aptitudes necesarios para el ejercicio de cada actividad, de forma que todos los profesionales que reúnan la capacitación necesaria puedan desarrollarla.[514] En este senti-

---

[513] Cipolla y otros, C-94/04 y C-202/04, Rec. p. I-11421, apartado, 64.

[514] Véase la posición de la CNMC en el IPN/CNNC/001/21 sobre el Proyecto de Real Decreto por el que se incorpora al ordenamiento jurídico español la Directiva 2018/958, del Parlamento europeo y del Consejo, de 28 de junio, relativa al test de proporcionalidad antes de adoptar nuevas regulaciones de profesiones; el INF/CNMC/039/2018 Proyecto de código ético y deontológico del colegio de ingenieros de caminos canales y puertos o el IPN 100/13 sobre normas generales del registro de peritos de ingenieros de caminos, canales y puertos.

do, afirma que las reservas de actividad profesional restringen el acceso al mercado y, al reducir la oferta de servicios profesionales, pueden afectar negativamente a su calidad y sus precios. Por este mismo motivo se exige el control sobre la elaboración de las normas (códigos) deontológicos. Concluye que estas reservas solo son admisibles si respetan los principios de buena regulación económica (necesidad, proporcionalidad, y no discriminación), motivo por el cual se inclina hacia la obligatoriedad de realizar un "test de proporcionalidad" antes de adoptar restricciones al acceso o ejercicio profesional.[515]

---

[515] Véase el IPN/CNMC/017/23 Proyecto de Real Decreto por el que se aprueban las normas técnicas de seguridad para las presas y sus embalses y se establece titulación académica para su desempeño, de 25 de julio de 2023.

Capítulo VI.

CONCLUSIONES

A la vista de las consideraciones expuestas, debe concluirse que el sector de Colegios y servicios profesionales requiere desde hace más de una década una profunda reforma. Esta reforma, basada en los principios de buena regulación, permitiría mejorar las condiciones de competencia y una mayor productividad en beneficio de los propios profesionales del sector y de los consumidores.

Ha transcurrido un tiempo notable desde la finalización del plazo transitorio de 12 meses establecido en la Disposición transitoria cuarta de la Ley 25/2009 sin que se haya aprobado la referida ley estatal. Esta situación, como ha manifestado la CNMC conduce a un elevado grado de inseguridad para el ejercicio profesional en España.

Por tanto, nos encontramos, a día de hoy, ante un sector importante dentro de la economía europea que no ha procedido a internalizar las reformas necesarias por todos los agentes e instituciones que intervienen en la actividad de prestación de los servicios profesionales. Esta situación provoca que se mantengan importantes restricciones a la competencia efectiva en este mercado.

El punto de partida de este estudio es el texto constitucional y, en concreto, los artículos 35 y 36 que consagran el derecho a la libre elección de profesión u oficio y reservan a la ley la regulación del ejercicio de las profesiones tituladas.

En el capítulo I se han hecho diferentes consideraciones teóricas y jurisprudenciales en relación con la libertad de elección profesional como categoría distinta del ejercicio, aunque integrante común de la noción de actividad profesional.

La libertad de ejercicio de la profesión como derecho constitucionalmente consagrado, vincula a todos los poderes públicos y resulta directamente aplicable. Así, la reserva legal establecida en el artículo 53.1 implica, por tanto, que el respeto a la libre elección de profesión u oficio vincula de forma absoluta todos los poderes públicos y específicamente, a la Administración, de forma que esta no puede interferir en la definición y garantía de tal derecho, salvo en el ámbito que la Constitución y las leyes puedan habilitar.

Por tanto, solo es posible la regulación por vía de reglamento de aquellos aspectos relativos al ejercicio de la libre elección de profesión u oficio, siempre que el reglamento opere en el marco de una habilitación legal expresa y como complemento necesario de la normativa legal.

El ejercicio de profesiones, como ya se ha puesto de manifiesto, se contempla en el artículo 36 de la CE, que remite a la ley de la regulación de las mismas. Este planteamiento nos conduce a analizar tres cuestiones, esto es, el alcance de la garantía institucional respecto del ejercicio profesional; la delimitación de la reserva de ley establecida y, por último, el régimen jurídico de las titulaciones.

En cuanto al sistema de distribución de competencias, se concluye que la participación legislativa de las comunidades autónomas es perfectamente factible, siempre que no se incida en ese contenido básico y toda vez que no se perjudiquen las condiciones de igualdad en el ejercicio para todos los españoles. Por tanto, las comunidades autónomas pueden incluir en sus estatutos atribuciones sobre materias no atribuidas expresamente por la Constitución al Estado (art. 149.3 de la CE).

En el capítulo II hemos procedido a analizar el marco jurídico regulador del acceso al ejercicio de las profesiones en el ámbito de la Unión Europea, destacando las disposiciones relativas a la Libre Circulación de Personas y Servicios y, en concreto, dos de los tres regímenes distintos aplicables a los trabajadores asalariados y no asalariados: el derecho de establecimiento y la libre prestación de servicios.

Al margen de estas consideraciones de alcance general, nos centramos en el propio contenido de la Directiva 2006/123/CE que, con carácter general, configura un marco jurídico que facilita la consecución de un mercado interior de los servicios, y en particular la efectividad de las libertades citadas. Con este fin, hemos analizado con más detalle las siguientes cuestiones: las medidas de intervención administrativa para acceder a una actividad de servicios o a su ejercicio; y las posibilidades de establecer límites al ejercicio de una actividad. Este es el marco jurídico que hemos tenido en cuenta al analizar la normativa estatal y autonómica en materia de actividades y colegios profesionales.

En el capítulo III se contemplan dos situaciones y/o conceptos diferentes de las profesiones: la profesión regulada y la profesión titulada.

En cuanto a la primera, se analiza el marco normativo general por el que se regula el derecho de los nacionales de los Estados miembros de la Unión Europea a ejercer una profesión, por cuenta propia o ajena, en un Estado miembro distinto de aquel en que hubiesen adquirido sus cualificaciones profesionales. Este marco es el resultado de la evolución histórica de las numerosas Directivas adoptadas complementado con los principios derivados de la jurisprudencia del Tribunal de Justicia, sobre la supresión de los obstáculos a la libre circulación de las personas y servicios entre los Estados miembros.

Este proceso evolutivo tuvo como resultado la Directiva 2005/36/CE que venía a refundir casi toda la legislación sobre reconocimiento de cualificaciones profesionales. No obstante, más adelante se aprobó la Directiva 2013/55/UE, de 20 de noviembre que, aunque mantiene la vigencia de la anteriormente citada, introduce en ella modificaciones relevantes con la finalidad de seguir progresando en la eliminación de los obstáculos al ejercicio de los derechos de los ciudadanos de la Unión Europea y aligerando la carga administrativa vinculada al reconocimiento de las cualificaciones profesionales.

Esta última Directiva se transpone al ordenamiento jurídico interno a través del Real Decreto 581/2017, de 9 de junio.

Entre las medidas que se incorporan con esta nueva regulación adoptada con el objetivo de reforzar el mercado interior y favorecer la libre circulación de los profesionales, al tiempo que se garantiza un reconocimiento más eficaz y transparente de las cualificaciones profesionales, es de destacar el establecimiento de una "Tarjeta Profesional Europea" destinada a facilitar la movilidad temporal a través de la aplicación, según los casos, del sistema de reconocimiento automático o de un procedimiento simplificado en el marco del sistema general.

La Tarjeta Profesional Europea se expedirá a petición de un profesional previa presentación de los documentos necesarios y habiéndose cumplido los procedimientos correspondientes de comprobación por las autoridades competentes. Cuando la Tarjeta Profesional Europea se expida a efectos de establecimiento, debe constituir una decisión de reconocimiento y ser tratada como cualquier otra decisión de reconocimiento con arreglo a la Directiva 2005/36/CE.

El funcionamiento de la Tarjeta Profesional Europea debe apoyarse en el Sistema de Información del Mercado Interior (IMI) introducido por el Reglamento (UE) 1024/2012 del Parlamento Europeo y del Consejo.

Por otra parte, la nueva regulación viene a introducir un concepto nuevo, como es el del "Acceso Parcial", de gran relevancia para solucionar aquellos casos en que en el Estado miembro de acogida las actividades cuyo ejercicio se pretende son parte de una profesión cuyo ámbito de actividad es mayor que en el Estado miembro de origen. De forma específica, la nueva normativa incorpora también novedades respecto de las condiciones mínimas de formación establecidas para determinadas profesiones.

En el capítulo IV se realiza un análisis en profundidad de las reformas y del estado actual de las normativas estatal y autonómicas sobre Colegios Profesionales. Siguiendo los diferentes informes emitidos por la autoridad nacional de la competencia se constata que solo una parte de los Colegios Profesionales se han adaptado expresamente a las reformas señaladas, identificándose las principales restricciones a la competencia efectiva que tienen su origen en el ámbito colegial, con ejemplos de situaciones reales. Ante la situación analizada, se extraen las siguientes conclusiones:

- la reforma del marco general debe culminarse con la aprobación de una ley que determine, con carácter único para todo el territorio nacional, las profesiones que excepcionalmente quedarán sujetas a colegiación obligatoria.
- la colegiación obligatoria, dado que restringe la competencia al tratarse de una importante barrera de acceso, solo debe exigirse en aquellas actividades profesionales en que esté suficientemente justificada y, al mismo tiempo, no existan alternativas más favorecedoras de la competencia.
- las titulaciones o tipos de titulaciones que se requieran para colegiarse deben seguir el principio de capacitación técnica que confieren las titulaciones a los profesionales, para no compartimentar innecesaria y perjudicialmente el mercado.
- Se constata la persistencia de numerosas barreras al acceso a las actividades profesionales y al ejercicio profesional, que impiden o dificultan la libre prestación de servicios profesionales.

- Se detecta una falta de adaptación expresa de las normativas autonómicas reguladoras de los Colegios Profesionales a las reformas previstas en la legislación básica estatal, generando una compartimentación del mercado nacional.
- El marco normativo actual permite que se puedan mantener colegios de profesiones de colegiación no obligatoria.

Por tanto, la exigencia de colegiación para el ejercicio de una actividad profesional supone una importante restricción para la competencia y conlleva un régimen de autorización que, de acuerdo con la Ley Paraguas, debe ser necesario, proporcionado a dicha necesidad y no discriminatorio. A estos efectos, la necesidad de colegiación en una actividad profesional debe justificarse en la concurrencia de razones de imperioso interés general distintas a las que motivan las reservas de actividad. Además, la existencia de estas razones de interés general que hagan necesaria la colegiación se debe poner en relación con el perjuicio que crea para la competencia y valorar la posible existencia de otras alternativas que permitan lograr los objetivos perseguidos con la colegiación obligatoria de la forma menos distorsionadora de la competencia. Y en el caso de cumplir con todo ello, los requisitos de acceso a la colegiación deben ser proporcionados y no discriminatorios.

Estas condiciones que impone la normativa europea refuerzan la naturaleza jurídica pública de los Colegios Profesionales. Por ello, solo pueden ser considerados como tales aquellos que tengan atribuidas funciones públicas para adecuar el acceso y ejercicio a unos parámetros de interés público y defensa de los ciudadanos que se relacionan con ellos. Y es por ello que cuando exista un Colegio Profesional, la colegiación debe ser obligatoria y restringirse a un núcleo reducido de profesiones. En consecuencia, el resto de Colegios Profesionales deberían reconvertirse en otro tipo de entidades como asociaciones profesionales sin ánimo de lucro con la finalidad principal de velar por el buen ejercicio de las profesiones respecto a los destinatarios de los servicios y para la representación y defensa de sus intereses y los intereses generales de la profesión.

Sin embargo, el artículo 1.3 de la LCP permite la colegiación voluntaria. No obstante, a nuestro juicio el futuro de los Colegios Profesionales debería recaer en la colegiación obligatoria, cuyas profesiones defienden intereses públicos y están en juego derechos fundamentales de los ciudadanos.

Se trata también en el capítulo IV cómo las comunidades autónomas han adaptado sus normativas horizontales de Colegios Profesionales a la normativa nacional básica que transpone la Directiva de Servicios con las leyes Paraguas y Ómnibus. El examen de la normativa autonómica evidencia que muchas leyes autonómicas de Colegios Profesionales aún no se han adaptado expresamente al nuevo marco básico estatal, y que algunas normativas que sí se han adaptado mantienen disposiciones que se apartan de lo establecido en la norma estatal y pueden afectar a la competencia y a la unidad de mercado.

Se dedica un apartado en este capítulo al análisis de la normativa reguladora interna de las profesiones, -los Estatutos colegiales-, porque pueden facilitar restricciones de la competencia que colisionen con el objetivo liberalizador de la Directiva de Servicios. Este análisis revela la existencia de numerosas barreras de acceso y ejercicio en las normas internas colegiales que impiden o dificultan la libre prestación de servicios profesionales. Las barreras de acceso conforman exclusividades de ciertos colectivos profesionales para llevar a cabo determinadas actividades como consecuencia de obligaciones de colegiación, dificultades de acceso a la colegiación y restricciones territoriales, mientras que las barreras de ejercicio limitan la capacidad de competir libremente por los profesionales que han podido acceder al mercado, entre otras en materias como precios, publicidad o visados.

En este sentido, la Comisión Nacional de la Competencia también destacó que los Colegios Profesionales deben efectuar un cambio estructural, adaptando sus Estatutos, Códigos deontológicos y demás normas internas de funcionamiento y eliminar todas las restricciones de la competencia y todos los elementos que, sin constituir directamente una restricción, facilitan una relajación de la competencia efectiva entre profesionales.

A continuación, se resumen las barreras de acceso y de ejercicio más importantes que todavía persisten en la normativa interna colegial, y que se analizan detalladamente en el apartado 4 del capítulo IV de este trabajo:

- El requisito de que los profesionales estén colegiados para poder ejercer la profesión, salvo que venga establecido por ley.
- Requisitos excesivos o discriminatorios para que los profesionales puedan colegiarse.
- La obligación de que los profesionales estén colegiados en el Colegio Profesional de un determinado territorio para poder prestar sus servicios profesionales en dicho territorio, cuando ya estén colegiados en el territorio donde tengan su domicilio profesional único o principal o cuando no sea preciso colegiarse para ejercer dicha actividad profesional en el territorio donde tengan su domicilio profesional único o principal.
- Disposiciones o medidas que restringen la capacidad de los profesionales para determinar autónomamente los precios que cobran a los usuarios de sus servicios.
- Establecer restricciones o limitaciones a la publicidad de los profesionales que vayan más allá de lo estrictamente previsto en las leyes.

- Disposiciones o medidas que favorecen el mantenimiento de los privilegios derogados de los Colegios en relación con los visados, que suponen o favorecen una disminución en la intensidad competitiva en la oferta de visados o que subordinan la concesión del visado a prestaciones o requisitos suplementarios no justificados.

En el capítulo V se realiza una breve referencia a los momentos más destacados de la evolución de la política de la competencia de la Unión Europea con respecto a los servicios profesionales.

Analizamos las Comunicaciones de la Comisión Europea más destacables sobre los servicios profesionales y el Dictamen del Consejo Económico y Social Europeo que nos ofrece las bases para el futuro de los Colegios Profesionales y el modelo exigido por la Unión Europea. Asimismo, también se examinan las principales consideraciones de la autoridad de competencia del Estado español.

Por todo ello, hemos podido comprobar cómo diferentes autoridades e instituciones internacionales y nacionales han aceptado la existencia de motivos que, en determinados casos, pueden justificar la existencia de un marco regulador de las actividades profesionales.

Los motivos por los que puede ser necesaria una regulación específica de los servicios profesionales se pueden resumir en los siguientes: asimetría de información entre consumidores y usuarios y prestadores de servicios profesionales; la prestación de un servicio profesional puede generar unos efectos en terceros al igual que en el comprador del servicio, y determinados servicios profesionales que producen bienes públicos.

En conclusión, a lo largo del presente trabajo se pretende poner de manifiesto cuáles son los problemas detectados en el sector de los servicios profesionales en cuanto a normas que amparan conductas restrictivas de la competencia y cuál puede ser el origen de los mismos, de tal forma que pueda ser de utilidad cuando se acometa la nueva regulación anunciada de los servicios profesionales. Los problemas detectados se sitúan tanto en el ámbito de la regulación del acceso a la profesión como en el ámbito de la regulación del ejercicio de la profesión.

En conclusión, es evidente que:

1. En lo que se refiere a la regulación del acceso a la profesión, las principales restricciones se sitúan en la exigencia de una determinada titulación y/o la exigencia de colegiación obligatoria. Su principal efecto desde el punto de vista de la competencia es que se generan reservas de actividad en las que la competencia se limita a aquellos profesionales que cumplan las condiciones de acceso. Tales condiciones solo pueden estar justificadas por unos claros motivos de interés general que deben ser explicitados, de tal forma que se justifique la necesidad y la proporcionalidad de la regulación.

2. En lo que se refiere a la regulación del ejercicio profesional, el principal problema se deriva del poder de autoregulación que la legislación vigente otorga a los Colegios Profesionales, lo que ha dado lugar a la aparición de normas internas y conductas colegiales que han perjudicado la competencia entre los propios profesionales de cada Colegio.

3. La normativa debe partir del principio de que el ejercicio profesional se debe apoyar en la libre competencia y que la regulación no debe restringir la misma de forma innecesaria, sino solo en la medida en que esté motivado por imperiosas razones de interés general.

   En definitiva, la reforma del marco normativo de los servicios profesionales deberá seguir la jurisprudencia de la Unión Europea y aplicar a las medidas destinadas a asegurar el interés general el doble test de que las mismas sean las adecuadas para alcanzar el objetivo propuesto y que su alcance no vaya más allá de lo estrictamente necesario para el mismo.

4. La reforma del marco normativo de los servicios profesionales y la modernización de los Colegios Profesionales se deben acometer de tal forma que se sigan los principios de la Directiva de Servicios.
5. Toda regulación justifique su necesidad y proporcionalidad, así como que es la alternativa que genera la mínima distorsión desde el punto de vista de los efectos sobre la competencia.
6. Adicionalmente, la reforma del marco normativo de los servicios profesionales, como puso de manifiesto la CNM, debe tener en consideración otros dos principios generales: la necesidad de romper con la unión automática de una profesión y un título; la necesidad de romper con la asociación automática de profesión titulada con Colegio Profesional.
7. En cuanto a los Colegios Profesionales es preciso redefinir y acotar sus fines y funciones. Además, es preciso que la Administración tenga un mayor papel, en particular, a través de la posibilidad de iniciar de oficio la revisión de los Estatutos Generales y a través del control previo de los Códigos internos colegiales.

BIBLIOGRAFÍA

AGUILERA MARTÍNEZ, R. L., "La vigencia de los Colegios Profesionales en España", en BAÑÓN I MARTÍNEZ, R.; TAMBOLEO GARCÍA, R. (Coord.), *La modernización de la política y la innovación participativa,* Universidad Complutense de Madrid, 2014, págs. 303-320.

AGUADO CUDOLÀ, V., "Libertad de establecimiento de los prestadores de servicios: autorización, declaración responsable, comunicación previa y silencio positivo", en AGUADO CUDOLÀ, V.; NOGUERA DE LA MUELA, B., (coord.), *El impacto de la Directiva de Servicios en las Administraciones Públicas: aspectos generales y sectoriales,* Atelier, Barcelona, 2012, págs. 67-90.

ALBIEZ DOHRMANN, K. J., "El Anteproyecto de la Ley de Servicios y Colegios Profesionales: un cambio importante en la Ley de Sociedades Profesionales", en BALAGUER CALLEJÓN, F. y ARANA GARCÍA, E. (Coord.), *Libro homenaje al profesor Rafael Barranco Vela,* Thomson Reuters-Civitas, vol. 1, 2014, págs. 151-166.

ALONSO MAS, M. J., (dir.) *El nuevo marco jurídico de la unidad de mercado. Comentario a la Ley de garantía de la unidad de mercado,* La Ley, Madrid, 2014.

ALZAGA VILLAMIL, O., *La Constitución de 1978 (Comentario Sistemático),* Ediciones del Foro, Madrid, 1978.

ARIÑO ORTIZ, G. y SOURIVON MORENILLA, J. M., *Constitución y Colegios profesionales. Una reflexión sobre las corporaciones representativas,* Unión Editorial, Madrid, 1984.

AYERS, I. y BRAITHWAITE, J., *Responsive Regulation: Transcending the Deregulation Debate* Oxford University Press, New York, 1992, p. 106.

BAENA DEL ALCÁZAR, M., *Los Colegios profesionales en el derecho administrativo español,* Montecorvo, Madrid, 1968.

BAENA DEL ALCÁZAR, M., "Una primera aproximación a la nueva Ley de Colegios profesionales", en *Revista de administración pública,* núm. 74, 1974, págs. 55-114.

BAENA DEL ALCÁZAR, M., "La nueva regulación de los colegios profesionales: la reestructuración por la vía de la defensa de la competencia", en *Derecho privado y Constitución,* núm. 11, 1997, págs. 11-38.

BAÑO LEÓN, J. M., "El ejercicio de las profesiones tituladas y los colegios profesionales", en *Revista galega de administración pública,* vol. 1, núm. 24, 2000, págs. 27-49.

BELTRAN DE FELIPE, M., *Discrecionalidad administrativa i constitución*, Tecnos, Madrid, 1995.

BERENGUER FUSTER, L., "Una asignatura pendiente: la reforma de los colegios", en PEDRAZ CALVO, M.; ORDÓNEZ SOLÍS, D.; MARTÍNEZ-LAGE, S. (Coord.), *El derecho europeo de la competencia y su aplicación e España: "Liber amicorum" en homenaje a Santiago Martínez Lage*, La Ley, Las Rozas, Madrid, 2014, págs. 435-466.

BLACK, J., "Constitutionalising Self-Regulation", en *The Modern Law Review*, vol. 59, núm. 1, 1996, págs. 24-55.

BLASCO ESTEVE, A., "Libertad de ejercicio profesional: el caso de los procuradores de los tribunales", en SOSA WAGNER, F. (Coord.), *El derecho administrative en el umbral del siglo XXI: homenaje al profesor Dr. D. Ramón Martín Mateo*, Universidad de Alicante, Generalitat Valenciana; Tirant Lo Blanch, vol. 1, Valencia, 2000, págs. 1005-1018.

BRAITHWAITE, J., "Enforced Self-Regulation: A New Strategy for Corporate Crime Control", en *Michigan Law Review*, vol. 80, núm. 7, 1982, págs. 1466-1507.

CALVO CARAVACA, A. L. y CARRASCOSA GONZÁLEZ, J., "Mercado Único Europeo y libertades comunitarias", en CALVO CARAVACA, A.L. y BLANCO-MORALES LIMONES P., (Eds.), *Derecho europeo de la competencia*, Constitución y Leyes, Colex, Madrid, 2000, págs. 9-146.

CALVO SÁNCHEZ, L., *Régimen jurídico de los Colegios profesionales*, Unión Profesional, Madrid, 1998.

CALVO SÁNCHEZ, L., "Perspectivas generales para una reforma de la legislación estatal sobre Colegios Profesionales", en *Revista General de Derecho Administrativo*, núm. 5, 2004.

CALVO SÁNCHEZ, L., "Colegios profesionales y sociedades profesionales", en *Administrativo: cuaderno jurídico*, núm. 1, 2009, págs. 15-27.

CALVO SÁNCHEZ, L., "El derecho y las profesiones", en *Revista española de educación física y deportes*, núm. 425, 2 trimestre, 2019, págs. 65-91.

CARLÓN RUIZ, M., "El impacto de la transposición de la Directiva de Servicios en el régimen jurídico de los Colegios Profesionales", en *Revista de Administración Pública*, núm. 183, septiembre-diciembre 2010, págs. 99-137.

CARRILLO DONAIRE, J. A., "La diferenciación jurídica entre títulos académicos y profesionales", en *La autonomía municipal. Administración y regulación económica. Títulos académicos y profesionales*, Actas del II Congreso de la Asociación Española de Profesores de Derecho Administrativo, Aranzadi Thomson Reuters, Pamplona, 2007, págs. 227-302.

CARRO FERNÁNDEZ-VALMAYOR, J. L. y GÓMEZ-FERRER MORANT, R., "La potestad reglamentaria del gobierno y la constitución", en *Documentación administrativa,* núm. 188, 1980, págs. 183-232.

CASADO CASADO, L., "El silencio en los recursos administrativos: el alcance del efecto positivo del doble silencio en el recurso de alzada", en *Revista española de derecho administrativo,* núm. 172, 2015, págs. 271-316.

CASADO CASADO, L., "Reflexiones sobre algunas debilidades de la Jurisdicción contencioso-administrativa", en MONTORO I CHINER, M. J., CASADO CASADO, L., FUENTES I GASÓ, J. R., *La jurisdicción contencioso-administrativa ante la encrucijada de su reforma,* Tirant lo Blanch, Valencia, 2023, págs. 111-282.

CASTAÑO GARCÍA, L., "Los colegios profesionales: situación y perspectivas", en *Revista jurídica de Castilla-La Mancha,* núm. 33, 2002, págs. 11-38.

CASSESE, S., "La riforma degli ordini professionali", en *Giornale di Diritto Amministrativo,* vol. 7, núm. 6, 2001, págs. 633-635.

CHECA MARTÍNEZ, J., "La constitucionalización de los Colegios profesionales", en ARAGÓN REYES, M. y MARTÍNEZ-SIMANCAS SÁNCHEZ, J. (Coord.), *La Constitución y la práctica del Derecho,* Tomo II, Sopec, Pamplona, 1998, págs.1819-1832.

CORTINA, A., *Ciudadanos del mundo. Hacia una teoría de la ciudadanía,* Alianza Editorial, Madrid, 1997.

DE LA MORENA Y DE LA MORENA, L., "Licencias (intervención de los entes locales en la actividad de los administrados", en *Diccionario Enciclopédico. El Consultor,* Vol. II, La Ley, 2 ed., Madrid, 2003.

DE LA QUADRA-SALCEDO Y FERNÁNDEZ DEL CASTILLO, T., (Dir.), *El mercado interior de servicios en la Unión europea. Estudios sobre la Directiva 123/2006 relativa a los servicios en el mercado interior,* Marcial Pons, Madrid, 2009.

DE LA QUADRA-SALCEDO Y FERNÁNDEZ DEL CASTILLO, T., "Libertad de establecimiento y de servicios: ¿reconocimiento mutuo o país de origen?", en *Revista española de derecho administrativo,* núm. 146, 2010, págs. 221-263.

DEL SAZ CORDERO, S., *Los Colegios Profesionales,* Marcial Pons, Madrid, 1996.

DEL SAZ CORDERO, S., "La modificación de la Ley estatal 2/1974, de Colegios Profesionales, como consecuencia de la transposición de la Directiva de Servicios", en *Revista Catalana de Dret Públic,* núm. 42, junio 2011, págs. 177-216.

ENGRA MORENO, J. C.; NAVARRO VARONA, E., "Derecho de la Competencia y Colegios Profesionales", en *Revista española de derecho europeo,* núm. 3, 2002, págs. 517-530.

FANLO LORAS, A., *El debate sobre colegios profesionales y cámaras oficiales: la administración corporativa en la jurisprudencia constitucional,* Civitas, Zaragoza, 1992.

FANLO LORAS, A., "Encuadre histórico y constitucional. Naturaleza y fines. La autonomía colegial", en MARTÍN-RETORTILLO BAQUER, L. (Coord.), *Los Colegios profesionales a la luz de la Constitución,* Civitas, Madrid, 1996, págs. 67-124.

FERNÁNDEZ, C. y GONZÁLEZ ESPEJO, P., "Actions for damages based on community competition law. New case law on direct applicability of Articles 81 and 82 by Spanish civil courts", en *European Competition Law Review,* 2002, núm. 4.

FERNÁNDEZ FARRERES, G.; CALVO SÁNCHEZ, L.; MENÉNDEZ GARCÍA, P. y PELLICER ZAMORA, R., *Colegios profesionales y derecho de la competencia,* Civitas, 2002.

FERNÁNDEZ FARRERES, G.; "La llamada "Ley Ómnibus" y la reforma del marco regulatorio de los colegios profesionales", en *Noticias de la Unión Europea,* núm. 317, 2011, págs. 15-28.

FERNÁNDEZ RODRÍGUEZ, T., "Un nuevo derecho administrativo para el mercado interior europeo", *en Foro de Córdoba: publicación de doctrina y jurisprudencia,* núm. 119, noviembre-diciembre, 2007, págs. 45-56.

FERNÁNDEZ RODRÍGUEZ, T., "Un nuevo derecho administrativo para el mercado interior europeo", *en Revista española de derecho europeo,* núm. 22, 2007, págs. 189-197.

FORTES MARTÍN, A., "La libertad de establecimiento de los prestadores de servicios en el mercado interior bajo el nuevo régimen de la Directiva 2006/123, de 12 de diciembre", en DE LA QUADRA-SALCEDO Y FERNÁNDEZ DEL CASTILLO, T. (Dir.) *El mercado interior de servicios en la Unión Europea: estudios sobre la Directiva 123/2006/CE relativa a los servicios en el mercado interior,* Marcial Pons, Madrid, 2009, pág. 130-171.

FUENTES I GASÓ, J. R., "La mediación intrajudicial en el procedimiento contencioso-administrativo", en GIFREU I FONT, J., (Dir.), *Litigación administrativa,* Tirant lo Blanch, Valencia, 2022, págs. 747-770.

GÁLVEZ MONTES, J.; *La organización de las profesiones tituladas,* Consejo de Estado y Boletín Oficial del Estado, Madrid, 2002.

GARCÍA DE COCA, J. A., *Sector petrolero español análisis jurídico de la "despublicatio" de un servicio público,* Tecnos, Madrid, 1996.

GARCÍA DE ENTERRÍA, E. y FERNÁNDEZ, T. R., *Curso de Derecho Administrativo I,* Civitas, Navarra, 2011.

GARCÍA DE ENTERRÍA, E. y FERNÁNDEZ RODRÍGUEZ, T. R.; *Curso de Derecho Administrativo, tomo* I, 18ª Edición, Civitas, Madrid, 2019.

GARCÍA DE PABLOS, J. F., "El acceso al ejercicio de las profesiones deportivas", en *Revista Aranzadi de derecho de deporte y entretenimiento,* núm. 67, 2020.

GÓMEZ-FERRER MORANT, R., "La potestad reglamentaria del Gobierno en la Constitución", en AA.VV.; *La Constitución española y las fuentes del Derecho,* vol. I, DGCE/IEF, Madrid, 1979, págs. 111-135.

GÓMEZ MUÑOZ, J. M., "La Directiva de Servicios y su aplicación en el ámbito de las profesiones reguladas en España", en *Revista Internacional y Comparada de Relaciones Laborales y Derecho del Empleo,* vol. 5, núm. 4, octubre-diciembre 2017, págs. 133-162.

GONZÁLEZ CUETO, T., *Informe sobre el concepto de "profesión regulada" a que se refiere el documento "la organización de las enseñanzas universitarias en España"*, Ministerio de Educación y Ciencia, Madrid, 2007.

GONZÁLEZ-JULIANA, A., "El acceso a la información de los colegios profesionales", en Revista Jurídica de Castilla y León, núm. 59, 2023, págs. 119- 145.

GROISMAN, E. I., "Los diplomas universitarios y la habilitación para el ejercicio de diversas actividades profesionales", *en Urbe et ius: revista de opinión jurídica,* núm. 1, 2004, págs. 73-81.

HERNÁNDEZ LÓPEZ, J., "La Directiva de Servicios y su incidencia en el ámbito municipal. Apuntes de urgencia", en *El Consultor de los Ayuntamientos y de los Juzgados: Revista técnica especializada en administración local y justicia municipal,* núm. 19, 2009, págs. 2772-2793.

HERRERO Y RODRÍGUEZ DE MIÑÓN, M., "Los colegios profesionales en la Constitución Española", en *Boletín de la Facultad de Derecho de la UNED,* núm. 6, 1994, págs. 85-96.

HUGHES, E., *The Sociological Eye: Selected Papers on Work, Self and the Study of Society,* Aldine-Atherton, Chicago, 1971.

IBAÑEZ GARCÍA, I., *Defensa de la Competencia y Colegios pro*fesionales, Dykinson, Madrid, 1995.

JIMÉNEZ ASENSIO R., *La incorporación de la Directiva de servicios al derecho interno,* vol. 1, INAP, Madrid, 2010.

JIMÉNEZ-BLANCO, A. y OTROS; *Comentario a la Constitución. La Jurisprudencia del Tribunal Constitucional,* Centro de Estudios Ramón Areces, Madrid, 1993.

JIMÉNEZ SOTO, I., *El ejercicio profesional de las titulaciones del deporte,* Bosch, Barcelona, 2001.

KAY, J. A., "The Forms of Regulation", en SELDON, A. (ed.), *Financial Regulation – or Over-Regulation,* Institute of Economic Affairs, 1988, págs. 33-42.

LAGUNA DE PAZ, J. C., "La Directiva de Servicios: el estruendo del parto de los montes", en *El Cronista del Estado Social y Democrático de Derecho,* núm. 6, 2009, págs. 42-51.

LAGUNA DE PAZ, J. C., "La aplicación del derecho de la competencia a los colegios profesionales", en *Diario La Ley,* núm. 9483, 2019.

LINDE PANIAGUA E., "Libertad de establecimiento de los prestadores de servicios en la directiva relativa a los servicios en el mercado interior", en AA.VV., *Retos y oportunidades para la transposición de la Directiva de Servicios*: Libro Marrón, Círculo de Empresarios, Madrid, octubre 2009, 2009, págs. 219-250.

LÓPEZ GÓNZALEZ, J. L., "Reflexiones sobre la problemática constitucional de los Colegios profesionales", en *Revista General de Derecho,* 1998, págs. 640-641.

LÓPEZ PÉREZ, F., *El impacto de la directiva de servicios sobre el urbanismo comercial,* Atelier, Barcelona, 2009.

LÓPEZ RAMÓN, F., "Reflexiones sobre la libertad profesional", en *Revista de administración pública,* núm.100-102, 1, 1983, págs. 651-684.

LÓPEZ RAMÓN, F., "Reflexiones sobre el ámbito de aplicación de la Ley de Régimen Jurídico de las Administraciones Públicas", en *Revista de administración pública,* núm. 130, 1993, págs. 97-130.

LÓPEZ RAMÓN F., "Libre competencia y Colegios Profesionales en la experiencia constitucional española", en MARTÍN-RETORTILLO, L. (Coord.): *Los Colegios Profesionales a la luz de la Constitución,* Unión Profesional, Civitas Madrid, 1996.

LÓPEZ RAMÓN, F., "Prólogo", en LÓPEZ PÉREZ, F., *El impacto de la directiva de servicios sobre el urbanismo comercial (Por una ordenación espacial de los grandes establecimientos comerciales),* Atelier, Barcelona, 2009.

MACANÁS VICENTE, G., "¿Existe un deber de colegiación para el ejercicio de la abogacía?", en *Diario La Ley,* núm. 9071, 2017.

MARTÍN BERNAL, J. M., *Abogados y Jueces ante la Comunidad Europea,* Colex, Madrid, 1990.

MARTÍN MATEO, R., *Liberalización de la Economía. Más Estado, menos Administración,* Trivium, Madrid, 1988.

MARTÍN-MORENO, J. y DE MIGUEL, A., *Sociología de las profesiones,* CIS, Madrid, 1984.

MARTÍN-RETORTILLO BAQUER, L., "Los colegios profesionales", en BAENA DEL ALCÁZAR, M. (Coord.), *La reforma del Estado y de la administración española,* INAP, Madrid, 2013, págs. 233-248.

MARTÍN Y PÉREZ DE NANCLARES, J., "El derecho de establecimiento", en LÓPEZ ESCUDERO, M. y MARTÍN Y PÉREZ DE NANCLARES, J. (Coord.), *Derecho Comunitario Material,* McGraw-Hill Interamericana de España, Madrid, 2000, págs. 108-123.

MARTÍN Y PÉREZ DE NANCLARES, J., "Libertad profesional y derecho a trabajar", en MANGAS MARTÍN, A.; GONZÁLEZ ALONSO, L. N. (Coord.), *Carta de los derechos fundamentales de la Unión Europea: comentario artículo por artículo,* Fundación BBVA, 2008, págs. 320-331.

MARTÍNEZ LÓPEZ-MUÑIZ, J. L, "Naturaleza de las Corporaciones públicas profesionales", en *Revista Española de la Administración Pública,* núm. 39, 1983, págs. 603-608.

MARTÍNEZ LÓPEZ-MUÑIZ, J. L., "Títulos académicos y profesionales, regulación y autonomía universitaria ante el espacio europeo de enseñanza superior", en *La autonomía municipal. Administración y regulación económica. Títulos académicos y profesionales,* Actas del II Congreso de la Asociación Española de Profesores de Derecho Administrativo, Aranzadi Thomson Reuters, Pamplona, 2007, págs. 163-226.

MARTÍNEZ VAL J. M. A., "Comentario al artículo 52 de la Constitución" en ALZAGA VILLAAMIL, O. (Dir.), *Comentarios a las leyes políticas: Constitución española de 1978,* Vol. 12, Ed. Revista de Derecho Público, Madrid, 1983.

MASSAGUER FUENTES, J., "La regulación de los servicios profesionales: Un análisis de racionalidad económica y legitimidad anti trust", en *Iuris. Quaderns de política jurídica,* núm. 3, 1994, págs. 85-120.

MAYER, O., *Derecho administrativo alemán,* T- I, Parte General, Buenos Aires, Depalma, 1949.

MONTORO I CHINER, M. J., CASADO CASADO, L., FUENTES I GASÓ, J. R., *La jurisdicción contencioso-administrativa ante la encrucijada de su reforma,* Tirant lo Blanch, Valencia, 2023.

MUÑOZ MACHADO, S.; PAREJO ALFONSO, L. y RUILOBE SANTANA, E., *La libertad de ejercicio de la profesión y el problema de las atribuciones de los técnicos titulados,* Instituto de Estudios de Administración Local, Madrid, 1983.

MUÑOZ MACHADO, S., RUILOBA SANTANA, E. y PAREJO ALFONSO, L. J., *La libertad de ejercicio de la profesión y el problema de las atribuciones de los técnicos titulados*, Instituto de Estudios de Administración Local, Madrid, 1983.

MUÑOZ MACHADO, S., "Ilusiones y conflictos derivados de la Directiva de Servicios", en AA.VV., *Retos y oportunidades para la transposición de la Directiva de Servicios*: Libro Marrón, Círculo de Empresarios, Madrid, octubre 2009, págs. 297-326.

NAVARRO VARONA, E., "Modernización del derecho de la competencia europea", en *Actualidad Jurídica Uría & Menéndez*, núm. 4, 2003, págs. 21-29.

OGUS, A., "Rethinking Self-Regulation", en *Oxford Journal of Legal Studies*, vol. 15, 1, 1995, págs. 97-108.

OLAVARRIA IGLESIA, J. y VICIANO PASTOR, J.; "Profesiones liberales y derecho de la competencia: crónica de (la) situación", en *Derecho Privado y Constitución*, núm. 11, enero-diciembre, 1997, págs. 201- 348.

OLAVARRÍA IGLESIA, J., "El artículo 36 de la Constitución: su elaboración en las Cortes Constituyentes", en *Derecho Privado y Constitución*, núm. 11, 1997, págs. 157-200.

ORTEGA TRECEÑO, J. V., "Un caso de aplicación por el Tribunal Supremo de la reserva de Ley para regular el ejercicio de las profesiones tituladas contenida en el artículo 36 de la Constitución", en *Revista española de derecho administrativo*, núm. 42, 1984, págs. 485-491.

PARADA VÁZQUEZ, R., *Derecho administrativo. Vol. II. Organización y Empleo Público*, Editorial Marcial Pons, Madrid, 1992.

PARADA VÁZQUEZ, R., *Derecho Administrativo*, vol. I (Parte General), Marcial Pons, Madrid, 2008.

PAREJO ALFONSO, L. J., "El contenido esencial de los derechos fundamentales en la jurisprudencia constitucional, a propósito de la sentencia del Tribunal Constitucional de 8 de abril de 1981", en *Revista española de derecho constitucional*, núm. 3, septiembre-diciembre, 1981, págs. 169-190.

PAREJO ALFONSO, L. J., "La desregulación de los servicios con motivo de la directiva Bolkestein: la interiorización, con paraguas y en ómnibus, de su impacto en nuestro sistema", en *El Cronista del Estado Social y Democrático de Derecho*, núm. 6, 2009, págs. 34-41.

PELTZMAN, S., "Towards a more general theory of regulation", *en Journal of Law and Economics*, 19, 1976, págs. 211-240.

POMED SÁNCHEZ, L. A, "Actividades profesionales y colegios profesionales", en *Revista Aragonesa de Administración Pública,* núm. Extra 12, 2010 (Ejemplar dedicado a: El impacto de la directiva Bolkestein y la reforma de los servicios en el Derecho Administrativo), págs. 379-405.

PRIETO KESSLER, E., "La política de defensa de la competencia en la Unión Europea", en *Información comercial española (ICE) Revista de economía,* núm. 820, 2005, págs. 99-110.

REQUERO IBÁÑEZ, J. L., *Los colegios profesionales. Administración corporativa,* en Cuadernos de Derecho Judicial I-2001, Consejo General del Poder Judicial, Madrid, 2001.

RIVERA ORTEGA, R. (Coord.), *Mercado europeo y reformas administrativas. La transposición de la Directiva de Servicios en* España, Thomson Reuters, Cizur Menor, 2009.

RODRÍGUEZ-ARANA MUÑOZ, J., "Sociedades profesionales y colegios profesionales", en *Cuadernos de derecho para ingenieros 23: sociedades profesionales,* vol. 23, 2009, págs. 43-56.

RODRÍGUEZ BEAS, M., *El comercio en el ordenamiento jurídico español. El urbanismo comercial y la sostenibilidad urbana,* Tirant lo Blanch, Valencia, 2015.

RODRÍGUEZ BEAS, M., "La incidencia de la Ley de garantía de la unidad de mercado en el modelo de urbanismo comercial sostenible", *Revista Galega de Administración Pública,* núm. 51, 2016, págs. 40-86.

SÁINZ MORENO, F., *La Constitución española: trabajos parlamentarios,* Congreso de los Diputado*s,* Congreso de los Diputados, Madrid, 1983.

SÁINZ MORENO, F., "Comentario al artículo 36", en ALZAGA VILLAAMIL, O. (Dir.), *Comentarios a las Leyes Políticas. Constitución Española de 1978. Constitución Española de 1978,* volumen III, Edersa, 1983.

SALMERÓN SALTO, M. y PERNAS MARTÍNEZ, M., "La libre elección de profesión u oficio y la necesidad de titulación para el ejercicio de una profesión. El ejercicio profesional en el Derecho Comunitario", en PALOMAR OLMEDA, A. (Coord.); PAREJO ALFONSO, L. J. (Dir.), *Manual jurídico de la profesión médica,* Dykinson, Madrid, 2003, págs. 433-477.

SALOM, PARETS, A., *Los Colegios Profesionales,* Atelier, Barcelona, 2007.

SALVADOR ARMENDÁRIZ, M. A., "Directiva de Servicios y Administración Local: cuestiones generales de su transposición en Navarra", en *Revista jurídica de Navarra,* núm. 52, 2011, págs. 107-162.

SÁNCHEZ SAUDINÓS, J. M., “Una reflexión acerca del impacto de la Unión Europea sobre el régimen de ejercicio de las profesiones tituladas en España: el Informe sobre el libre ejercicio de las profesiones del Tribunal de Defensa de la Competencia”, en *Revista de la Facultad de Derecho de la Universidad Complutense*, núm. extra 18, 1994, Ejemplar dedicado a: XIII Congreso de la asociación española de Teoría del Estado y Derecho Constitucional, págs. 355-370.

SILVA LAPUERTA, R., “Libertad de establecimiento y libre prestación de servicios de los abogados”, en *Noticias CEE*, núm. 8, 1989.

SIRAGUSA, M., “The modernization of EC Competition Law: Risks of inconsistency and forum shopping, en C.D. EHLERMANN E I. ATANSIU (eds.), *European Competition Law Annual 2000: The modernization of EC antitrust policy*, Oxford Hart Publishing, 2001.

SOUVIRON MORENILLA, J.M., *La configuración jurídica de las profesiones tituladas*, Consejo de Universidades, Madrid, 1988.

SOUVIRON MORENILLA, J. M., *La Universidad española, claves de su definición y régimen jurídico institucional*, Universidad, Secretariado de Publicaciones, Valladolid, 1988.

STEIN, E., Derecho Político, traducción del alemán de Fernando Sainz Moreno, 1a ed., Aguilar, Madrid, 1973, pp. 176-181.

STIGLER, J. G., “The Theory of Economic Regulation”, en The *Bell Journal of Economics and Management Science*, vol. 2, núm. 1, 1971, págs. 3-21.

STREECK, W., SCHMITTER, C., *Private Interest Government: Beyond Market and State*, Londres, 1985.

TOLIVAR ALAS, L., “La configuración constitucional del derecho a la libre elección de profesión u oficio”, en *Revista de estudios de la administración local y autonómica*, núm. 239, 1988, págs. 1363-1402.

TOLIVAR ALAS, L., “La configuración constitucional del derecho a la libre elección de profesión u oficio”, en *Revista española de derecho administrativo*, núm. 62, 1989, págs. 187-218.

TOLIVAR ALAS, L., “La configuración constitucional del derecho a la libre elección de profesión u oficio”, en MARTÍN-RETORTILLO BAQUER, S. (Coord.), *Estudios sobre la Constitución Española: homenaje al profesor Eduardo García de Enterría*, vol. 2, Civitas, Madrid, 1991, págs. 1337-1372.

TRAYTER JIMÉNEZ, J. M., “Presente y futuro de los colegios profesionales”, en AGUADO I CUDOLÀ, V. y NOGUERA DE LA MUELA, B. (Coord.), *El impacto de la Directiva servicios en las administraciones públicas: aspectos generales y sectoriales*, Atelier, 2012, págs. 175-212.

TRÓGOLO, M. G. y ARCE, M. G., "La libertad como autonomía profesional. De la relación vocatio-obligatio a la conflictiva noción moderna de profesión", en *Nuevo Itinerario,* núm. 4, 2009.

UREÑA SALCEDO, J. A., "Sobre las funciones y financiación de los Consejos Generales de los Colegios profesionales", en CLIMENT BARBERÁ, J. (Coord.); BAÑO LEÓN, J. M. (hom.), *Nuevas perspectivas del Régimen Local, Estudios en Homenaje al profesor José María Boquera Oliver,* Tirant lo Blanch, Valencia, 2002, págs.1549-1580.

VALLE PASCUAL, J. M., "Las atribuciones profesionales de los técnicos titulados hoy: en el camino a ninguna parte", en *La Ley: Revista jurídica española de doctrina, jurisprudencia y bibliografía,* núm. 3, 1995, págs. 815-821.

VICENT CHULIÀ, F., "La fijación de tarifas de honorarios por los Colegios Profesionales y la Ley de Defensa de la Competencia (Comentario a las resoluciones del Pleno del Tribunal de Defensa de la Competencia de 10 y 16 de octubre y 12 de noviembre de 1990)", en *Revista General de Derecho,* núm. 558, págs. 1543-1600.

VICENTE RUIZ, M. D., "La reforma de la Ley de Colegios Profesionales impulsada por la Directiva de Servicios", en *Boletín económico de ICE, Información Comercial Española,* núm. 2990, 2010, págs. 51-57.

VILLALVILLA MUÑOZ, J. M., "La libertad de ejercicio profesional y la libertad de circulación de trabajadores en el ámbito comunitario como límites a la negociación colectiva", en *Relaciones laborales: Revista crítica de teoría y práctica,* núm. 2, 1999, págs. 118-139.

VILLAR PALASÍ, J. L. y VILLAR EZCURRA, J. L., "La libertad constitucional del ejercicio profesional", en MARTÍN-RETORTILLO BAQUER, S. (Coord.), *Estudios sobre la Constitución Española: homenaje al profesor Eduardo García de Enterría,* vol. 2, Civitas, Madrid, 1991, págs. 1373-1414.

VILLAREJO GALENDE, H., "La reforma de la Ley 16/2002, de 19 de diciembre, de Comercio de Castilla y León", en VICENTE BLANCO, D. F. J. y RIVERA ORTEGA, R. (Dir.), *Impacto de la transposición de la Directiva de Servicios en Castilla y León,* Consejo Económico y Social de Castilla y León, Valladolid, 2010, págs. 329-390.

VILLAREJO GALENDE, H., "El nuevo régimen de las autorizaciones comerciales en España. Una lectura hitchcockiana de los efectos de la Directiva de servicios: ¿De Psicosis a Sabotaje?", en *Revista catalana de dret públic,* núm. 42, 2011, págs. 217-256.

VILLAREJO GALENDE, H., "Licencias comerciales: su persistencia tras la Directiva de servicios", en *Información Comercial Española, ICE: Revista de economía,* núm. 868, 2012, págs. 91-112.